"十二五"职业教育国家规划教材
经全国职业教育教材审定委员会审定

园林苗木生产与经营

数字资源版

第三版

新世纪高职高专教材编审委员会 组编
主　编　王国东　张力飞
副主编　贾大新　刘云强　杨　明　张玉玲
参　编　李玉栋　王学强　张　超　单　奇　梁文杰

大连理工大学出版社

图书在版编目(CIP)数据

园林苗木生产与经营 / 王国东,张力飞主编. -- 3版. -- 大连:大连理工大学出版社,2021.1(2024.2重印)
新世纪高职高专园林园艺类课程规划教材
ISBN 978-7-5685-2752-1

Ⅰ. ①园… Ⅱ. ①王… ②张… Ⅲ. ①苗木－栽培技术－高等职业教育－教材 Ⅳ. ①S723

中国版本图书馆 CIP 数据核字(2020)第 231883 号

大连理工大学出版社出版

地址:大连市软件园路 80 号　邮政编码:116023
发行:0411-84708842　邮购:0411-84708943　传真:0411-84701466
E-mail:dutp@dutp.cn　URL:http://www.dutp.cn
辽宁星海彩色印刷有限公司印刷　　大连理工大学出版社发行

幅面尺寸:185mm×260mm　　印张:16.75　　字数:384千字
2012 年 2 月第 1 版　　　　　　　　　　　2021 年 1 月第 3 版
2024 年 2 月第 4 次印刷

责任编辑:李　红　　　　　　　　　　责任校对:马　双
封面设计:张　莹

ISBN 978-7-5685-2752-1　　　　　　　　定　价:42.80 元

本书如有印装质量问题,请与我社发行部联系更换。

编写人员

主　编　王国东　辽宁农业职业技术学院
　　　　　张力飞　辽宁农业职业技术学院
副主编　贾大新　辽宁农业职业技术学院
　　　　　刘云强　辽宁农业职业技术学院
　　　　　杨　明　辽宁职业学院
　　　　　张玉玲　辽宁农业职业技术学院
参　编　李玉栋　燕园(大连)农业科技股份有限公司
　　　　　王学强　天津绿茵景观生态建设股份有限公司
　　　　　张　超　盘锦展鹏园林建设工程有限公司
　　　　　单　奇　新疆农业职业技术学院
　　　　　梁文杰　温州科技职业学院
主　审　蒋锦标　辽宁农业职业技术学院原院长、二级教授
　　　　　李　夺　北京绿京华生态园林股份有限公司董事长

前 言

《园林苗木生产与经营》(第三版)是"十二五"职业教育国家规划教材,也是新世纪高职高专教材编审委员会组编的园林园艺类课程规划教材之一。

党的十九大报告提出要加快生态文明体制改革,建设美丽中国,实现乡村振兴。"生态文明建设、美丽中国建设、实现乡村振兴"成为国家战略,在实现这些国家战略的进程中,必将推动园林行业产业的快速发展,必将需要园林行业从业者们承担更多新时代相关使命与担当,急需一大批技术精湛、业务娴熟的园林专业工作队伍。掌握娴熟的园林苗木生产与经营技能直接关系到园林行业各个岗位技能,是对高素质园林行业技术技能人才的必然要求。

园林苗木生产与经营是高职高专园林技术专业核心课程,也是一门实践性强、应用性广的课程。教材编写过程以"就业导向,能力本位"为指导,以园林苗圃生产岗位典型工作任务为主线,坚持够用实用原则,创新编写体例,更新编写内容,在保证理论基础知识实用、够用前提下,主要以实践教学为主,强调技能实训,突出为高素质技术技能人才培养服务。书中使用大量插图,有助于学生对相关知识的理解和相关技能的掌握。

全书共分园林苗圃的建立、实生苗生产、营养苗生产、组培穴盘容器苗生产、园林大苗生产、园林苗木种质资源引种驯化、园林苗木出圃与经营等七个学习情境,每个学习情境由若干生产任务组成,每个任务依照如下体例编写:

实施过程——用以明晰完成该项任务的操作过程。
相关知识——用以阐释操作过程中遇到的问题。
知识拓展——用以引导任务以外相关知识的学习。
实操案例——用以例举与本任务相关的生产实例。
学习自测——用以从知识与技能双重层面检验学习效果。

为激发学生的学业兴趣、创业激情和从业意向,每个学习情境后编入了源自园林苗木行业生产一线的真实职场故事,分别是创业建圃的故事、水肥施用的故事、栽植技巧的

故事、管理标准的故事、打造精品的故事、发掘新种的故事、出圃经营的故事等7个方面的职场故事，形成行业经典成功案例，以"读一读，想一想，品一品"职业成长小故事形式，构建了"调不高，味不减"的特色思政"职场点心"板块，起到回味无穷的教材思政效果。

整部教材体现了工作过程导向的课程设计理念，有利于开展理论实践一体化教学。

教材编写体例新颖独特，实用性强，符合高职教育特点和规律，方便实用。

本教材由辽宁农业职业技术学院王国东教授、张力飞教授任主编，辽宁农业职业技术学院贾大新、刘云强、张玉玲、辽宁职业学院杨明任副主编。具体编写分工如下：学习情境一、学习情境二、学习情境三、学习情境四、职场点心一至七由王国东、张力飞编写；学习情境五、学习情境六由贾大新、张玉玲编写；学习情境七由刘云强编写；附录由杨明编写。

此外，燕园（大连）农业科技股份有限公司李玉栋，天津绿茵景观生态建设股份有限公司王学强，盘锦展鹏园林建设工程有限公司张超，新疆农业职业技术学院单奇，温州科技职业学院梁文杰参加了教材内容体系研讨和整理编写工作。

全书由辽宁农业职业技术学院王国东教授、张力飞教授统稿。辽宁农业职业技术学院蒋锦标教授、北京绿京华生态园林股份有限公司李夺董事长主审。

本教材为高等职业教育园林技术专业核心课程教材，也可供高职相近专业及成人相关专业教材选用，或供园林绿化苗木生产管理人员参考。

本教材编写过程中，参阅并引用了有关专家、学者的教材、专著、论文等，在此一并致以最诚挚的谢意！

因编者水平及编写时间所限，对教材中出现的疏漏，敬请广大读者批评指正！

编　者

2021年1月

所有意见和建议请发往：dutpgz@163.com
欢迎访问职教数字化服务平台：http://sve.dutpbook.com
联系电话：0411-84706671　84707492

目 录

学习情境一　园林苗圃的建立 …………………………………………… 1
　任务一　规划设计园林苗圃 ……………………………………………… 1
　任务二　施工建设园林苗圃 ……………………………………………… 15
　职场点心一　创业建圃的故事 …………………………………………… 21
　　故事1　从捋花籽起家 ………………………………………………… 21
　　故事2　建苗圃，起点要高 …………………………………………… 23

学习情境二　实生苗生产 ………………………………………………… 24
　任务一　采集调制与贮藏种实 …………………………………………… 24
　任务二　检验种子品质 …………………………………………………… 35
　任务三　种子的处理与播种 ……………………………………………… 43
　任务四　播后管理 ………………………………………………………… 55
　职场点心二　水肥施用的故事 …………………………………………… 64
　　故事1　浇水也要学三年 ……………………………………………… 64
　　故事2　隔一年，施一次硫酸亚铁 …………………………………… 65

学习情境三　营养苗生产 ………………………………………………… 66
　任务一　嫁接苗生产 ……………………………………………………… 66
　任务二　扦插苗生产 ……………………………………………………… 79
　任务三　压条与分株苗生产 ……………………………………………… 94
　职场点心三　栽植技巧的故事 …………………………………………… 100
　　故事1　苗圃种植分三个层次 ………………………………………… 100
　　故事2　荒山苗木栽植18字法 ………………………………………… 101

学习情境四　组培穴盘容器苗生产 ……………………………………… 102
　任务一　组培苗生产 ……………………………………………………… 102
　任务二　穴盘苗生产 ……………………………………………………… 111
　任务三　容器苗生产 ……………………………………………………… 121
　职场点心四　管理标准的故事 …………………………………………… 128
　　故事1　花木成活的关键是环环相扣 ………………………………… 128
　　故事2　告别差不多先生 ……………………………………………… 129

学习情境五 园林大苗生产 ········· 131
    任务一 园林苗木移植 ········· 131
    任务二 园林苗木整形修剪 ········· 142
    任务三 园林苗木防寒防暑 ········· 158
    职场点心五 打造精品的故事 ········· 164
        故事1 苗子养得细致，说话才硬气 ········· 164
        故事2 精品苗木是扩大销售的源泉 ········· 165

学习情境六 园林苗木种质资源引种驯化 ········· 166
    任务一 种质资源引种驯化 ········· 166
    任务二 园林植物的良种繁育 ········· 180
    职场点心六 发掘新种的故事 ········· 188
        故事1 发展乡土植物的四种途径 ········· 188
        故事2 发现新品种，要做有心人 ········· 189

学习情境七 园林苗木出圃与经营 ········· 190
    任务一 园林苗木出圃 ········· 190
    任务二 园林苗圃经营 ········· 200
    职场点心七 出圃经营的故事 ········· 209
        故事1 遇到市场空缺，也不能破质量这个底线 ········· 209
        故事2 每一颗苗子都要挂上标签 ········· 210

附 录 ········· 211
    附录一 常用园林绿化树种的繁殖方法 ········· 211
    附录二 部分树种的种实成熟特征、种子调制和贮藏方法 ········· 217
    附录三 园林苗圃常见病虫草害及防治 ········· 218
    附录四 北方园林苗圃全年管理工作历 ········· 220
    附录五 城市绿化和园林绿地用植物材料——木本苗 ········· 221
    附录六 林木种苗工国家职业资格标准 ········· 229
    附录七 园林绿化与育苗工职业资格鉴定模拟试题 ········· 233

参考文献 ········· 257

课程资源索引

短视频			动画		
序号	资源名称	页码	序号	资源名称	页码
1	草本插穗剪取	85	1	园林树木种子活力表现	48
2	容器嫩枝扦插	85	2	苗木种子发芽过程	48
3	机械自动装营养钵	122	3	苗木根系吸水原理	56
4	土球挖掘	133	4	芽接成活表现	68
5	人工起掘巧借力	133	5	嫁接成活的原理	73
6	机械起掘乔木	133	6	扦插生根的原理	88
7	涂白防寒	158	7	园林植物的极性表现	91
8	叉车装大型容器苗	194	8	短截的修剪反应	150
9	机械吊装乔木	194	9	剪口锯口愈合过程	151
10	银杏苗起吊卸车栽植	194	10	涂白防寒原理	158
微课视频			11	冻旱的原理	160
序号	资源名称	页码	12	冻害的原理	161
1	园林树木种子催芽	44	长视频		
2	园林苗木芽接繁殖	68	序号	资源名称	页码
3	园林苗木枝接繁殖	69	1	榆叶梅苗花前修剪	145
4	园林苗木嫁接成活原理及影响因素	73	2	龙爪槐大苗春季修剪	146
5	园林苗木扦插繁殖	79	3	垂直海棠春季修剪	146
6	园林大苗起掘包装运输	131	4	秋子梨大苗磨盘树冠造型修剪	149
7	园林苗木涂白防寒	158			

续表

flsh 动画			19	劈接法	69
序号	资源名称	页码	20	靠接法	70
1	乔木种子采集	24	21	根接	70
2	灌木种子采集	24	22	片叶扦插	82
3	风选	26	23	硬枝扦插	83
4	水选	26	24	叶芽扦插	83
5	粒选	26	25	嫩枝扦插	84
6	干藏法	27	26	普通压条	94
7	种子湿藏法	27	27	堆土压条	95
8	浸水催芽	44	28	水平压条	95
9	低温层积催芽	44	29	波状压条	95
10	机械损伤催芽方法一	45	30	高空压条	95
11	机械损伤催芽方法二	45	31	灌丛分株	96
12	药剂催芽	45	32	根蘖分株	96
13	低床播种	46	33	掘起分株	96
14	高床播种	46	34	裸根移苗	129
15	穴盘播种	46	35	带土球起苗	133
16	芽接法	68	36	主干形苗木培育	145
17	插皮法	69	37	开心形苗木培育	145
18	切接法	69			

学习情境（一）

园林苗圃的建立

任务一 规划设计园林苗圃

实施过程

一、确定园林苗圃的面积

一个园林苗圃的总面积一般要根据生产规模、市场需求、资金、技术力量和劳动力等来确定。根据使用的性质，园林苗圃分为生产用地与辅助用地两部分，生产用地与辅助用地面积之和就是园林苗圃的总面积。

1. 计算生产用地面积

生产用地是指直接用来生产苗木的地块，包括播种区、营养繁殖区、移植区、大苗区、母树区、实验区以及轮作休闲地等。为了合理地使用土地，保证育苗生产任务的完成，对园林苗圃的面积必须进行正确的计算，以便于土地承租、征收、苗圃区划及施工等具体工作顺利进行。

计算生产用地面积的依据是：确定计划培育苗木的种类、数量、规格要求、出圃年限、育苗方式以及轮作等因素，结合单位面积的产量。其计算公式为

$$S = \frac{NA}{n} \cdot \frac{B}{C} \tag{1-1}$$

式中　S——某植物种所需的生产用地面积，hm^2；

　　　N——该植物种的计划年产量，株/a；

　　　A——该植物种的培育年限，a；

　　　B——轮作区数；

　　　C——该植物种每年育苗所占轮作区数；

　　　n——该植物种单位面积产苗量，株/hm^2。

根据实际，若不进行轮作制，而以换茬栽培为主，B/C 可不作计算。

式(1-1)所计算出的结果是理论上的面积，实际生产中，在苗木抚育、起苗、贮藏等作业环节，苗木常会受到不同程度的损失，为了确保生产任务的完成，每年一般增加

3‰~5%的产量。也就是说，在计算面积时要留有一定的余地。某植物种在各育苗区所占面积之和，即为该植物种所需的用地面积，各植物种所需用地面积总和就是全苗圃的生产用地的总面积。

2. 计算辅助用地面积

辅助用地包括道路、排灌系统、防风林以及管理区各种建筑物等的用地。辅助用地的设置以合理、够用为基本原则。在建设过程中，尽可能少占圃地，例如可以通过铺设地下管道、开设暗渠等节约圃地。一般一个苗圃的辅助用地以不超过园林苗圃总面积的20%为宜。

二、区划设计园林苗圃

(一)园林苗圃区划设计准备

1. 踏勘

由设计人员会同施工和经营人员到已确定的圃地范围内进行实地踏勘和调查访问工作，了解圃地的现状、历史、地势、土壤、植被、水源、交通、病虫害以及周围自然人文环境等基本情况，提出设计的初步意见。

2. 测绘地形图

在踏勘基础上，测绘平面地形图。平面地形图是进行苗圃区划设计的依据，也是苗圃区划与最后成图的底图。比例尺一般为1:500~1:2000，等高距为20~50 cm。

3. 土壤调查

根据圃地的地形、地势及指示植物的分布选择样点，挖土壤剖面，分别观察和记录土层厚度、地下水位、机械组成，测定土壤酸碱度、含氮量、有效磷含量等理化性质。调查圃地内土壤的种类、分布、肥力状况和土壤改良的基本情况。土壤调查结束后，把有关信息标注在苗圃区划图上，以便生产上合理使用土地。

4. 病虫害调查

病虫害调查主要调查圃地内地下害虫，如金龟子、地老虎和蝼蛄等。可采用抽样方法，每公顷挖样方土坑10个，每个面积0.25 m^2，深10 cm，统计害虫种类、数量、分布等基本情况。并通过前茬作物和周围植物的情况，了解害虫感染程度，提出防治措施。

5. 气象资料的收集

气候条件是影响苗木生长的重要因素之一，也是合理安排苗木生产的重要依据。通过当地的气象台或气象站了解有关的气象情况，特别要重视极端气候条件资料。

苗圃建成后，将上述调查的基本材料整理、装订成册，有条件的可以绘制成直观的图表或直接标注在专用图上，以便于生产管理使用。

(二)园林苗圃区划设计内容

1. 设置耕作区

(1)耕作区是苗圃中进行育苗的基本单位，长度依机械化程度而异，完全机械化区域以200~300 m为宜，畜耕者以50~100 m为好。耕作区的宽度依圃地的土壤质地和地形是否有利于排水而定，排水良好时应宽，排水不良时要窄，一般宽40~100 m。

(2)耕作区的方向应根据圃地的地形、地势、坡向、主风方向和圃地形状等因素综合考虑。坡度较大时,耕作区长边应与等高线平行。一般情况下,耕作区长边最好采用南北向,可使苗木受光均匀,利于生长。

2.配置各育苗区

(1)播种区 播种区是培育播种苗的区域,是苗木繁殖任务的关键部位,应选择全圃自然条件和经营条件最有利的地段作为播种区。幼苗对不良环境的抵抗力弱,要求精细管理,人力、物力、土壤状况、生产设施均应优先满足。具体要求包括:地势较高且平坦,坡度小;接近水源,灌溉方便;土壤深厚肥沃,理化性质适宜;背风向阳,靠近管理区。

(2)营养繁殖区 营养繁殖区是培育嫁接苗、扦插苗、压条苗和分株苗等无性繁殖苗木的地区,自然条件及经营条件与播种区要求基本相似。应设在土层深厚和地下水位较高、灌溉方便的地方,但不像播种区那样要求严格。嫁接苗区往往主要为砧木苗的播种区,宜土质良好,便于接后覆土,地下害虫要少,以免危害接穗而造成嫁接失败;扦插苗区则应着重考虑灌溉和遮阳条件;压条苗、分株苗采用较少,育苗量较小,可利用零星地块育苗。同时也应考虑苗木的习性来安排,如杨、柳类的营养繁殖区(主要是扦插区),可适当用较低洼的地方,而一些珍贵的或成活困难的苗木,则应靠近管理区,在便于设置温床、阴棚等特殊设备的地区进行。

(3)移植区 移植区是培育各种移植苗的区域。由播种区、营养繁殖区中繁育出来的苗木,需要进一步培养成较大的苗木时,为了增加单位苗木的营养面积,促进根系生长,则应移入移植区中进行培育。移植区占地面积较大,一般可设在土壤条件中等、地块大而整齐的地方。同时也要依苗木的不同习性进行合理安排。比如,红豆杉在南方应安排在光照稍弱的区域,如阴坡;杨、柳可设在低湿的地方;松柏等常绿树则应设在较高燥而土壤深厚的地方,以利带土球出圃。

(4)大苗或大树区 培育植株的体形、苗龄均较大并经过整形的各类大苗或大树的耕作区。在本育苗区继续培育的苗木,通常在移植区内进行过一次或多次的移植或直接来自自然环境,在大苗区培育的苗木出圃前不再进行移植,且培育年限较长。大苗区的特点是株行距大,占地面积大,培育的苗木大,规格高,根系发达,可以直接用于园林绿化建设,满足绿化建设的特殊需要,利于增强城市绿化效果和保证重点绿化工程提早完成。一般大苗或大树区的建设宜选择土层较厚、地下水位较低而且地块整齐的区域。同时,考虑到大苗或大树出圃时作业及运输的方便,应尽量选择在苗圃的主干道或苗圃的外围运输方便处。

(5)母树区 经营周期比较长的苗圃,可以设立母树区,主要是为了获得优良的种子、插条、接穗等繁殖材料。一般母树区占地面积小,可利用圃地的零散地块,但土壤要深厚、肥沃,地下水位要较低。对于一些乡土植物种,可结合防护林带和沟边、渠旁、路边进行栽植。

(6)引种驯化区 引种驯化区是用于种植新植物种或新品种的区域,要选择小气候环境、土壤条件、水分状况及管理条件等相对较好的地块,使引进的新植物种或新品种逐渐适应当地的环境条件,为引种驯化成功创造良好的外部环境条件。

(7)其他 规模较大的苗圃,一般还建有温室区、大棚区、温床等现代化育苗设施。温室、大棚等设施投资大,技术及管理水平要求高,故一般要选择靠近管理区、地势高、土质好、排水畅的地块。

3. 设置辅助用地

苗圃的辅助用地又称非生产用地,主要包括道路系统、排灌系统、防护林带、管理区建筑物等,这些用地是直接为苗木生产服务的。辅助用地的确定以能满足生产的需要为原则,尽可能减少用地。

(1) 设置道路系统　苗圃中的道路系统一般设有一、二、三级路和环路,各苗圃依自身特点而定。道路系统总面积通常不超过苗圃面积的7%～10%。

①一级路(主干道)　一级路是苗圃内部和对外运输的主要道路,以苗圃管理区为中心(一般在圃地的中央附近)。向外连接外部交通,向内连接圃内二级路。通常路宽为6～8 m,其标高应高于耕作区20 cm。

②二级路　二级路与各耕作区相连接。一般宽4～5 m,其标高应高于耕作区10 cm。

③三级路　三级路是沟通各耕作区的作业路,一般宽2～3 m。

④环路　在大型苗圃中,为了车辆、机具等机械回转方便,可依需要设置环路。环路要与一级路以及二级路相通。

(2) 设置灌溉系统　苗圃必须有完善的灌溉系统。灌溉系统由水源、提水设备和引水设施三部分组成。

①水源　一类是地面水,主要指河流、湖泊、池塘、水库等,地面水以无污染又能自流灌溉最为理想。一般地面水温度较高,与耕作区土壤温度相近,水质较好,且含有一定养分,适宜苗木生长。在有些山地苗圃中,可以根据地形地势的特点,选择适宜的地点,人工筑塘蓄水。另一类是地下水,主要指泉水、井水等,水温较低,宜设蓄水池以便缩短引水和送水的距离。

②提水设备　一般使用抽水机(水泵)作为主要提水设备。根据苗圃育苗的需要,选用不同功率的抽水机。

③引水设施　分地面渠道引水和管道引水两种。

明渠:土筑明渠,优点是修筑简便,投资少,建造容易。缺点是流速较慢,蒸发量、渗透量较大,占地多,需经常维修。可以在水渠的沟底及两侧加设水泥板或做成水泥槽,有的使用瓦管、竹管、木槽等措施加以改进,以提高流速,减少渗漏。引水渠道一般分为三级:一级渠道(主渠)是永久性的大渠道,由水源直接把水引出,一般主渠顶宽1.5～2.5 m;二级渠道(支渠)通常也是永久性的,把水由主渠引向各耕作区,一般支渠顶宽1～1.5 m;三级渠道(毛渠)是临时性的小水渠,一般宽度为1 m左右。主渠和支渠是用来引水和送水的,水槽底应高出地面。毛渠则直接向圃地灌溉,其水槽底应平或略低于地面,以免把泥沙冲入畦中,埋没幼苗。圃地渠道的设置应与道路系统的设置相结合,使苗圃的整体区划整齐。渠道的方向与耕作区方向应一致,各级渠道之间互相垂直,支渠与主渠垂直,毛渠与支渠垂直,同时毛渠还应与苗木的种植行垂直,以便灌溉。灌溉的渠道还应有一定的坡降,以保证一定的水流速率。一般坡降应在1‰～4‰,土质黏重的可大些,水渠边坡以45°为宜。在地形变化较大、落差过大的地方应设跌水构筑物,通过排水沟或道路时可设渡槽或虹吸管。

管道灌溉：用金属、塑料等材质的管材替代水渠，可减少水分的损失量，同时也可节约用地。管道分主管和支管，均埋入地下，其深度在土壤冻结层以下，以不影响机械化耕作为宜。

喷灌和滴灌：喷灌和滴灌是使用管道进行灌溉的方法，是园林苗圃灌溉发展的方向。喷灌是近20多年来发展较快的一种灌溉方法，利用机械把水喷射到空中形成细小雾状，进行灌溉；滴灌也是一种新的灌溉技术，由开始使用到现在只有20年左右的历史，指使水通过细小的滴头逐渐渗入土壤中进行灌溉。这两种方法基本上不产生深层渗漏和地表径流，一般可省水20%～40%。

(3) 设置排水系统　排水系统是苗圃不可缺少的系统。排水系统对地势低、地下水位高及降水量多而集中的地区更为重要。排水系统由大小不同的排水沟组成，排水沟分明沟和暗沟两种。沟的宽度、深度和设置，根据苗圃的地形、地势、土质、雨量和出水口的位置等因素确定，应以保证雨后能很快排除积水而又少占土地为原则。排水系统的设置恰好与灌溉系统的相反，即由三级流向二级，经二级流向一级，再经一级排向苗圃出水口。排水沟的边坡与灌水渠相同，但坡降应大一些，一般为3‰～6‰。苗圃出水口应设在苗圃最低处，直接通入河、湖或市区排水系统；中小排水沟通常设在路旁；耕作区的小排水沟与小区步道相结合。在地形、坡向一致时，排水沟和灌溉渠往往各居道路一侧，形成沟、路、渠并列，这是比较合理的设置，既利于排灌，又区划整齐。排水沟与路、渠相交处应设涵洞或桥梁。在苗圃的四周最好设置较深而宽的截水沟，防止外水入侵，排除内水和防止小动物及害虫侵入。一般大排水沟宽1 m以上，深0.5～1 m；耕作区内小排水沟宽0.3～1 m，深0.3～0.6 m。

(4) 设置防护林带　在环境条件比较差的地区，圃地周围应设置防护林带，以避免苗木遭受风沙危害。防护林带的设置规格依苗圃的大小和具体灾害情况而定。一般小型苗圃与主风方向垂直设一条防护林带；中型苗圃在四周设置林带；大型苗圃除设置周围环圃林带外，并在圃内结合道路等设置与主风方向垂直的辅助林带。一般防护林带防护范围是树高的15～17倍。

防护林带的结构以乔、灌木混交，半透风式为宜，既可减低风速又不因过分紧密而形成回流。林带宽度和密度依苗圃面积、气候条件、植物种特性等而定，一般主林带宽8～10 m，株距1.0～1.5 m，行距1.5～2.0 m；辅助林带多为1～4行乔木。

林带的植物种选择，应尽量选用适应性强，生长迅速，树冠高大的本地植物种；同时也要注意到速生和慢生、常绿和落叶、乔木和灌木、寿命长和寿命短的植物种相结合，亦可结合采种、采穗母树和有一定经济价值的植物种。避免使用苗木病虫害的中间寄生植物种和病虫害严重的植物种，如海棠苗木培育区不宜选用柏木类，以防止锈病侵染循环。为了加强圃地的防护，防止人们穿行和畜类窜入，可在林带外围种植带刺的或萌芽力强的灌木，减少对苗木的危害。

(5) 设置管理区建筑物　包括房屋建筑和场院等基本设施。房屋主要指办公室、宿舍、食堂、仓库、种子贮藏室和工具房等，场院主要包括劳动集散地、苗木集散地、停车场、运动场以及晒场、肥场等。苗圃建筑管理区应设在交通方便，地势高，接近水源、电源的地方或不适宜育苗的地方。大型苗圃的建筑最好设在苗圃中央，以便于苗圃经营管理。畜舍、积肥场等应设在较隐蔽和便于运输的地方。如图1-1所示为某待建苗圃规划设计图。

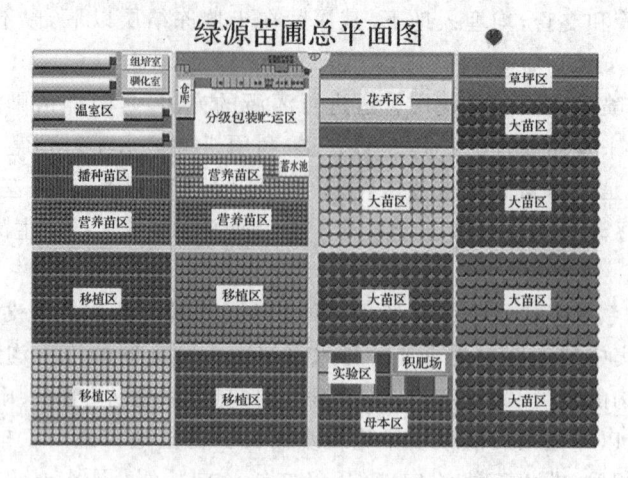

图1-1 某待建苗圃规划设计图

（三）编写园林苗圃设计图及设计说明书

1. 准备绘制园林苗圃设计图

在绘制设计图前首先要明确苗圃的具体位置、圃界、面积、育苗任务及苗木供应范围；要了解育苗的种类、培育的数量和出圃的规格；确定苗圃的生产和灌溉方式，必要的建筑和设备等设施以及育苗工作人员的编制等。同时应有建圃任务书，各种有关的图面材料如地形图、平面图、土壤图、植被图等，搜集自然条件、经营条件以及气象资料和其他有关资料等。

2. 绘制园林苗圃设计图

在各有关资料搜集完整后，应对具体条件全面综合分析，确定大的区划设计方案。在地形图上绘出主要路、渠、沟、林带和建筑区等位置，再依其自然条件和机械化条件，确定最适宜的耕作区的大小和方向，然后根据育苗的要求和占地面积，安排出适当的育苗场地，绘出园林苗圃设计草图，草图经多方征求意见，最后进行修改，确定正式设计方案，即可绘制正式设计图。绘制正式设计图，应依地形图的比例尺将道路、沟渠、林带、耕作区、建筑区和育苗区等按比例绘制，排灌方向要用箭头表示，在图外应列有图例、比例尺、指北方向等，同时各区应加以编号，以便说明位置等。设计图的比例尺一般为1∶500～1∶2000。

3. 编写园林苗圃设计说明书

园林苗圃设计包括设计图与设计说明书两部分。设计说明书是与园林苗圃区划设计相配套的文字材料。图纸上表达不出的内容，都必须在设计说明书中加以阐述与补充，一般分为概述和设计两部分进行编写。

(1) 概述 概述该地区的经营条件和自然条件，分析其对育苗工作的有利和不利因素，提出相应的改造措施。主要内容包括：①经营条件，包括圃地位置及当地居民的经济、生产及劳动力情况，苗圃的交通条件，机械化条件，周围的环境条件（如有无天然屏障、天然水源等）；②自然条件，包括气候条件、土壤条件、病虫害及植被情况和地形条件等；③意见与建议。

(2)设计　设计部分包括：①苗圃的面积计算；②苗圃的区划说明，包括耕作区的大小，各育苗区的配置，道路系统的设计，排、灌系统的设计，防护林带及篱垣的设计；③育苗技术设计；④建圃的投资和苗木成本计算。

相关知识

一、园林苗圃的含义

园林苗圃是为城市绿化和生态建设提供苗木的基地，也是城市绿化体系中不可缺少的组成部分。在城市绿化与美化、改善环境的过程中，建设一定数量、一定规模并适合城市建设和发展需要的园林苗圃是十分必要的。对一个城市的园林苗圃数量、地理位置、规模等进行科学、合理的布局与选择也是十分重要的。

二、园林苗圃的布局与规划

园林苗圃是城市绿化建设中植物材料的来源地，也是城市绿化建设的重要组成部分。城市园林苗圃的布局与规划，应根据城市绿化建设的规模以及发展目标而定。各城市要搞好园林建设工作必须对所要建立的园林苗圃数量、用地面积和位置做一定的规划，使其均匀分布在城市近郊、交通方便之处，便于分别供应附近地区所需要的苗木，以达到就地育苗、就地供应、减少运输、降低成本、提高成活率的效果。尤其在大城市，合理布局园林苗圃十分必要。要鼓励有条件的机关、工厂、学校和街道等单位，利用零星空地开展群众性育苗，以弥补苗木的不足。道路两侧的绿化防护林带、城市生态林带、远期要建立的公园、植物园、动物园及果园等绿地均可作为近期的园林苗圃用地。临时性苗圃可以就地育苗，既节省用地又可熟化土壤，改良环境，有的还可以为将来改建成公园、植物园等创造有利条件，同时在这些圃地培育出来的大苗，可直接应用于将来建园，而且苗木适应性强，生长好，成活率高。

在中小城市设置园林苗圃时，应根据城市规模和城市用苗量，适当考虑布局，确定园林苗圃的总面积。

园林苗圃根据经营的苗木规格可以分为大树苗圃、小苗苗圃；根据培育的植物性质可以分为花卉苗圃（花圃）、木本植物苗圃和草坪植物苗圃等；根据面积大小一般分为大、中、小型苗圃，大型苗圃面积在 20 hm^2 以上，中型苗圃面积为 3～20 hm^2，小型苗圃面积在 3 hm^2 以下。各城市依实际情况和需要，不同性质、不同规格苗木结构要合理；大、中、小型苗圃相结合，布局要合理，为城市园林绿化提供规格多样、品种丰富、质量可靠的苗木。

目前，苗木培育已经是全国各地农业产业中的重要组成部分，农民、个体、民营公司和科研院校等，都不同程度地从事园林苗木的生产，各个地区之间交通方便，信息畅通，苗木流通十分活跃。因此，各个城市园林苗圃规划的数量、面积及其布局，要充分考虑到市场的影响因素。

三、园林苗圃用地的选择

确定苗圃建设方案后,就要着手进行圃地选址工作。一般从经营条件和自然条件两方面进行考察,并最后选址。

(一)经营条件

1. 交通方便

首先要选择交通方便,靠近铁路、公路或水路的地方,以便于苗木的出圃和材料等物资的运输。

2. 靠近居民点

圃地应设在靠近村镇的地方,以便于解决劳动力、水力、电力等问题。苗木生产具有很强的季节性,尤其在春、秋苗圃工作繁忙的时候,要使用大量临时性的劳动力,靠近居民点,劳动力才有保证。如能在靠近有关的科研单位、大专院校、拖拉机站等地方建立苗圃,则更有利于先进技术的指导和机械化的实现。

3. 靠近用苗区域

靠近用苗区域一方面可以减少苗木运输成本,另一方面可以提高苗木对栽植环境的适应性,提高工程绿化苗木的成活率。

(二)自然条件

1. 地形条件

圃地应建在排水良好,地势较高,地形平坦的开阔地带。坡度过大易造成水土流失,降低土壤肥力,灌溉不均,也不便于机耕。在南方多雨地区,为了便于排水,可选用3°~5°的坡地,坡度大小根据不同地区的具体条件和育苗要求来决定。较黏重的土壤,坡度可适当大些;沙性土壤,坡度宜小,以防冲刷。如果在坡度大的山地建立苗圃,需修水平梯田。积水的洼地、重盐碱地、寒流汇集地及峡谷、风口、林中空地等日温差变化较大的地方,均不宜选作圃地。

温度、光照、水分、土层厚薄等环境因子对不同植物种苗木的生长影响很大,因此,在地形起伏的地区,坡向的选择十分重要。一般南坡光照强,受光时间长,温度高,湿度小,昼夜温差大;北坡与南坡相反;东西坡介于两者之间,但东坡在上午较短的时间内温度变化很大,对苗木的生长不利;西坡则因我国冬季多西北寒风,易造成冻害。在华北、西北地区,干旱寒冷和西北风危害是主要矛盾,故选用东南坡为最好;而南方温暖多雨,则常以东南、东北坡为佳,南坡和西南坡受阳光直射,幼苗易受灼伤。

2. 水资源条件

圃地应建在有可及水源或距离可及水源较近的地方,同时水质要符合苗木生长的需要。如尽可能建在江、河、湖、塘和水库等天然水源附近,以利引水灌溉,也有利于使用喷灌、滴灌等现代化灌溉技术,若能自流灌溉则可降低育苗成本。如果水源不足,则应选择地下水源充足,可打井提水灌溉的地方作为苗圃;苗圃灌溉用水要求为淡水,且无严重污染,水中盐含量最高不得超过0.15%。易被水淹和冲击的地方不宜选作苗圃。

地下水位状况也是苗圃选择的因素之一,适合苗圃的地下水位条件一般情况为沙土1~1.5 m,沙壤土2.5 m左右,黏土土壤4 m左右。若地下水位过高,土壤的通透性差,易积水,则根系生长不良,地上部分易发生徒长现象,而秋季停止生长也易受冻害。当蒸发量大于降水量时会将土壤盐分带至地面,造成土壤盐渍化,在多雨时又易造成涝灾。地下水位过低时,土壤易于干旱,必须增加灌溉次数及灌水量,提高了育苗成本。

3. 土壤条件

苗木适宜生长于具有一定肥力的沙质土壤或轻黏质土壤中。过分黏重的土壤通气性和排水性都不良,雨后泥泞,土壤易板结,遇干旱易龟裂,不仅耕作困难,而且冬季苗木冻害现象严重,影响根系的生长。过于沙质的土壤疏松,肥力低,保水力差,夏季幼苗易被表土高温灼伤,移植或苗木出圃时不易做土球。同时还应注意土层的厚度、结构和肥力等状况。团粒结构的土壤透气性好,利用土壤微生物的活动和有机质的分解,土壤肥力高,利于苗木生长。重盐碱地及过分酸性土壤,不宜选作苗圃。圃地土壤的酸碱性依不同的植物种而定,一般以中性、微酸性或微碱性的土壤为好。针叶植物种通常要求 pH 为 5.0~6.5,阔叶植物种要求 pH 为 6.0~8.0。

4. 病虫害

选择苗圃时,要重视病虫害状况,尤其要重视与所育苗木关系密切的病虫害情况。如松科植物不能选在松材线虫疫区育苗。选址前,一般应做专门的病虫害调查,了解当地病虫害情况和感染的程度,病虫害过分严重的土地和附近大树病虫害感染严重的地方或存在多种苗木病虫害检疫对象的,不宜选作苗圃,对松材线虫、根瘤病、金龟子、象鼻虫、蝼蛄及立枯病等主要苗木病虫害要特别注意。

知识拓展

制订园林苗圃年度及阶段生产计划

苗圃生产对时间的要求比较严格,因为在田间栽培受到自然气候的影响,苗木物候期随之改变。因此,要制订与自然气候相适应的年度及阶段生产计划,并严格实施。年度生产计划和阶段性生产计划主要内容如下:

1. 繁殖计划

根据产品结构确定繁殖数量,推算出种子数量、种条量和所需占用的圃地面积,繁殖所需的生产设施规模、数量。

2. 移植计划

在上一年度繁殖生产、产品产量的基础上,根据产品结构总体规划确定各树种品种及移植数量。根据不同树种养护年限、出圃年限及生长量确定株行距,进而确定所需移植用地面积。

3. 养护计划

养护计划包括水肥管理、病虫害防治、整形修剪、中耕除草、防寒遮阴等。各分项都需制订作业时间、数量、技术要求、用工、用料等具体计划。

4. 销售出圃计划

一般情况下,苗木要经过几年的养护管理,其高度、粗度、生长量等才能达到出圃的规格。当苗木被列入销售出圃计划后,就应按树种及品种分列,再按各规格单列,统计各种规格的数量,提供给销售部门。

5.全年及阶段用工计划

根据全年及阶段作业内容、规模数量,除以各项作业的施工定额,可以计划出所需用工数量。生产部门把用工计划提交给苗圃综合部,为生产准备足够的劳务。

6.全年及阶段用料计划

各项作业计划内容都包括具体的生产用材料,如肥料、农药、生根剂、消毒剂、工具、机械、加温材料等。生产部将用料计划提供给综合(后勤)部,综合部可及时为生产提供物资保障。

7.外引苗木繁殖材料计划

苗圃每年都要有计划地从国内外引进部分苗木繁殖材料,该计划的内容包括:确定外引苗木的树种及品种、规格(是整株还是部分种子、种条)、数量;确定外引地区、单位及进苗时间和运输方式、本圃预留地面积。此外,在外引计划中,一般还要强调技术措施,提高外引苗木引种成活率。

8.科研计划

科研计划主要有两方面的内容,即引进和选育新、优园林苗木和研究开发苗木繁殖、养护新技术、新工艺。生产部门每年根据生产实际需要,提出科研课题,写出开题报告和科研实验方案;确定课题负责人、参加人;确定完成步骤、时间;确定所需经费。

建立园林苗圃应注意的问题

一、慎重选址

1.水源要有保证

由于近年来各个地区自然降水量十分不稳定,而且年降水量分布不均匀,受当年的气候变化影响突出。因此,在苗圃选址时,要确保有比较稳定的水源,而且要在极端气候条件出现时,也能够有基本的水源保证苗木生产需要。

在某些苗圃建立时,考虑到利用附近的水库等公共水资源,要妥善解决好与当地政府及村民的关系。要以书面的形式签订用水协议或合同,以防止不必要的纠纷给苗木生产带来巨大的影响。

2.土质要适宜

不同的土质适合不同的植物种,同一种土质在苗木生长的不同阶段作用也不同。大规格苗木出圃时,通常要求带土球。因此,苗木经营者特别要考虑移栽区土质的要求,要有长远考虑的观念,确保大苗出圃时,土质能够保证土球顺利作业,否则影响苗木质量,影响销售,减少收益。

3.要重视了解苗圃区域城镇的长期发展规划

圃地一般选在城市或城镇的周边,但由于我国城市拓展或城镇化发展速度很快,苗圃建设时常因没有考虑到城市或城镇的长期发展规划,而造成很大损失。许多地区的苗圃,建圃才5~6年,正是苗圃出效益的时期,但由于政府规划的需要,圃地被政府征用了,苗圃不得已要搬迁,政府虽然有一定程度的补偿,但不足以弥补苗圃的损失。

此外,即使没有被政府规划建设所征用,但是苗圃周围可能发展成工业园区,工业污染对苗圃苗木的生长会造成不可避免的影响。所以,苗圃选址时要重视了解苗圃区域城镇的长期发展规划,保证苗圃建立后的可持续发展。

二、避免土地纠纷

我国广大农村实行的是"土地联产承包责任制",在苗圃建立时,土地租用问题有的是由地方政府牵头协调的,有的是由村委会牵头协调的,有的是经营者直接与各个相关农户协调的,还有其他各种各样的情况。由于苗木生产周期长,随着形势、政策等因素的变化,如土地租金的提高,再如某些省份取消农业税的政策等,农户的思想也会产生变化。因此,无论哪一种情况,苗圃经营者一定要重视苗圃土地征用或租用的合法性,妥善、细致、周密地处理土地问题,形成并保存好相关的具有法律效力的文字材料,把产生土地纠纷的可能性降到最低程度,避免产生不必要的矛盾与损失。

三、科学确定面积

苗圃面积征用或租用少了,影响苗圃的发展及规模效益的产生,如果再换地方拓展,管理上、生产费用上等均要增加开支,是一种浪费;而征用或租用多了,闲置不用,也是一种浪费。苗圃面积的确定要根据经营者的经济实力、近期与远期的发展目标和苗木市场的拓展潜力等因素来决策。要以合理、够用为基本原则。

实操案例

陶吴生态观光苗圃规划设计

1. 概况

陶吴镇位于南京市中华门外宁丹公路 25 km 处,距南京禄口国际机场 6 km。宋真宗景德元年置镇,初名金陵镇,后改为陶吴镇。自古繁华,明清两代均为江宁区三大镇之一。

南京属亚热带季风气候,具有冬冷夏热、四季分明的特点,年降水量在 1000 mm 以上,属于湿润地区,日照时间比较长。最高气温 43 ℃,最低气温 −14 ℃,年平均气温 15.7 ℃,夏季主导风向为东南风,冬季主导风向为东北风。陶吴生态观光苗圃在陶吴镇境内,占地面积 67 km^2,为东西狭长的不规则用地,交通便捷,地势从南向北有起伏。其原为农业用地,土壤肥厚,水网发达,是建苗圃的理想场所。

2. 设计构思与规划原则

陶吴生态观光苗圃的设计构思是将该园区设计成为以现代生态文明为核心,以倡导健康生活为理念,集苗木生产、植物生态观光、休闲、娱乐、度假于一体的郊区旅游观光景区。该设计以自然造园手法为主,在有限的空间内创造无限的美景,通过点、线、面结合,创造一个良好的生态环境,通过各种特色活动的组织,充分展现当地的农俗,使人从中享受到乐趣,体现出人与自然和谐的主题。

(1) 因地制宜、体现特色的原则

陶吴镇位于南京市郊,由于其历史悠久、文化底蕴浓厚,有利于从事观光事业,在其境内已有多处苗木基地,但主要以种树为主。根据这一特点,规划建设一个集苗木花卉种植、生态观光、休闲旅游度假为一体的旅游生态区,从而提高其经济效益和生态效益。

(2) 以人为本原则

该园区设计无论从景观环境还是服务项目上,都着意于场所感、归属感的营造,如观光休闲区、农趣体验区内各景点的设计,使游客在游览过程中,充分体验到"农家乐"的乐趣,并享受到高品质的旅游服务。

(3) 可持续性发展的生态原则

以自然为蓝本,园区内合理布置植物、水体、设施,充分展现环境与文化之间具有不可分割的一体性。尽可能在全园内营造出一个自然生态系统与人工生态系统相结合的生态环境,同时使得该园从景观、文化等方面符合可持续性发展的理想目标。

(4) 景观多样性原则

休闲农业为服务性的产业,是提供给大众休闲游憩的一种商品,因此园区内在植物品种选择、景观资源配置上突出丰富性、多样性特点。园区内的观光娱乐项目大多由植物造景体现,所以要求体现景观的多样性,多方位展现植物的观赏特色,不断寻求变化,形成多样的景观空间。

(5) 坚持"农游"相结合的原则

本设计立足于休闲农业的开发与创设,因此必须体现农业与旅游业相结合的特点。通过充分利用原有的农业资源和旅游资源,扩大和增加该项目的休闲观光特色,通过两者之间的相互带动,发展"农游合一"的新型产业,从而营造一个优美宜人的绿色游憩空间。

3. 设计说明

本设计从功能上来讲,主要分三大区域,苗木生产区、观光休闲区和农趣体验区,如图1-2所示。

1. 主入口;
2. 管理房;
3. 盆景园;
4. 观光温室;
5. 阳光沙滩;
6. 水上人家;
7. 桃花岛;
8. 荷塘居;
9. 生态群岛;
10. 码头;
11. 烘烤园;
12. 芦苇制品作坊;
13. 木雕及农艺制品作坊;
14. 果实作坊;
15. 植物迷宫;
16. 竹制品作坊;
17. 钓鱼台;
18. 次入口;
19. 竹海;
20. 景观林带;
21. 湿地景观;
22. 荷塘月色

图1-2 陶吴生态观光苗圃规划设计平面图

(1)苗木生产区

苗木生产区位于场地西侧,占地约 20 km²,靠近公路,主要满足苗木的集散需求和新品种的引进和研发。根据苗木生产要求和各类苗木的育苗特点及苗圃地的自然条件,又对该区域进行了生产区域划分,主要分为大苗区、小苗区、引种驯化区、观光温室等,以有利于苗木生产。同时,苗圃内的苗木季节性的景观变化与整个园子的景观很好地融合到了一起,实现了园内植物景观的统一。

(2)观光休闲区

观光休闲区位于场地东南侧,占地约 27 km²,为满足观光需要,更好地展示植物的多样性,该区域采用细胞核的理论,在低洼处建设一个既能观光又能满足苗木生产区生产用水所需要的景观湖,湖中建岛,湖面的处理有聚有散,使人们的视野开阔。利用水面的分割,形成园区多样的景观。整个水域形成观光区核,外围道路形成"回"字形,有利于游客参观游览。该区内主要分布以下主要景点:

①阳光沙滩。该景点位于观光休闲区中间地带,在湖的南侧,与水上人家遥遥相望,为前来休闲的人们提供了良好的运动与休闲空间。这里有高品位的石英沙滩,洁白细腻的沙滩在阳光的照耀下会泛出银光。人们还可以享受阳光,享受运动休闲的无穷快乐。

②水上人家。该景点位于湖中的小岛上,岛上设有符合江南水乡特色的休闲旅馆,既能满足游客的"品农家饭、享农家乐"的旅游需求,同时具有地方风格特色的建筑又是一道亮丽的风景线,为环境旅游价值的提升提供重要的景观保证。岛上广植桃树,故又称桃花岛,每当桃花盛开时,游人到此游玩休闲,定是流连忘返。

③荷塘居。该景点是建于桃花岛北面的一座富有农家气息的茶亭,小岛的周围种满了荷花,初夏时节,坐在小岛茶亭中央,欣赏着满塘的荷花,沐浴着夏日的荫凉,可以使游客充分享受难得的静谧与安逸。

(3)农趣体验区

农趣体验区位于场地东北侧,占地约 20 km²。该区域是为使游客亲身感受农业景观、了解农业文化、学习农业知识、参与农业生产活动和体验当地的民俗风情而设置的游览区域。该区域充分突出当地的农耕文化、乡土文化和民俗文化特色,开展一些民间技艺、时令民俗等活动,增加了农村休闲游的文化内涵。该区域内主要分布以下景点:

①芦苇制品作坊。园内水域处种植了大片芦苇,在芦苇丛旁建置农产品作坊,可向游人展示各种芦苇手工艺作品及各种农产品。游人可以亲自参与动手制作芦苇制品,充分体验农村丰富的乡土文化。这种体验当地农游文化的活动,有利于提高游人的游玩乐趣,进一步推动了当地的生态民俗游。

②渔家乐。该景点利用广阔的水域,设置了芦荡划船捕鱼、岸边垂钓、采摘农家菜等农趣体验活动。游人可以用自己的劳动果实在岸边进行烧烤或烹制成农家菜,充分感受农家乐所带来的快乐。该区域植物丰富,有黄昌蒲、水葱、芦苇等挺水植物,有水杉、池杉、垂柳、乌桕等亲水植物,水中荷花倒影,岸上水禽嬉戏,鸟儿飞舞,处处显示出生态的和谐,使游人忘却了都市的喧嚣,充分享受农趣的快乐与满足。

4.植物造景

植物是构成园林景观的主要素材,有了植物,环境景观价值和生态价值才能得到充分表现。在该生态观光苗圃中,植物造景也是一大特色。在该园区中,主要利用植物的乔、灌、草搭配,同时注重植物的季相变化及生长的景观效果,从而达到步移景异、时移景异的景观效果。

(1) 休闲草坪

在园区内靠近湖边设置了开阔的大草坪。宽阔的草坪为游人创造了活动的空间,是满足游人休闲、放松心情的最佳空间环境。

(2) 疏林草地

设计中尽量把典型的自然景观保留在园区中,创造了富有乡土气息的疏林草地景观。同时在疏林草地空间中安排丰富的活动设施,如民俗表演、家禽喂养等活动,使人们在充分享受自然美的同时享受到浓浓的农家气息。在植物选择方面,尽量选择冠形较大、树形优美的树种,如马褂木、银杏、香樟、榉树等,以创造丰富的林荫景观。

(3) 密林景观

设计中为使植物配置的立体结构向多层次发展,模拟自然稳定的植物群落结构、色彩,充分发挥植物的生态效益和景观效益。在植物配置方面应用乔木、灌木、藤本及草本植物综合搭配,遵循自然植物群落的发展规律,依据自然植物群落的组成成分、外貌、季相,自然植物群落的结构、垂直结构与分层现象,群落中各植物种间的关系等进行植物配置,创造密林景观,从而使园区景观丰富、空间变化多样,营造出清幽玄妙的环境气氛。

(4) 湿地景观

园区内水资源丰富,为体现江南水乡的特点,创造生态的湿地景观,湖边种有水杉、乌桕等植物,湖中有挺水植物芦苇、香蒲、荷花等;漂浮植物慈姑、水花生、槐叶萍等;沉水植物黑藻、眼子菜、玻璃藻等。沿湖游览,丰富的色彩使人目不暇接,多样的水生植物使园区景观变化万千,野趣横生。

5. 结语

陶吴生态观光苗圃是在提高当地农民生活水平、改善环境质量、提高土地使用价值的背景下而开发的。通过为游客提供观光、休闲、体验、娱乐、度假等活动场所和服务,使游客亲身感受农业景观、了解农业文化、学习农业知识、参与农业生产活动,从而有效地保护和改善了自然环境。这种立足于进行苗木生产经营以提高当地经济效益的休闲农业园区,通过与观光旅游业相结合,加快了城乡文化交融,促进了农村文化发展,形成了文明的乡村新风尚,进一步体现了休闲农业的文化功能和社会功能。陶吴生态观光苗圃的设计,为休闲农业园今后的设计及发展提供了新的思路。

学习自测

知识自测

一、填空题

1. 广义的园林苗圃以_____为主,还包括_____、_____、_____的生产场所。
2. 按照园林苗圃面积的大小,园林苗圃可划分为_____、_____和_____。
3. 按照园林苗圃所在位置,园林苗圃可划分为_____和_____。
4. 按照园林苗圃育苗种类,园林苗圃可划分为_____和_____。
5. 按照园林苗圃经营期限,园林苗圃可划分为_____和_____。
6. 一般来说,园林苗圃的生产用地占整个苗圃面积的_____,辅助用地占_____。
7.园林苗圃生产用地面积的计算公式为_____。

二、名词解释

1.专类苗圃　　　　　　2.生产用地
3.综合性苗圃　　　　　4.辅助用地

三、简答题

1.选择苗圃时应考虑哪些条件？
2.圃地区划常分为几个？各区有什么主要功能？
3.生产区常被分成哪几个小区？各有什么任务？
4.园林苗圃年度生产计划包括哪些内容？

技能自测

对拟建的80万资金额度的园林苗圃提出认为合理的建设方案，绘制设计图纸并附详细设计说明。

任务二　施工建设园林苗圃

实施过程

园林苗圃的施工与建立，主要指开建苗圃的一些基本建设工作，其主要项目包括各类房屋的建设，路、沟、渠的修建，防护林带的营建和土地平整等工作。一般房屋的建设宜在其他各项之前进行。工作过程大致如下：

1.修建圃路

施工前先在设计图上选择两个明显的地物或两个已知点，定出主干道的实际位置，再以主干道的中心线为基线，进行圃路系统的定点放线工作，然后进行修建。建圃初期，主干道可以简单实用一些，如土路、石子路即可，防止建设过程中对道路的损坏。待整个苗圃施工基本结束后，可以重新修建主干道，提高道路等级，如柏油路、水泥路等，使交通更加便捷，苗圃形象更好。大型苗圃中的高等级主干路可外请建筑部门或道路修建单位负责建造。

2.建设房屋

苗圃建设初期，可以搭建临时用房，以满足苗圃建设前期的调查、规划、道路修建等基本工作的需要。逐步建设长期用房，如办公大楼、水源站点和温室等。

3.修筑灌溉渠道

灌溉系统中的提水设施即泵房和水泵的建造、安装工作，应在引水灌渠修筑前请有关单位协助建造。在圃地工程中主要修建引水渠道，修筑引水渠道最重要的是渠道纵坡，坡降要求均匀，符合设计要求。在渗水力强的沙质土地区，水渠的底部和两侧要求用黏土或三合土加固。修筑暗渠应按一定的坡度、坡向和深度的要求埋设。

4.挖掘排水沟

一般先挖掘向外排水的总排水沟。中排水沟与道路的边沟相结合，可以结合修路时进行。区内的小排水沟可结合整地时进行挖掘，亦可用略低于地面的步道来代替。要注意排水沟的坡降和边坡都要符合设计要求。为防止边坡塌陷，堵塞排水沟，可在排水沟挖好后，种植一些护坡植物种。排水系统建议尽量与市政排水系统能够连通。

5. 营建防护林

为了尽早发挥防护林的防护效益，根据设计要求，一般在苗圃路、沟、渠施工后立即进行防护林的营建。根据环境条件的特点，选择适宜的植物种，植物种规格适当大些，最好使用大苗栽植，栽后要注意养护。

6. 平整土地

土地的平整要根据苗圃的地形、耕作方向、排灌方向等进行。坡度不大者可在路、沟、渠修成后结合翻耕进行平整；坡度过大时，一般要修水平梯田，尤其是山地苗圃；总坡度不太大，但局部不平的，选用挖高填低操作，深坑填平后进行平整。进行土地平整时，应首先灌水使土壤落实，然后再进行平整。

7. 改良土壤

苗圃土壤理化性质比较差的，要进行土壤改良。如在圃地中有盐碱土、沙土、重黏土或城市建筑垃圾等情况的，应在苗圃建立时进行土壤改良工作。对盐碱地可采取开沟排水，引淡水冲碱或刮碱、扫碱等措施加以改良；轻度盐碱土可采用深翻晒土，多施有机肥料，灌冻水和雨后（或抽水后）及时中耕除草等农业技术措施，逐年改良；对于沙土，最好用掺入黏土和多施有机肥料的办法进行改良，并适当增设防护林带；对于重黏土，则应用混沙、深耕、多施有机肥料、种植绿肥和开沟排水等措施加以改良。对城市建筑垃圾或城市撂荒地的改良，应先除去耕作层中的砖、石、木片和石灰等建筑废弃物，清除后再进行平整、翻耕，有条件的，可适度填埋客土。

相关知识

设计方案通过后，要根据设计图纸进行园林苗圃的建设施工。建设项目包括房屋、道路、沟渠、管道、水源站、变电站、通信网络、温室、大棚、土地平整、梯田修筑、防护林建设等。

1. 道路网络的建设

道路建设是苗圃建设的第一步。根据设计图纸，先将道路在圃地放样画线，确定位置，然后将主干道与外部公路接通，为其他项目建设做准备。在集中建设阶段，路基、路面可简单一些，能够方便车辆行驶即可。待到建设后期，可重修主路，达到一定的等级标准。

2. 房屋的建设

首先要建设苗圃建立和生产急用的房屋设施，如变电站及电路系统、办公用房、水源站（引水系统、自来水或自备井），然后再逐步建设其他必备的锅炉房、仓库、温室、大棚等设施。

3. 灌排系统的建设

灌溉系统有两种类型：渠道引水和管道引水。如果是渠道引水，应结合道路系统的施工一同建设。根据设计要求，一级和二级渠道一般要用水泥防渗处理，渠底要平整，坡降要符合设计要求。如果是管道引水，根据设计要求进行施工。注意埋管深度要在耕作层以下，最好在冻土层以下，防止因冬季管道积水而冻裂管道。

排水系统也有两种形式：明渠排水和地下管道排水。大多数苗圃用明渠排水，离城市排水管网近的苗圃可建设地下管道，进入市政排水系统。

4. 防护林的建设

根据设计要求，在规定的位置营造防护林。为了尽快发挥作用，防护林苗木应选用大苗。栽植后要及时进行各项抚育管理，保证成活。一年内需要支撑，防止倒斜。

5. 土地的平整

平整时要根据耕作方向和地形，确定灌溉方向（渠灌更应注意）、排水方向，然后由高到低进行平整，防止凹凸，注意坡降。可用人工或机械进行平整。机械可用推土机、挖掘机、筑路机等。平整时，为了保持土壤肥力，不要将高处耕作层土壤全部运到低处，采用间隔一定距离挖槽的办法，保留高处一部分耕作层土壤再摊铺在圃地表面。

丘陵地坡度较大时要修建梯田，梯田整地要求与上述方法相同，但梯田的坎要结实牢固，否则容易被水冲垮。

6. 土壤的改良

对于理化性状差的土壤，如重黏土、沙土、盐碱土，不宜马上种植苗木，要进行土壤改良。重黏土要采取混沙、多施有机肥、种植绿肥、深耕等措施进行改良。沙土则要掺入黏土和多施有机肥进行改良。盐碱土视盐碱含量可采取多种综合措施进行改良，方法是隔一定距离挖排盐沟，有条件时在地下一定深度按一定密度埋排盐管，利用雨水或灌溉淡水洗盐，将盐碱排走。生物的方法是多施有机肥、种植绿肥等措施进行改良。轻度盐碱可采用耕作措施进行改良，如深耕晒土，灌溉后及时松土等措施，也可以采用以上措施进行综合改良。近几年，盐碱土改良使用了很多新的技术，取得很多成绩，如天津经济技术开发区利用工程技术和生物措施对海滨渍土的改造取得成功，在昔日盐池上建起一片绿洲，对重盐渍土改造起到了示范作用。

知识拓展

园林苗圃技术档案的建立

园林苗圃技术档案是苗圃生产和经营活动的真实记录，包括苗圃的土地、劳力、机具、物料、药料、肥料、种子等的利用情况，各项育苗技术措施的应用情况，各种苗木的生长发育状况以及苗圃其他经营活动等，要经常连续不断地记录、整理、统计分析和总结。

（一）苗圃技术档案的内容

1. 苗圃地利用档案

苗圃地利用档案主要记录苗圃地的利用和土壤耕作、施肥等情况，以便从中分析圃地土壤肥力的变化与耕作、施肥之间的关系，为实行合理的耕作制、轮作制和科学施肥、改良土壤等提供依据。此档案通常采用表格形式逐年记载各作业面积、土壤结构、质地，育苗方法，作业方式，整地方法，施肥种类、数量、方法和时间，灌溉数量、质量等（表1-1）。为了便于工作和以后查阅方便，在建立这种档案的同时，应当每年绘制一张苗圃地利用情况平面图，并注明圃地总面积、各作业区面积、育苗树种、育苗面积和休闲面积等。

表 1-1 　　　　　　　　　　　　　苗圃地利用表

作业区号_____　　作业区面积_____　　土壤质量_____　　填表人_____

年度	树种	育苗方法	作业情况	整地情况	施肥情况	除草剂情况	灌水情况	病虫害情况	苗木质量	备注
…	…	…	…	…	…	…	…	…	…	…

2.技术措施档案

技术措施档案是把每年苗圃内各种苗木的整个培育过程,即从种子、种条和接穗等处理开始,地栽苗圃直到起苗、包装或假植、贮藏为止,容器生产苗圃直到换盆养护或销售出圃为止,所采取的一切技术措施用表格形式分别记载下来(表1-2)。

表 1-2 　　　　　　　　　　　　　育苗技术措施

树种_____　　苗龄_____　　育苗年度_____　　填表人_____

	育苗面积(公顷数、畦数)		前茬		
繁殖方法	实生苗	种子来源_____ 播种方法_____ 覆盖时间_____ 起止日期_____	贮藏方法_____ 播种量/(kg/hm²)_____ 覆土厚度_____ 间苗时间_____	贮藏时间_____ 覆土厚度_____ 留苗密度_____	催芽方法_____ 覆盖物_____
	扦插苗	插条来源_____ 扦插密度_____	贮藏方法_____ 成活率_____	扦插方法_____	
	嫁接苗	砧木名称_____ 嫁接日期_____ 解缚日期_____	来源_____ 嫁接方法_____ 成活率_____	接穗名称_____ 绑扎材料_____	来源_____
	移植苗	移植时间_____ 苗木来源_____	移植时的苗龄_____	移植次数_____	株行距_____
整地	耕地日期_____	耕地深度_____	作畦日期_____		
施肥	基肥_____	施肥日期_____	肥料深度_____	用量_____	方法_____
	追肥_____	追肥日期_____	肥料种类_____	用量_____	方法_____
灌水	次数_____	时间_____	遮阴时间_____		
中耕	次数_____	时间_____	深度/cm_____		
病虫防治		名称	发生时间	防治日期	药剂名称	浓度	方法	效果
	病害							
	虫害							
出圃		日期	总公顷数	每公顷产量	合格苗/%	起苗与包装
	实生苗					
	扦插苗					
	嫁接苗					
新技术应用效果及问题					
存在问题和改进意见					

3. 气象观测档案

气象观测档案主要是记载气象因素,一般情况下可以从附近气象站(台)抄录,但最好由本单位设立的气象观测站(场)进行观测。可按气象记载的表格(表1-3)统一记录与苗木生长发育关系密切的气象因素,如气温、地温、降水量、蒸发量、相对湿度、日照、早霜、晚霜等。

表1-3　　　　　　　　　　气象记录表

年份_____　　　　　　　　　　　　　　　　　　　填表人_____

月份	平均气温/℃				平均地表温/℃				蒸发量/mm				降雨量/mm				相对湿度/%				日照时数/h			
	平均	上旬	中旬	下旬	平均	上旬	中旬	下旬	平均	上旬	中旬	下旬	平均	上旬	中旬	下旬	平均	上旬	中旬	下旬	平均	上旬	中旬	下旬
全年																								
1月																								
…																								
12月																								

全年霜日____天,初霜出现____月____日,晚霜出现____月____日;冰日____天,初冰出现____月____日,终冰出现____月____日;全年极端高温____℃,出现____月____日,地表温____℃,出现____月____日;极端低温____℃,出现____月____日,地表温____℃,出现____月____日;全年气温稳定通过10℃,初期____月____日,终期____月____日,大于10℃的年积温为____℃;通过15℃,初期____月____日,终期____月____日;通过20℃,初期____月____日,终期____月____日。

4. 苗木生长调查档案

苗木生长调查档案是对各种苗木的生长发育情况进行定期观测,并用表格形式记载各种苗木的整个生长发育过程(表1-4、表1-5)。

表1-4　　　　　　　　　苗木生长总表(_____年度)

树种_____　　播种(扦插、嫁接、移植)期_____　　播种量/(kg/hm², 粒/m²)_____
种子催芽方法_____　　发芽日期:自____月____日至____月____日　　耕作方式_____
土壤_____　　酸碱度_____　　厚度_____　　坡向_____　　坡度_____　　施肥种类_____
施肥量/(kg/hm²)_____　　施肥时间_____

调查次序	调查月日	标准地			前次调查各点合计株数	损失株数				现存株数	生长情况									灾害发生发展摘记
		行数	标准地	合计面积		病害	虫害	间苗	作业损失		苗高			苗粗			苗根		冠幅		
											较高	一般	较低	较粗	较细	主根长	根幅	较宽	一般	较窄	

观察苗木的生长发育时期,应选择具有代表性的地段设置标准样后进行定期观测。对播种苗应详细记载开始出苗、大量出苗、真叶出现、顶芽形成、叶变色、开始落叶、完全落叶等物候期。对其他苗木也按不同物候期加以详细描述。在播种苗的真叶出现前和插条苗的叶片展开前,要每隔 1 d 观察 1 次,其他各物候期可每隔 5 d 观察 1 次。除了观察记载苗木的生育期外,还应在苗木生长期中,对具有代表性的苗木进行苗高、地径、根系生长量的调查,每隔 10 d 进行 1 次。在苗木速生期中,每隔 5 d 调查 1 次。调查株数可根据具体情况而定,一般为 10 株。但苗木生长停止后的最后一次调查株数,应为 100 株左右,其平均值即为当年苗木的年生长量。

表 1-5　　　　　　　　　　苗木生长调查表

育苗年度_____　　　　　　　　　　　　　　　　　　　　填表人_____

树种		苗龄		繁殖方法		移植次数	
开始出苗				大量出苗			
芽膨大				芽发展			
顶芽形成				叶变色			
开始落叶				完全落叶			

项目	生长量/cm								
	日/月	日/月	日/月	日/月	日/月	日/月	日/月	日/月	日/月
苗高									
地径									
根系									

	级别	分级标准	每公顷产量	总产量
出圃	一级	高度/cm		
		地径/cm		
		根系		
		冠幅/cm		
	二级	高度/cm		
		地径/cm		
		根系		
		冠幅/cm		
	三级	高度/cm		
		地径/cm		
		根系		
		冠幅/cm		
	等外苗			
	其他	备注		

5.苗圃作业日记(表1-6)

表1-6　　　　　　　　　　苗圃作业日记

_____年___月___日　星期___　　　　　填表人_____

树种	作业区号	育苗方法	作业方式	作业项目	人工	机工	作业量		物料使用量			工作质量说明	备注
							单位	数量	名称	单位	数量		
总计													
记事													

(二)建立苗圃技术档案的要求

技术档案记载是一项十分重要的工作,要认真落实,长期坚持,不能间断,以保持其连续性、完整性。在档案管理人员配置上,可设专职或兼职管理人员负责,一般可由苗圃技术人员兼管。技术档案管理人员要保持相对稳定。观察记载要认真负责,实事求是,及时准确。年终必须对全年观测记载的材料进行汇总、整理、统计、分析和总结,以便从中找出规律性的东西,及时地提供准确、可靠的科学数据和经验总结,指导今后苗圃生产和科学试验。

技术档案的保管要按照材料形成时间的先后顺序和重要程度,连同总结材料等分类整理装订,登记造册,长期妥善保管。

建立苗圃档案是一项十分重要的工作,应当通过实践不断总结、提高,使其更加完善,更有效地发挥其作用。同时,技术档案的建立,也是苗圃科研人员进行科学研究、创新的有力依据。

学习自测

知识自测

1.一个大型园林苗圃需要进行哪些方面内容的建设?
2.园林苗圃技术档案的内容有哪些?

技能自测

实地参观、调查周边大小园林苗圃区划特点,总结存在的问题,并提出解决途径。

职场点心一　创业建圃的故事

故事1　从捋花籽起家

"别人行,我为什么不行?我也行,我一定能行!"2011年七月中旬,在北京顺意宾馆参加苗木行业发展研讨会时遇到了张英,她对我说。

这是一个看上去很是文静,甚至有几分羞涩的女士。但她说上面一番话时,却显得格外的自信与坚毅。

20世纪90年代初,张英与哈尔滨呼兰县利民镇东闻家屯的小伙子闻立冬结婚,组建了恩爱的小家庭。

在村里,她很快发现,有几家盖了暖棚。暖棚里,种的不是蔬菜,而是花花草草。一开春,这些花草就用到了城里的绿化工程上,变成了金子。花草,挺来钱的,比起青菜效益高出好几倍。

他是个闲不住的人,她也想养花,她也想挣钱。于是,她学别人的模式,盖了一个暖棚,有100多平方米。

养花?丈夫对此有不同的看法。他对张英说:"咱吃不了这碗饭。你没瞧养花那几家吗?人家都是上工程,都有关系,都有路子。咱什么也没有,花养出来卖给谁?"

他觉得丈夫说的有道理,放弃了养花的念头。

暖棚盖起来了,总不能闲着,她和丈夫一商量,决定在暖棚里养肉鸡,养鸡,没经验,闹鸡瘟结果赔得一干二净。

暖棚闲置了一年。她不甘心,看别人养猪来钱,又动了心思,他果断行事,抓了50头小猪回家,做起了养猪生意。

小猪仔可不便宜,一头就是600块钱。年初进的猪仔,在她的精心饲养下,6个月,猪就养得膘肥体壮,足有100多千克。

猪出栏了,按说就是收获的时候了。但她却赶上猪价大跌价。每头猪1千克才卖3.4元。连本钱都不够。眼泪"吧嗒吧嗒"地往下掉。

她对我说:"当时真是老惨老惨了!好多天都不愿意出门。"

是啊!连续两次沉重打击,对这位看上去很是柔弱的女性来说,实在是难以承受。

刚走上社会的一个年轻人,能有什么经济能力,禁得起这么打?人生的路怎么就这么难?她叹息,她悲伤,她抹眼泪。

但很快,她就擦干了眼泪,镇静了下来,她对丈夫说:"咱不能就这么趴下,咱还得养花。"

丈夫都听呆了:"还干两次跟头栽得还不重?"

她说:"咱不干,就彻底栽了,就一点出头之日都没有。国家现在这么重视环境绿化,别人能把花卖出去,咱也能。咱为什么不行?"

丈夫默默地点了点头.

养花,需要钱。钱从哪里来?小两口身无分文,已经到了山穷水尽的地步。该借的地方,养鸡、养猪时都去过了。

没钱,她就揣个塑料袋,叫人家好听的,东家抓一点花籽,西家抓一点五色草,然后种在暖棚里。村里人家去的次数多了,她就去村外,去镇上,去县里。反正能去的地方她都去了。

绚烂的鲜花,在她的暖棚里绽放了。

她的脸上,也绽放出了灿烂的笑容。她家在村口的路边,位置好,很快,就招来了买花人。

这一次,她成功了,冲破了黎明前的黑暗,实现了柳暗花明。到年底一算帐,她赚了8000元钱。

现在的张英,是哈尔滨利民开发区大成苗圃的总经理,主要经营花灌木和宿根花卉,在黑龙江省已有一定的知名度。她的大叶丁香、小叶丁香、榆叶梅和偃伏梾木,已经销到了长江以南。

"别人行,我为什么不行?我也行,我一定能行!"自然,这是她取得成功的关键所在。其实,这也是一切不放弃、不抛弃、勇往直前、最终取得成功的人士共有的鲜明特征。

因此,面对挫折,面对失败,您千万别灰心,别丧气。

跌倒了,爬起来,擦干眼泪,总结教训,继续前行,出头之日总会有的。

张英行,你也能行。

故事 2 建苗圃,起点要高

随手翻看2010年的《中国花卉报》合订本,有一篇记者李颖写的文章,叫做"重庆有个'桂花王'",感觉很有意思。

这篇文章,讲出了一个道理:现在建苗圃,起点一定要高。

这是与时俱进的一种表现。参与市场竞争,一定要站在一个高的起点上。

"桂花王"的这家苗圃,位于重庆的铜梁县,老板叫肖纯文。他原来是搞环保产品的。2007年,重庆市提出建设"深林城市"的目标后,他嗅出了其中的商机,很快建立了一个苗圃。他的产品很简单,就是一个品种:桂花。

他一种,就是2000亩地的桂花。

沿着山间公路四五千米的一段路程,全是他的桂花,有9万多株。

9万多株的桂花,既有金桂、银桂,也有丹桂、四季桂。

那里,除了有自然生长的桂花行道树,还有经过精心加工的,宝塔形、蘑菇形的桂花造型树。

树木的分支点,高度一致。株距和行距,几乎都是3.6米。

这样的面积,这样的档次,远近无人可比。很快,大家便给这位老兄戴了一顶"桂花王"的帽子。

他对前来采访的李颖说道:"我踏入苗木这个行当,既然起步已经晚了,起点一定要高。由于有这种考虑,苗圃地选择的都是土质肥沃的田地。紧邻大片的丘陵地和山坡地便宜,但我不能要。同等规格的苗子,山地种5年,赶不上好田地种3年的。"

此外他很重视苗圃的科学养护工作,专门聘请了专业的技术人员做技术指导。他自己也没当甩手掌柜的,经常参加当地林业部门组织的技术培训。

我想一个人,因为经济基础不同,投资点不同,认识不同。苗圃有大有小,以及种植什么乡土树种,这都无所谓。但不论大小,起点一定要高。

起点高的意思是:种植高质量的苗木,经营高质量的苗圃。

起点不高,就跟不上时代潮流。对此,您心里一定要有个清醒的认识,别马马虎虎的。

读后感:读一读、想一想、品一品、论一论。

学习情境 二

实生苗生产

任务一 采集调制与贮藏种实

实施过程

一、采集种实

乔木种子采集　　灌木种子采集

（一）选择采种母株

优质种子即遗传品质和播种品质都好的种子。采种时应先选遗传品质、生长健壮、无病虫害、抗逆性强的壮龄植株可选为母株，然后采集外部形态已具备本种充分成熟特征的种子，内部胚和胚乳也应表现出本种优良种子的特点。

（二）确定采集方式

1. 立即采集

种粒小和易随风飞散的种子，如杨、柳、榆、桦、泡桐、冷杉、油松、落叶松、木荷、木麻黄等，成熟期与脱落期很相近，应在成熟后脱落前立即采种；色泽鲜艳和易招鸟类啄食的果实，如樟、楠、女贞、乌桕等，应在形态成熟后及时采集。

2. 推迟采集

成熟后易脱落的大粒种子，如栎类、核桃、板栗、假槟榔等，可从树上采摘或敲落，也可在果实落地后及时收集；成熟后较长时间不脱落且鸟不喜食的种实，如槐、水曲柳、槭、椴、合欢、苦楝等，采种期可适当延长。

3. 提前采集

形态成熟后长期休眠的种子，可在生理成熟后形态成熟前采种，采后立即播种或层积处理，以缩短休眠期。

种实采集时，可用采摘法、摇落法、地面收集法、水面收集法等。种实采集后，要做好记录。

二、调制种实

采集到的种实，首先应进行调制，其目的是为了获得纯净的、适于运输、贮藏或播种的种子(图 2-1)。调制的内容包括:种实的脱粒、净种、干燥、分级等。

图 2-1 美国黑果花楸种子采集调制过程

(一)脱粒

1.球果类脱粒

易开裂的球果,如油松、侧柏、云杉、落叶松、白皮松等,采后应放在阳光下晾晒,常翻动,待鳞片开裂后,用木棍敲打,使种子脱出;不易开裂的球果,如马尾松、樟子松等,含松脂较多,可将球果堆积起来,浇淋 2%～3% 的石灰水或草木灰水,每隔 1～2 d 翻动一次,经 6～10 d,球果变成黑褐色时,摊开曝晒,果鳞开裂,即可脱出种子。冷杉球果高温下易分泌松脂,宜摊在通风背阴处阴干,每天翻 2～3 次,几天后即可脱出种子。

2.干果类脱粒

含水量低的蒴果(如丁香、木槿、紫薇等)、荚果(如刺槐、合欢、紫荆、紫藤等)、蓇葖果(绣线菊、珍珠梅和风箱果等),采后可直接摊开曝晒 3～5 d,常翻动,辅以木棍敲打,即可脱出种子;对于皂荚,可用石碾压碎荚皮脱粒;含水量高的蒴果(如杨、柳等)和坚果(如栎类、板栗、榛子等),应放入室内或阴凉处阴干,常翻动,数天后敲打即可脱出种子;白蜡、臭椿、枫杨、槭等翅果,不必脱去果翅,干燥后清除混杂物即可;对于杜仲、榆树、牡丹、玉兰等,则只能阴干。

3.肉质果类脱粒

果皮较厚的大粒肉质果,如核桃、银杏等,采用堆沤法,即将果实堆积起来,盖草、浇水,保持一定的温度,待果皮软化腐烂后搓去果肉取种;果皮较薄的中小粒肉质果,如山杏、山桃、女贞、樟树等,采用浸沤法,将果实放在水中浸沤,果实软化后,捣碎或搓出果肉,反复冲洗,即可取出纯净种子;果肉松软的肉质果,如樱桃、葡萄、欧李、枸杞等,可直接用木棍捣烂果实,水洗取种;果皮较难除净的肉质果,如苦楝等,可用石灰水浸沤 7 d 左右,待果肉软化后,捣碎或搓去果肉取种。

(二)净种

1.风选

利用簸箕、簸扬机等工具借助风力将饱满种子与夹杂物分开(图 2-2)。

2.水选

用水清除各种杂质及秕种、虫蚀种(图 2-3),如海棠、杜梨、樱桃、栾树、银杏、侧柏等常用此法。水选时,浸种时间不能太长。

图 2-2 风选

图 2-3 水选

3. 筛选

用不同孔径的筛子将种子与夹杂物分开(图 2-4)。

4. 粒选

逐粒挑选符合要求的种子(图 2-5)。此法适用于种粒较大或少量珍贵的种子,如核桃、七叶树、银杏等。

图 2-4 筛选

图 2-5 粒选

(三)干燥

种子经过净种,在调拨、贮藏前还须对其进行适当的干燥,直至种子的含水量达到安全含水量为止。

种子干燥的方法可分为晒干法和阴干法。种皮坚硬的种子和安全含水量低的种子,可采用晒干法;种皮薄、种粒小的种子,安全含水量高的种子,含挥发性油质的种子,经水选或由肉质果中取出的种子,均采用阴干法。

(四)分级

将同一批种子按种粒大小、轻重进行分类,即分级。其目的是为了播种后出苗整齐,苗木生长均匀,便于管理。

三、种实贮藏

可根据种子的生理特点和贮藏目的,选择贮藏方法。贮藏方法分为两类,即干藏法和湿藏法。

(一)干藏法

将干燥的种子贮藏在干燥的环境中称为干藏,这种方法适用于安全含水量低的种子。根据种子贮藏时间的长短和采用的具体措施,可将干藏法分为普通干藏、密封干藏和低温干藏等方法。

1. 普通干藏

大多数树木种子短期贮藏都可用此法。即将精选干燥的种子装入麻袋、布袋、箱、桶、缸或其他容器中,放在干燥、通风、凉爽、已消毒的室内。对于富含脂肪且有香味的种子,如松、柏等,为防鼠害,最好装入加盖的容器中。易遭虫害的种子,如刺槐、皂荚等,可用石灰、木炭等拌种,用量为种子质量的 0.1%~0.3%;也可 1000 kg 种子用磷化铝 5~8 片,散放于种袋的空隙中,用薄膜等覆盖,12~15 ℃时覆盖 5 d,16~20 ℃时覆盖 4 d,利用药剂自然挥发灭虫,之后打开库房通气,以免中毒。贮藏期间要定期检查,如有生热、潮湿现象,要立即晾晒,以免种子变质。

2. 密封干藏

用普通干藏法易丧失发芽力的种子,如杨、柳、榆、桑、桉等,以及需长期贮藏的珍贵种子都可用此法(图 2-6)。方法是先用 0.2%福尔马林溶液消毒所需容器,密封 2 h 后,打开晾 0.5~1 h;将精选干燥过的适量种子和少量的木炭或氯化钙或石灰等干燥剂放入容器中,塞好塞子用石蜡或火漆封住瓶口,或将种子装入双层塑料袋内,装入干燥剂,热合封口;最后将盛种容器放入低温(5~10 ℃)、干燥、通风、已消毒的室内或种子库。

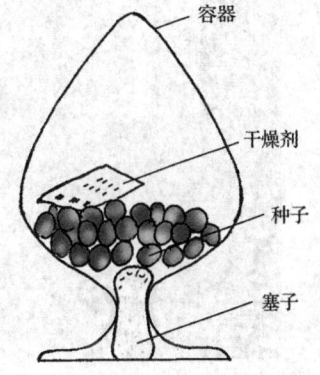

图 2-6 密封干藏

3. 低温干藏

将精选干燥过的种子,直接或密封后放入温度为 0~5 ℃的室内,均能良好地保持种子的生命力,如紫荆、白蜡、冷杉、侧柏等,但需有专门的种子贮藏室及相应的温湿调控设备,投资较高。

此外,也可在密封的容器中充以氮气、氢气、二氧化碳等气体,以减少氧气的浓度,抑制种子呼吸,延长种子寿命。还可用化学贮藏法,即用磷化氢、硫化钾等活力抑制剂,抑制种子发热霉变,一般每立方米体积种子内加 3 g 磷化氢即可。

(二)湿藏法

将种子贮藏在湿润、低温、通气的环境中称为湿藏,也称沙藏或层积处理。适用于安全含水量高的种子或休眠期长需催芽的种子,如栎属、栗属、银杏、核桃、椴、女贞、海棠、七叶树等。主要方法有露天埋藏、室内堆藏、窖藏。

1. 露天埋藏

(1)选址　选择地势高燥、排水良好、土质疏松、背风的地方。

(2)挖层积沟　层积沟的长度视种子数量而定,宽 1~1.5 m,深度根据当地气候和地下水位而定,原则上将种子贮藏在土壤冻结层以下、地下水位以上,一般深 0.8~1.5 m,层积沟四周挖排水沟。

(3)种子放置　先在沟底铺一层石子,再铺一层厚 10~20 cm 的粗沙,之后再铺一层 5 cm 细沙,沙的湿度为 60% 左右,以手握成团但不滴水为宜,沟中央每隔 1~2 m 插一束高出培土面 20 cm 的秸秆或竹筒,以便通气,将种子与湿沙按 1∶3 的体积比分层交替(每层厚 5 cm 左右)或混合放于沟内,放至冻土层为止,其上用 10~20 cm 湿沙填满层积沟,再培土成屋脊形,培土厚度根据当地的气候(尤其是气温)而定(图 2-7)。

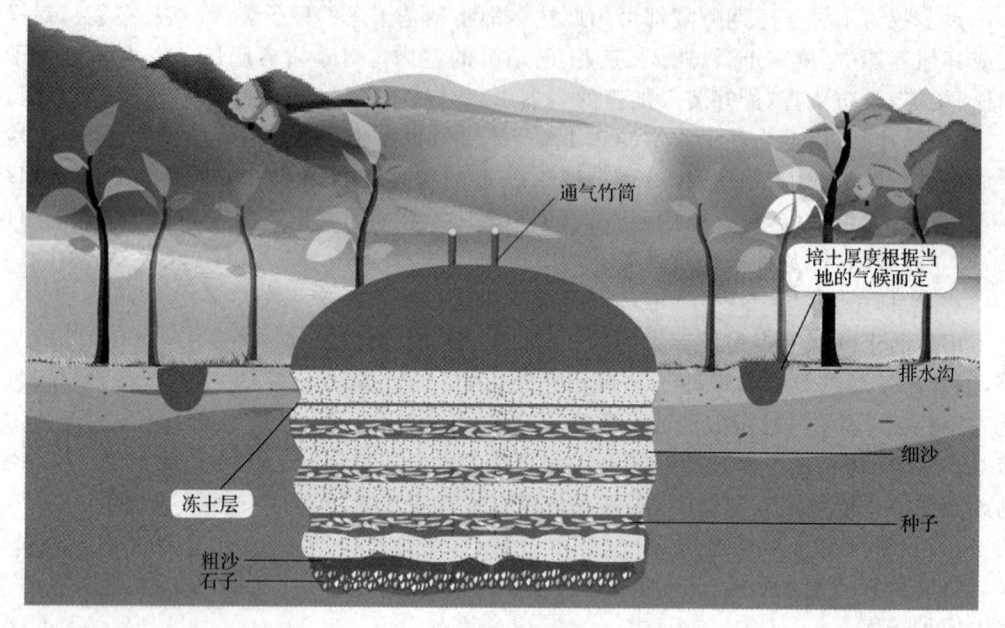

图 2-7　种子露天埋藏示意图

2. 室内堆藏

(1)选址　选择干燥、通风、阳光直射不到的室内、地下室或草棚,清洁消毒。

(2)种子放置　将种子与湿沙分层放置或混合后堆积,上覆湿沙后再盖草帘等覆盖物,是否设通气设备,根据种沙的厚度而定。

种子数量多时:可堆成垄,垄间留出步道,利于通气和检查。

种子数量不多时:可用砖在屋角砌一个池子,将种沙混合后放入池内。

种子数量较少时:将种沙混装在木箱、竹篓、花盆等容器中,放于通风、阴凉处。

此法在我国高温多雨的南方应用较普遍。

3. 窖藏

(1)选址　选择地势干燥、阴凉、排水良好的地方,四周挖排水沟。

(2)种子放置　将种子(不混沙)用筐装好放入窖内;或先在窖底铺竹席或草毯,再把种子倒在上面,窖口用石板盖严,再用土封好。

窖藏在我国华北地区和南方山区贮藏安全含水量高的大粒种子时采用,河北一带主要用此法贮藏板栗。

相关知识

一、园林树木的结实规律

（一）园林树木的结实年龄

园林树木从种子萌发、生长、开花、结实，直至死亡，要经历四个性质不同的时期，即幼年期、青年期、成年期、老年期。幼年期，主要以营养生长为主，不结实；青年期，营养生长仍很旺盛，这一时期种子的可塑性大，适应力强，但种子的产量较少，空粒多，发芽率低；成年期，结实量逐渐增加，以至结实的最高峰，种子的产量高，质量好，是采种的重要时期；老年期，生长极为缓慢，枝梢开始枯死，易遭病虫害，结实量大幅减少，种子产量少，品质差，在良种生产上已无价值。

以上四个时期变化是连续的，各时期之间在形态、特点上都有明显区别。掌握树木发育时期的阶段性，对良种选育、引种、杂交、种子经营等工作的开展，具有重大的实践意义。

（二）园林树木的结实间隔期

进入结实阶段的园林树木，每年结实量有很大差异。灌木树种大部分年年开花结实，并且每年的结实量相差不大；乔木树种有的年份结实量多（称为大年、丰年、种子年），有的年份结实量少（称为小年、歉年），有的年份结实量中等（称为平年）。相邻两个丰年间隔的年限，称为园林树木的结实间隔期。

园林树木的结实间隔期受树种特性和环境条件的综合影响，一般认为主要是营养不足和不良环境条件造成的。园林树木花芽的形成主要取决于营养条件，大量结实营养消耗较大，树势减弱，恢复或快或慢，形成的结实间隔期或长或短；不良的环境条件，尤其是风、霜、冰雹、冻害等灾害性天气和病虫害，常使树木出现（或延长）结实间隔期。

园林树木的结实间隔期不是其固有的特性，也不是必定的规律，可以通过灌水、施肥、修剪、病虫害防治以及克服自然灾害等措施，改善营养、水分、光照等条件，协调树木自身的营养生长和开花结实的关系，消除或减轻大小年现象，避免或减少结实间隔期的产生，以获得种子的高产稳产。

二、种实成熟

（一）种实成熟的过程

种实成熟的过程是胚和胚乳发育的过程。受精卵发育成具有胚根、胚轴、胚芽、子叶完整种胚的同时，营养物质也在不断积累，含水量不断下降。种实成熟通常包括生理成熟和形态成熟两个过程。

1. 生理成熟

种子内部营养物质积累到一定程度，种胚形成，具有发芽能力时，称为生理成熟。此时的种子含水量高，营养物质处于易溶状态，种皮不致密，种粒不饱满，抗性弱，不易贮藏，因此大多数树木的种子不应在此时采集。但对于长期休眠的种子，如椴、山楂、圆柏等，可采收生理成熟的种子，以缩短休眠期，提高发芽率。

2. 形态成熟

种子完成了种胚发育，营养物质积累停止，种实的外部呈现出其固有的成熟特征时，称为形态成熟。此时的种子含水量低，营养物质处于难溶状态，种皮致密、坚硬、种粒饱满，抗性强，耐贮藏，大多数树木的种子宜在此时采集。

3. 生理后熟

大多数树种的种子是生理成熟之后进入形态成熟的。但也有少数树种，如银杏、白蜡、红松、桂花等，外部形态已表现出成熟的特征，但种胚还未发育完全，仍需一段时间的生长发育才具有发芽能力，这种现象称为生理后熟。这类种子采后需经适当条件的贮藏处理，才能正常发芽。

(二)种实成熟的特征

不同树种，其果实和种子达到形态成熟时的特征各不相同。

1. 球果类

球果类果鳞干燥、硬化、微裂、变色。如杉木、落叶松由青绿色转为黄绿色或黄褐色，果鳞微裂；马尾松、油松、侧柏、云杉变为黄褐色；红松先端反曲，变为黄绿色。

2. 干果类

干果类果皮干燥、硬化、紧缩或开裂，由绿色转为黄色、褐色乃至紫黑色。蒴果的果皮干燥后沿缝线开裂，如木槿、香椿、紫薇、泡桐等；荚果的果皮有的开裂，如刺槐，有的不开裂，如皂角（成熟时果皮上有白霜）；坚果类栎属的树种其壳斗呈灰褐色，果皮呈淡褐色至棕褐色，有光泽。槭树属、白蜡属翅果为黄褐色。

3. 肉质果类

肉质果类果皮软化，颜色由绿色转为黄色、红色、紫色等。如蔷薇、冬青、小檗、珊瑚树等呈朱红色；女贞、黄波罗、樟等呈紫黑色；圆柏呈紫色；山杏、银杏呈黄色。

三、种子寿命

(一)种子寿命的类型

所谓种子寿命，是指种子生活力在一定条件下所能保持的最长年限。同一株树上的种子，其寿命也各不相同；不同植株、不同地区、不同环境、不同年份产生的种子，其差异更大。因此种子寿命不可能以单粒种子或单粒寿命的平均值来表示，通常测定其群体的发芽百分率，即种子寿命是指种子从收获后到半数种子存活所经历的时间。

种子寿命取决于其内在因素和贮藏条件。按种子在自然环境条件下干藏、生活力能维持时间的长短，分为长寿、中等寿命、短寿三类（表2-1）。

表2-1　　　　　　　　　　种子寿命类型

类　型	种子寿命/a	树　种
长寿种子	>15	一些豆科树种，如刺槐、皂荚、合欢等
中等寿命种子	3～15	多数针叶树种及一些阔叶树种，如云杉、冷杉、槭树、赤杨等
短寿种子	<3	夏熟种子、含水量较高种子，如杨、柳、榆、栎属、板栗等

(二)影响种子寿命的因素

1.影响种子寿命的内在因素

(1)种子本身特性　不同树木的种子,其种皮结构特点、内含物等不同,种子生活力保持的时间也不同。凡是种皮坚硬、致密、通透性差的种子,寿命较长,如法国巴黎博物馆存放了155 a的银合欢种子仍具有发芽能力;含脂肪、蛋白质多的种子(如松科、豆科)比含淀粉多的种子(如壳斗科)寿命长。

(2)种子含水量　种子含水量是影响其呼吸作用强弱、决定种子寿命长短的重要因子。未充分成熟的种子或成熟采收后没有充分干燥的种子,其含水量相对较高,种子内的水分呈游离状态,酶活性增强,会加快营养物质的水解,呼吸作用加强,产生大量的水和热,使种子出现自潮、自热现象,甚至霉变、腐烂,大大降低了种子的生活力,缩短了种子的寿命。相反,种子的含水量较低时,其水分与蛋白质、淀粉等牢固结合在一起呈胶合状态,同时酶处于吸附状态,生理活性很低,水解的营养物质较少,呼吸作用极其微弱,利于保持种子生活力。

一般认为,种子含水量以4%~14%为宜,种子含水量每降低1%,种子寿命可延长1倍,但并不是越低越好。要长期保持种子生活力,延长其寿命,必须使种子含水量保持在安全含水量(又称标准含水量,指维持种子生活力所必需的含水量)范围内。

2.影响种子寿命的外在因素

(1)温度　种子的生命活动是在一定的温度范围内进行的,过高或过低都会缩短种子寿命。在0~50 ℃范围内,随温度的升高,呼吸作用加强,酶活性增强,营养物质的消耗加速,种子寿命缩短。如果温度升高至60 ℃,酶的活性及呼吸强度会急剧下降,原生质结构紊乱,蛋白质凝固变性,种子死亡。研究证明,一般在0~50 ℃范围内,温度每降低5 ℃,种子寿命可延长1倍。大多数树木种子在0~5 ℃温度范围内,有利于保存其种子生活力。因为这种条件下,种子的生命活动很微弱,并且不会发生冻害。

(2)空气的相对湿度　种子有很强的吸湿能力,能从相对湿度较高的空气中吸收大量的水分。改变种子含水量,对种子寿命会产生很大的影响。

一般情况下,空气的相对湿度要根据种子的安全含水量来定。安全含水量高的种子应贮藏在湿润条件下;安全含水量低的种子则应贮藏在干燥条件下。对于大多数树种,一般空气的相对湿度控制在50%~60%时,种子寿命相对较长。

(3)通气条件　通气条件对种子生活力的影响与种子本身含水量的高低有关系。含水量低的种子,呼吸作用微弱,需氧极少,因此在密闭的条件下可延长种子寿命;含水量高的种子,呼吸作用相对旺盛,产生大量的热量、汽和二氧化碳,应适当通气,以免氧气不足,引起种子窒息死亡。

(4)生物因子　微生物、昆虫及鼠类等都会直接影响种子寿命。尤其是微生物的危害最严重,其大量增殖会使种子霉坏、变质、丧失发芽力。

(5)其他因素　净度不高或受机械损伤的种子,呼吸作用强,易产生自潮、自热现象,易感染病菌,种子寿命较短。

综上所述,影响种子寿命的因素是多方面的,这些因素之间是相互联系、相互制约的。其中种子含水量是决定种子寿命长短的主导因素,在贮藏时必须对种子自身状况和外在条件进行综合分析,采取最适宜的贮藏方法,才能延长种子的寿命。

知识拓展

种子的形成

种子的结构包括胚、胚乳和种皮三部分，分别由受精卵（合子）、受精的极核和珠被发育而成。大多数植物的珠心部分，在种子形成过程中，被吸收利用而消失，也有少数种类的珠心继续发育，直到种子成熟，成为种子的外胚乳。虽然不同植物种子的大小、形状以及内部结构颇有差异，但它们的发育过程，却是大同小异的。

一、胚的发育

种子里的胚是由卵经过受精后的合子发育来的，合子是胚的第一个细胞。卵细胞受精后，便产生一层纤维素的细胞壁，进入休眠状态。

植物传粉后，花粉受到柱头分泌的黏液的刺激，就萌发形成花粉管。花粉管沿着花柱向子房生长。花粉管内有精子，子房内的胚珠中有卵细胞。当花粉管到达胚珠时，花粉管里的精子就会与卵细胞结合，形成受精卵。受精后，子房逐渐发育成为果实，而花的其他结构先后枯萎或凋落。最终，子房的各部分也逐渐发育成果实中相应的结构（子房中的子房壁发育成果皮，胚珠中的珠皮、受精卵分别发育成种子中的种皮、胚，果皮和种子即一个完整的果实）。

合子是一个高度极性化的细胞，它的第一次分裂，通常是横向的（极少数例外），成为两个细胞，一个靠近珠孔，称为基细胞；另一个远离珠孔，称为顶端细胞。顶端细胞将成为胚的前身，而基细胞只具营养性，不具胚性，以后成为胚柄。两细胞间有胞间连丝相通。这种细胞的异质性，是由合子的生理极性所决定的。胚在没有出现分化前的阶段，称为原胚。由原胚发展为胚的过程，在双子叶植物和单子叶植物间是有差异的。

1. 双子叶植物胚的发育

双子叶植物胚的发育，可以荠菜为例说明。合子经短暂休眠后、不均等地横向分裂为基细胞和顶端细胞。基细胞略大，经连续横向分裂，形成一列由6～10个细胞组成的胚柄。顶端细胞先要经过两次纵分裂（第二次的分裂面与第一次的垂直），成为四个细胞，即四分体时期；然后各个细胞再横向分裂一次，成为八个细胞的球状体，即八分体时期。八分体的各细胞先进行一次平周分裂，再经过各个方向的连续分裂，成为一团组织。以上各个时期都属原胚阶段。以后这团组织的顶端两侧分裂生长较快，形成两个突起，迅速发育，成为2片子叶，再在子叶间的凹陷部分逐渐分化出胚芽。与此同时，球形胚体下方的胚柄顶端的一个细胞，即胚根原细胞，和球形胚体的基部细胞也不断分裂生长，一起分化为胚根。胚根与子叶间的部分即胚轴。不久，由于细胞的横向分裂，使子叶和胚轴延长，而胚轴和子叶由于空间地位的限制也弯曲成马蹄形。至此，一个完整的胚体已经形成，胚柄也已退化消失。

2. 单子叶植物胚的发育

单子叶植物胚的发育，可以禾本科的小麦为例说明。小麦胚的发育，与双子叶植物胚的发育情况有共同处，但也有区别。合子的第一次分裂是斜向的，分为两个细胞，接着两个细胞分别各自进行一次斜向的分裂，成为四细胞的原胚。以后，四个细胞又各自不断地从各个方向分裂，增大了胚体的体积。到16～32细胞时期，胚呈现棍棒状，上部膨大，为胚体的前身，下部细长，分化为胚柄，整个胚体周围由一层原表皮层细胞所包围。

当小麦的胚体已基本上发育形成时，在结构上，它包括一张盾片（子叶），位于胚的内侧，与胚乳相贴近。茎顶的生长点以及第一片真叶原基合成胚芽，外面有胚芽鞘包被。相对于胚芽的一端是胚根，外有胚根鞘包被。在与盾片相对的一面，可以见到外胚叶的突起。有的禾本科植物如玉米的胚，不存在外胚叶。

二、胚乳的发育

胚乳是被子植物种子贮藏养料的部分，由两个极核受精后发育而成，所以是三核融合的产物。极核受精后，不经休眠，就在中央细胞发育成胚乳。胚乳的发育，一般有核型、细胞型和沼生目型三种方式。以核型方式最为普遍，而沼生目型比较少见，只出现在沼生目植物的胚乳发育中。

在核型胚乳的发育过程中，受精极核的第一次分裂以及其后一段时期的核分裂，不伴随细胞壁的形成，各个细胞核保留游离状态，分布在同一细胞质中，这一时期称为游离核的形成期。游离核的数目常随植物种类而异，随着核数的增加，核和原生质逐渐由于中央液泡的出现，而被挤向胚囊的四周，在胚囊的珠孔端和合点端较为密集，而在胚囊的侧方仅分布成一薄层。核的分裂以有丝分裂方式进行为多，也有少数出现无丝分裂，特别是在合点端分布的核。胚乳核分裂进行到一定阶段，即向细胞时期过渡，这时在游离核之间会形成细胞壁，进行细胞质的分隔，即形成胚乳细胞，整个组织称为胚乳。单子叶植物和多数双子叶植物均属于这一类型。

实操案例

案例 1　银杏种实的采集、调制与贮藏

采集银杏种实时应选择 40～100 a 生主干通直、生长健壮的采种母树，于 9 月中下旬当果实外种皮由青转黄并伴有自然落果时采集。所采果实先于室内用生石灰堆沤一周后薄摊于地面，脚穿胶鞋轻搓果实使外种皮与种核分离，再将种核置清水中冲洗后摊于室内地面。3～4 d 后装入麻袋中阴干，至 11 月中旬于室内混沙层积贮藏使种子成熟。

案例 2　侧柏种实的采集、调制与贮藏

1. 选择母树

要选择 20～50 a 生的树木作为母树。

2. 采种时期

一般侧柏球果的成熟期是从 9 月中旬开始到 10 月下旬为止，当球果果鳞由青绿色变为黄绿色且果鳞微裂时，应立即进行采种。

3. 采种方法

侧柏球果成熟后，及时清除冠下杂灌木及石块后，采用击落法进行采种，然后用扫帚将球果收集起来。

4. 种子清选

球果运回后，在场上曝晒 3～5 d，果鳞裂开后，轻敲果鳞，种子即可脱落。然后用筛选、风选或水选等方法清除果鳞、夹杂物及秕粒。阴干后，进行袋藏。

案例3 马尾松种实的采集、调制与贮藏

1. 采种前的组织准备工作
(1)调查划定采种林分和采种母树。
(2)预测种子产量,做到胸中有数,便于安排劳力、制订采种计划。
(3)定期观察种子的成熟过程,根据情况确定采种期,做到既不掠青又不失时。
(4)选定采种方法,做到既保护母树,巩固种源,又要充分采收。
(5)准备球果堆沤、脱粒、运输、贮藏所需的工具、设备、晒场和库房。
(6)制定采种定额、工资标准(种价)、球果收购价和验收制度。

2. 球果采摘
马尾松种实成熟期一般是10~11月,霜降后至小雪前为马尾松球果的最佳采摘期(采摘期可持续1个月),此时的马尾松球果大部分呈栗褐色、果鳞微裂。采摘方法有用钩采摘或手摘。选取采种林分时应选择立地类型好、林分生长类型高、年龄为20~30 a的林分,而且尽量选择阳坡地段的林分来采摘球果。这种林分的种实产量高、质量好、发芽率高。

3. 种实调制分离
将马尾松球果堆放,上覆稻草。每天早、晚各用2倍于种子重量的0.5%烧碱水或石灰水泼浇,同时翻堆,连续3~5 d。堆沤10~15 d,然后摊开曝晒进行脱粒。脱粒后,用手轻揉,使种子与种翅分离。

4. 净种
用风车或簸箕进行净种,也可根据种子与夹杂物密度的不同采用水选方法净种,秕种和带病虫的不良种子上浮,良种下沉在中间,而泥沙等杂质沉在底下。

5. 贮藏
经水选后的种子不宜在高温下曝晒,宜采用阴干方法干燥。一定要充分阴干,要求种子含水量必须低于9%,贮藏才能更安全。然后,用大薄膜袋密封装齐收集,放在干燥阴凉处或冷库中贮藏。

学习自测

知识自测

一、填空题
1. 种实调制的一般过程为_____、_____、_____、_____。
2. 常用的净种方法有_____、_____、_____、_____四种。
3. 种子干燥的方法有晒干法和阴干法两种,适合阴干的种子特征有_____、_____、_____、_____。
4. 一般种子的贮藏方法分为干藏法和湿藏法两种,干藏法分为_____、_____、_____三种,湿藏法适用于_____或_____的种子。
5. 安全含水量高的种子适于在_____、_____、_____的条件下贮藏。

二、名词解释
1. 生理成熟   2. 形态成熟

3. 生理后熟　　　　　　　4. 种子寿命

5. 种子含水量

三、简答题

1. 影响树木开花结实的因素有哪些？

2. 影响种子呼吸的因素有哪些？

3. 举例说明不同类型的种子如何调制与贮藏。

4. 园林植物种子采集的方法有哪些？

5. 影响种子寿命的因素有哪些？

技能自测

1. 选择本地区有代表性的主要园林植物种子标本 50 种，进行外部形态和解剖形态观察，做好观察记录。

2. 选择本地区有代表性的主要园林植物种子 5 种，进行采集调制和贮藏，进一步熟练种实的采集、调制和贮藏方法，同时也为翌年春季播种繁殖做好准备。

任务二　检验种子品质

实施过程

一、抽　样

抽样是指抽取有代表性的、数量能满足检验需要的种子样品。抽样的目的是尽最大努力保证送检样品能准确地代表该批种子的组成成分。同样，检验机构也要按规程采用四分法或分样器法，使分取的测定样品能代表送检样品。只有这样，才能通过样品的检验，正确评定该种批的品质。

1. 四分法

将种子均匀地倒在光滑清洁的桌面上，略呈正方形。两手各拿一块分样板，从两侧略微提高地把种子拨到中间，使种子堆成长方形，再将长方形两端的种子拨到中间，这样重复 3～4 次，使种子混拌均匀。将混拌均匀的种子铺成正方形，大粒种子厚度不超过 10 cm，中粒种子厚度不超过 5 cm，小粒种子厚度不超过 3 cm。用分样板沿对角线把种子分成四个三角形，将对顶的两个三角形的种子装入容器中备用，取余下的两个对顶三角形的种子再次混合，按前法继续分取，直至取得略多于测定样品所需数量为止。

2. 分样器法

适用于种粒小、流动性大的种子。分样前先将送检样品通过分样器，使种子分成重量大约相等的两份。两份种子重量相差不超过两份种子平均重量的 5% 时，可以认为分样器是正确的，可以使用；如超过 5%，应调整分样器。

分样时先将送检样品通过分样器三次，使种子充分混合后再分取样品，取其中的一份继续用分样器分取,直到种子缩减至略多于测定样品的需要量为止。

二、种子的净度

净度是指纯净种子的重量占供检种子重量的百分比。它是种子品质的重要指标之一,是确定播种量的首要条件。同时,夹杂物多的种子不利于贮藏和播种。因而在种实调制后,应做好净种工作。净度的计算公式为

$$净度 = 纯净种子重量/供检种子重量 \times 100\%$$

三、种子的重量

种子的重量通常是指 1000 粒纯净种子在气干状态下的重量,以克为单位,又称千粒重。它说明种子的大小和饱满程度,是种子品质的重要指标之一。同一树种的种子,千粒重愈大愈饱满。同一树种的千粒重因母树所在的地理位置、立地条件、年龄、生长发育状况、采种时期等因素的不同而变化。种子千粒重也是计算播种量不可缺少的条件。

四、种子含水量

种子含水量是指种子中所含水分的重量与种子重量的百分比。种子含水量的高低直接影响种子的寿命。水在种子体内以游离水和结合水这两种状态存在,只有待种子加热到 100~105 ℃时才能把结合水彻底排除。因此通常是在烘箱中用 103±2 ℃或更高的温度烘干种子样品,根据测定样品前、后重量之差来计算种子含水量。

五、种子发芽率

种子发芽率是指在规定的条件下及规定的期限内生成正常幼苗的种子粒数占供检种子总数的百分比,是播种品质最重要的指标。种子发芽率的高低,决定着种子能否用于播种和播种量的大小,是播种品质中最重要的指标。具体测定方法如下:

1. 取样

将净度测定后的纯净种子用四分法分为 4 份,每份中随机抽取 25 粒组成 100 粒,共重复 4 次,或直接用数粒器提取 4 组 100 粒。

2. 消毒灭菌并预处理测定样品

对发芽器皿和发芽床的衬垫材料、基质进行洗涤和高温消毒,对培养箱、测定样品等分别用福尔马林或高锰酸钾溶液进行消毒灭菌,并对测定样品进行浸种催芽处理,一般可用始温 45 ℃的水浸种 24 h。

3. 准备发芽床

先在培养皿或专用发芽皿底盘上铺一层脱脂棉,再放上纱布或滤纸。

4. 置床

将处理过的种子以组为单位整齐地排列在发芽床上,种粒之间保持的距离相当于种

粒大小的1～4倍，以减少霉菌感染。置床后贴上标签，将发芽床放在培养箱或发芽箱中。

5. 观察、记载与管理

(1) 管理　经常检查测定样品及其水分、通气、温度、光照条件。水最好用蒸馏水或去离子水。通气应良好。轻微发霉的种子可拣出用清水冲洗后放回原发芽床。发霉种子较多时，要及时更换发芽床和发芽容器。

(2) 持续时间　发芽测定时间自置床之日算起，不包括预处理的时间，如果测定样品在规定时间内发芽粒数不多，或已到规定时间仍有较多的种粒萌发，可适当延长测定时间。延长时间最多不超过规定时间的50％，或当发芽末期连续3 d每天发芽粒数不足供试种子总数的1％时，即算发芽终止。

(3) 观察与记载　发芽测定期间要定期观察与记载。当幼苗生长到一定阶段时，必要的基本结构都已具备，已符合正常幼苗条件的，记载和记录后应从发芽床拣出。严重腐坏的幼苗也应拣出，以免感染其他幼苗和种子。呈现其他缺陷的不正常幼苗保留到末次记数。

正常幼苗包括3种情况：基本结构(根系、胚轴、子叶、初生叶、顶芽，禾本科和棕榈科植物还要有正常的芽鞘)完整、匀称、健康、生长良好的幼苗；基本结构有轻微缺陷，但其他方面完全正常的幼苗；虽受次生性感染，但发育正常的幼苗。每粒种子无论发出几株符合上述标准的幼苗均算一株正常幼苗。

不正常幼苗包括4种情况：损伤严重的幼苗；基本结构畸形或失衡的幼苗；原发性感染或腐坏，停止正常发育的幼苗；基本结构有缺失或发育不正常的幼苗。测定结束后，分别对各重复的未发芽种粒逐一切开剖视，统计新鲜粒、腐坏粒、硬粒、空粒、无胚粒、涩粒及虫害粒，并将结果填入发芽测定记录表(表2-2)。

表2-2　　　　　　　　发芽测定记录表

树种_____　　　编号_____　　　置床日期_____

项目	正常幼苗数							不正常幼苗数	未萌发粒分析						
	样品重/g	初次计数	…	…	…	末次计数	合计		新鲜粒	腐坏粒	硬粒	空粒	无胚粒	涩粒	虫害粒	合计
测定日期																
重复 1																
重复 2																
重复 3																
重复 4																
平均																

组间最大差距_____　　　　　　容许差距_____

本次测定：有效☐　　　　　　　　测定人_____

　　　　　无效☐

6. 计算测定结果

发芽试验结束后,根据记录的资料,分别重复计算正常幼苗的比例。计算公式为

$$种子发芽率 = 生成正常幼苗的种子粒数 / 供检种子总数 \times 100\%$$

六、种子生活力

种子潜在的发芽能力,称为种子生活力。一般常用发芽试验来测定种子发芽生活。但需要时间长,且对一些休眠期长的种子行之无效,故常用染色法快速测定种子生活力。据 GB 2772—1999《林木种子检验规程》规定,染色法包括靛蓝和四唑两种染色法。下面介绍靛蓝染色法。

1. 取样

从净度测定后的纯净种子中随机数取 100 粒种子,重复 4 次。

2. 预处理种子

(1) 去除种皮　为了软化种皮,便于剥取种仁,要对种子进行预处理。如黄连木、杜仲等可用始温 30~45 ℃的水浸种 24~48 h,每日换水;硬粒的种子如银合欢等可用始温 80~85 ℃的水浸种 24~72 h,每日换水;种皮坚硬致密的种子,如黑荆树、漆树等,可用 98%的浓硫酸浸种 20~180 min,充分冲洗,再用常温水浸种 24~48 h,每日换水。

(2) 刺伤种皮　豆科的许多树种,如刺槐属,种子具有不透性种皮,可在胚根附近刺伤种皮或削去部分种皮,但不要伤胚。

(3) 切除部分种子

①横切　如女贞属,可在浸种后在胚根相反的较宽一端将种子切去三分之一。

②纵切　许多树种,如松属、白蜡属可在浸种后纵切,即平行于胚的纵轴纵向剖切,但不能穿过胚。白蜡属的种子可在两边各切一刀,但不要伤胚。

③取"胚方"　大粒种子如板栗、核桃等可取"胚方"染色。取"胚方"是指浸种后切取大约 1 cm^2 包括胚根、胚轴和部分子叶(或胚乳)的方块。

3. 染色

胚和胚乳均需进行染色鉴定。预处理时发现的空粒、腐烂粒和病虫害粒,属无生活力种子。剥种仁要细心,勿使胚损伤。剥出的种仁先放入盛有清水或有湿纱布或湿滤纸的器皿中,待全部剥完后再一起放入 0.1%靛蓝溶液中,使溶液淹没种仁,上浮者要压沉。置黑暗处,保持 30~35 ℃,染色时间因树种和条件而异。染色结束后,沥去溶液,用清水冲洗(至水无色),将种仁摆在铺有湿滤纸的发芽皿中,保持湿润,以备鉴定。

4. 观察统计

根据染色的部位、染色面积的大小和染色程度,逐粒判断种子生活力。凡胚完全染色的,为无生活力的种子。胚部分染色的,为生活力较差的种子。胚没有染色的,为有生活力的种子。

5.计算

种子生活力的计算公式为

$$种子生活力=有生活力的种子数/测定样品种子总数×100\%$$

计算种子生活力的方法与容许误差均同发芽测定。

七、种子优良度

通定种子优良度是为了在收购种子时,根据种子外观和内部状况,尽快鉴定出种子质量,以确定其使用价值与合理价格。优良种子具有下述感官表现:种粒饱满,胚和胚乳发育正常,呈该树种新鲜种子特有的颜色、弹性和气味。具体测定时,常采用解剖法以区分优良种子和劣质种子。

八、种子健康状况

种子健康状况主要是指种子是否携带病原菌,如真菌、细菌、病毒以及害虫。其测定方法很多:直观检查法、染色法、密度法和X射线透视检查法等。

相关知识

一、种子品质检验

种子品质检验又称种子品质鉴定,是指在种子采收、调运、播种、贮藏以及贸易时对种子的播种品质进行检验。通过对种子各项指标的测定来确定其等级,以确定种子的使用价值,合理有效地利用种子。检验的内容包括:净度、千粒重、含水量、发芽率、生活力、优良度及病虫害感染程度等。

优良种子应具有如下特征:纯净,无泥土、杂质和碎种粒;整齐,同一批种子大小、形状、颜色差异小;饱满,成熟种子多饱满、生活力高;发芽率高,出苗齐,达到自然发芽率水平;无病虫害,种子健全完善、病虫感染少;干燥耐藏,种子含水百分率适宜。

二、种子的休眠

种子成熟后,即转入休眠状态,此时的种子新陈代谢缓慢,呼吸作用微弱,能量消耗少。种子的休眠是指具有生活力的种子由于某些内在因素或外界条件的影响,一时不能发芽或发芽很困难的现象。

（一）种子休眠的类型

1.被迫休眠

种子成熟后,得不到发芽所需的环境条件（水分、温度、氧气等）而处于休眠状态,满足了这些条件,种子便立即发芽,这类休眠也称为短期休眠。如油松、侧柏、马尾松、桉树、泡桐、桦树、杨、柳、榆等。

2. 自然休眠

种子成熟后,由于自身特性,即使给予发芽所需的环境条件也不能立即发芽,必须经过较长时间或进行特殊处理才能发芽,这类休眠也称为长期休眠。如银杏、山楂、椴树、白蜡、水曲柳、漆树、樱桃、红松、桧柏等。

(二)种子休眠的原因

种子被迫休眠是因为得不到发芽所需的基本条件,而自然休眠的原因较复杂,主要有以下几种:

1. 种皮(或果皮)的机械障碍

有些种子的种皮坚硬、致密,或具角质层、油脂、蜡质等,致使种皮不透水,不透气,种子因为不能吸胀吸水或得不到充足的氧气而难以发芽。即使能透水、透气,但由于种皮过于坚硬,胚根的伸长及突破种皮均很困难。如刺槐、皂荚、文冠果、核桃、花椒、桃、杏等。

2. 种胚发育不全

有些种子外观上已出现固有的成熟特征,但种胚发育不全,仍需从胚乳中吸收养分以达到生理上的成熟。如银杏、椴树、白蜡、七叶树、水曲柳、香榧、南方红豆杉、卫矛、冬青等。以银杏为例,在种实自然脱落后,种胚长度仅有成熟胚的 $1/3 \sim 1/2$,经 $4 \sim 5$ 个月的贮藏后,种胚才发育完全,具有正常的发芽能力。

3. 种子含发芽抑制物

有些种子含有发芽抑制物,其种类很多,如脱落酸、氢氰酸、酚类、醛类等,存在于果皮、种皮、胚、胚乳或其他部位。树种不同,抑制物和存在部位也不一样,如红松的种皮、胚乳及胚内均含有脱落酸;山楂中的抑制物质为氢氰酸;糖槭类抑制物为酚类物质;桃、杏种子含有的苦杏仁苷在潮湿条件下,不断放出氢氰酸而抑制种子萌发。

总之,对于某一树种,其种子长期休眠可能是一个或多个原因造成的,在播种育苗生产中,要解除种子休眠需采取相应的措施。

知识拓展

种子包衣技术

包衣种子是指通过处理将非种子材料包裹在种子的表皮外部,形状仍类似于原来种子。非种子材料主要指杀菌剂、杀虫剂、生长调节剂、微肥、染料和其他添加物质。经过包衣后,可使小粒种子大粒化,不规则种子成形化,提高了播种速度和播种精度,做到了防虫防病、省工省药、增产增收,促进了种子标准化、机械化、产业化的发展进程。

四唑染色法

四唑是氯化(或溴化)三苯基四氮唑的简称,为白色粉末,水溶液无色。其染色机理为:有生活力种子的胚细胞中有脱氢酶存在,被种胚吸收的无色的四氮唑类,在脱氢酶作用下还原成不溶性的、稳定的红色化合物甲酯,即2,3,5-三苯基甲酯,而无生活力的种胚无此种反应。用四唑染色法鉴定种子的生活力是近年来应用较广的一种方法。

将种子浸入水中10～24 h,使种皮柔软,然后剥去种皮,留下种仁。剥种仁时要细心,切勿使胚损伤。剥出的种仁先放入盛有清水或有湿纱布或湿滤纸的器皿中,将种仁全部剥完再一起放入四唑溶液中,使溶液淹没种仁,上浮者要压沉。置黑暗处,保持30～35 ℃,染色时间因植物种和条件而异,一般2～4 h。染色结束后,沥去溶液,用清水冲洗,凡胚和子叶不染色的,为无生活力的种子。胚和子叶部分染色的,为生活力较差的种子。胚和子叶染成红色的,为有生活力的种子。

实操案例

四唑染色法在林木种子检验中的应用

林木种子是林业生产最基本的生产资料,好的种子品质是保证造林绿化进程、提高营林质量、加快林业资源增长、实现林业可持续发展的重要物质基础。在种检工作中,除了通过对种子净度、含水量、发芽率进行测定来评定种子质量外,就是进行种子生活力的测定,而四唑染色法是快速测定种子生活力的一种简便有效方法。

1. 四唑染色法的发展

四唑测定技术于1942年由德国Lakon提出,以后逐渐为世界各国所采用。该方法可迅速测定发芽缓慢或有休眠现象种子的生活力,具有快速、经济、准确和应用范围广泛等特点。国际种子检验协会(ISTA)为促进四唑技术的标准化,于1950年成立了四唑测定委员会,并于1953年第10届ISTA大会上首次将四唑测定技术纳入《国际种子检验规程》。

2. 四唑染色法在种检中的应用范围

①测定休眠种子的发芽潜力;②测定采种后马上播种的种子的潜在发芽能力;③测定发芽缓慢或发芽周期漫长种子的发芽能力;④测定发芽末期未发芽种子的生活力;⑤测定加工、调制期间种子的生活力;⑥解决发芽实验中遇到的问题,查明不正常幼苗产生的原因;⑦测定种子贮藏期间劣变、衰老程度;⑧时间紧迫,调种时快速测定种子的生活力。

3. 四唑染色法的原理及特点

3.1 四唑染色原理

应用2,3,5-三苯基氯化(或溴化)四唑TTC的无色溶液作为指示剂,以显示活细胞中所发生的还原过程。TTC被种子组织内活细胞呼吸产生的脱氢酶中的氢还原吸收,接受活细胞内三羟酸代谢途径中释放出来的氢离子,生成红色而稳定的不扩散的TTF。这样就能识别出种子中红色的有生命部分和不染色的死亡部分,根据种子染色的部位的大小和颜色的深浅来确定种子有无生活力。

3.2 四唑染色特点

四唑染色法原理可靠,结果准确,不受休眠限制,方法简便,省时快捷,成本低廉。

4. 四唑染色法的工作程序

4.1 试剂配制

不同树种根据 GB 2772—1999 的规定配制不同浓度的四唑溶液,一般浓度为 0.5%～1.0%。如果所使用蒸馏水的 pH 不在 6.5～7.5 范围内,可将四唑溶于缓冲溶液。缓冲溶液的配制方法为:首先配制 A 溶液和 B 溶液,称取 9.078 g 磷酸二氢钾溶于 1 000 mL 蒸馏水中得 A 溶液,称取 9.472 g 磷酸氢二钠溶于 1 000 mL 蒸馏水中得 B 溶液,然后取 2 份 A 溶液和 3 份 B 溶液混合配成缓冲溶液。

4.2 种子预处理

(1) 去除种皮。用水浸泡种子,软化种皮,使胚活化,加速活性脱氢酶的酶促过程。一般种子可用始温 30～45 ℃的温水浸种 24～48 h;硬粒种子用始温 80～85 ℃的温水浸种 24～72 h;种皮致密坚硬的种子,可用 98% 的浓硫酸浸种 20～180 min,充分冲洗后,再用常温水浸种 24～48 h,每日换水。

(2) 刺伤种皮。具有不透性种皮的种子,可在胚根附近刺伤种皮或削去部分种皮,但不要伤胚,使四唑溶液能渗透到种子的所有部位,如金雀儿属和刺槐属种子。

(3) 切除部分种子。为使四唑溶液均匀渗透,保证染色效果,可在浸种后进行横切、纵切和取"胚方"。横切即在胚根相反的较宽一端将种子切去三分之一,如栋木属、椴子属、女贞属种子。纵切即在平行于胚的纵轴纵向剖切,如白蜡属种子。取"胚方"即切取大约 1 cm^2 包括胚根、胚轴和部分子叶(或胚乳)的方块,如板栗、核桃、银杏等大粒种子。

(4) 剥出种仁。将种仁放到适宜浓度的四唑溶液中,置黑暗处,染色时间和温度因树种和条件而异,GB 2772—1999 作了详细的规定,若没有限制条件,比较好的方案是采用较低浓度的四唑溶液、较低的温度或者较短的染色时间。

5. 结果鉴定

一般的鉴定原则是:根据种子染色的部位、染色的面积大小和颜色的深浅等综合因素逐粒判断种子的生活力。凡是胚、胚乳及有关活营养组织染成有光泽的鲜红色,且组织状态正常的为有生活力种子;凡是胚的主要构造局部不染色或染成异常的颜色,以及组织软化的为无生活力种子;凡是完全不染色或染成无光泽的淡红色或灰白色,且组织已经腐烂、虫蛀、损伤、软化的为死种子。除完全染色的有生活力的种子和完全不染色的无生活力的种子外,还会出现一些部分染色的种子,在这些部分染色种子的不同部位能看到其中存在或大或小的坏死组织,它们在胚和胚乳(或配子体)所处的部位及面积的大小,决定着这些种子有无生活力。颜色的深浅也不是判断种子有无生活力的标准,颜色的差异主要是将健全、衰弱和死亡的组织区分开。

四唑染色法是一个方便、快捷、可靠的种子质量检验方法,可以在种子采收、加工、贮藏、处理、交易之前或在这些环节进行之中正确反映种子品质的信息,可以作为种子研究的手段。

学习自测

知识自测

一、名词解释

1. 千粒重
2. 发芽势
3. 生活力
4. 净度

二、填空题

1. 测定种子净度时,一般将测定样品分离为_____、_____、_____三部分。
2. 种子含水量的测定方法有_____、_____、_____三种。
3. 利用染色法速测种子生活力时,四唑染色法使_____生活力的种子,染成_____色。

三、简答题

1. 种子休眠的因素有哪些?
2. 如何测定种子优良度?
3. 怎样用四分法取样?
4. 种子发芽的条件是什么?

技能自测

选择合适方法测定自选种子的发芽率和生活力,形成报告。

任务三　种子的处理与播种

一、精选种子

采用筛选或粒选的方法净种、选种,将变质、虫蛀的种子清除,选出新鲜、饱满的种子。低温层积催芽时要筛去沙子等杂质。未经分级的种子,还需按种子大小进行分级。

二、播种前处理种子

(一)种子消毒

种子消毒可有效预防苗期病虫害,一般在播种前或催芽前进行。常用的消毒方法有:

1. 药剂浸种

(1)硫酸铜浸种　用0.3%~1.0%的溶液浸种4~6 h,清水冲洗后晾干备用。

(2)高锰酸钾浸种　适用于尚未萌发的种子。用0.5%的溶液浸种2 h,或用3%的溶液浸种30 min,取出后密封0.5 h,再用清水冲洗数次,阴干后备用。

(3)甲醛浸种　在播前1~2 d,用0.15%的溶液浸种15~30 min,取出后密封2 h,用清水冲洗后,摊开阴干即可备用。

(4)多菌灵浸种　用50%多菌灵可湿性粉剂500倍液浸种1 h。

2. 药粉拌种

用敌克松粉剂拌种,用药量为种子重量的0.2%～0.5%,先用药粉与10倍的细土配成药土,然后进行拌种。或用50%的退菌灵、90%的敌百虫、50%的多菌灵等拌种,用药量为种子重量的3%,消毒效果较好。

3. 石灰水浸种

用1.0%～2.0%的石灰水浸种24 h,有较好的灭菌效果。

4. 紫外线消毒

种子放在紫外线下照射,能杀死一部分病毒。由于光线只能照射到表层种子,所以种子要摊开,不能太厚。消毒过程中要翻搅,半小时翻搅一次,一般消毒1 h即可。翻搅时人要避开紫外线,避免紫外线对人的伤害。

(二)种子催芽

通过人为的方法,打破种子休眠,促进种子发芽的措施叫种子催芽。由于自身的内部因素或外部条件,未解除休眠的种子播种后,难以出苗或发芽期很长,造成种子的浪费,或由于生长不整齐,而使苗木的质量受到影响。催芽可缩短出苗期,使幼苗整齐,利于提高苗木的产量和质量。其方法主要有:

1. 低温层积催芽

低温层积催芽是把种子和湿润物(沙子、雪、泥炭、蛭石等)分层或混合放置于一定低温(多数树种为0～5 ℃)、通气条件下,促使其发芽的方法,主要适用于长期休眠的种子。催芽前进行种子消毒和浸种。低温层积催芽的天数因树种而异(表2-3)。

表2-3　　　　　部分树种种子低温层积催芽时间

树种	时间/d	树种	时间/d
银杏、栾树、榛子	100～120	山楂、山樱桃	200～240
复叶槭、君迁子、山桃、山杏、榆叶梅	70～90	桧柏	180～200
山荆子、海棠、花椒	60～90	椴树、水曲柳、红松	150～180
杜梨、女贞、榉树	50～60		

注意事项:要定期检查低温层积催芽的环境条件;春季要经常查看种子发芽的强度,有30%的种子露白时,应立即播种,暂缓播种的,应使其处于低温条件下,控制胚根生长;若发芽强度不够,在播前1～3周将种子取出放在温暖处(18 ℃～25 ℃)继续催芽;催过芽的种子,播种用土壤要湿润,以防回芽。

2. 水浸催芽

水浸催芽是将种子放在一定温度的水中,软化种皮、促使种子吸水、打破种子休眠的方法,是最简单的一种催芽方法(图2-8),适用于被迫休眠的种子。浸种前应进行种子消毒。浸种的水温和时间,因树种而异(表2-4)。

表 2-4　　　　　　　　　常见树种浸种水温和时间

树种	水温/℃	时间/h
杨、柳、榆、桦、梓、泡桐	冷水	12
悬铃木、桑树、臭椿	30	24
油松、落叶松、樟、楠、檫	35	24
文冠果、柏木、侧柏、杉木、马尾松、柳杉	40~50	24~48
槐树、苦楝、软枣、紫穗槐、紫荆	60~70	24~72
刺槐、合欢、相思树、紫藤、皂荚	80~90	24

具体的做法：种子与水的体积比为 1∶3，将种子倒入温水中，边倒边搅拌，使种子受热均匀，自然冷却，一般 12 h 换一次水。浸种时间的长短视种子特性而定。

水浸后，可将种子放入筛子、湿麻袋等盛种容器里，盖上湿布或草帘，放于温暖处（一般为 25 ℃左右）继续催芽，每天用温水淘洗 1~2 次，待种子有 30%露白时即可播种。

3. 药剂催芽

（1）化学药剂催芽　化学药剂主要有浓硫酸、稀盐酸、小苏打、溴化钾、高锰酸钾、硫酸铜等，其中以浓硫酸和小苏打最常用。

种皮具有蜡质、油质的种子，如黄连木、乌桕、花椒、车梁木等种子，常用 1%的碱水或 1%的苏打水浸种脱蜡去脂，催芽效果较好。

种皮坚硬的种子，如凤凰木、皂荚、相思树、胡枝子等，用 60%以上的浓硫酸浸种 0.5 h，再用清水冲洗；漆树种子可用 95%的浓硫酸浸种 1 h，冷水浸 2 d 左右，露白即可播种。

（2）植物生长激素催芽　用赤霉素、NAA、IAA、IBA、2,4-D 等处理种子，如稀释 5 倍的赤霉素发酵液，对臭椿、白蜡、刺槐、乌桕等种子浸种 24 h，催芽效果显著。

（3）微量元素催芽　用钙、镁、铁、铜、锰、钼等微量元素浸种，如 0.01%锌、铜或 0.1%的高锰酸钾溶液处理种子 24 h，出苗后一年生的幼苗保存率可提高 21.5%~50.0%。

4. 机械损伤催芽

对种皮厚而坚硬的种子，可通过机械方法擦伤种皮，从而促进萌发。如小粒种子可混粗沙摩擦（图 2-9）；大粒种子可混石子摩擦，或用搅拌机进行，或用锤砸破种皮等（图 2-10），均能提高发芽率。

图 2-9　混粗沙摩擦　　　机械损伤催芽方法一　机械损伤催芽方法二　　图 2-10　砸破种皮

三、播种前处理土壤

土壤处理的主要目的是消灭土壤中的病原菌和地下害虫。

(一) 土壤消毒

生产上常用药剂处理进行土壤消毒，其方法有：

(1) 福尔马林　在播前 10~20 d，福尔马林用量为 50 mL/m²，加水 6~12 L，喷洒在苗床上，用塑料薄膜覆盖，播前一周打开通风，药味散去即可播种。

(2) 硫酸亚铁　在播前 5~7 d，用 2%~3% 的硫酸亚铁水溶液（4~5 kg/m²）浇洒在苗床上。也可用细干土加入 2%~3% 的硫酸亚铁制成药土，按 100~200 g/m² 的用量撒入苗床。

(3) 五氯硝基苯混合剂　以五氯硝基苯为主加入代森锌（或敌克松、苏化 911 等）制成混合药剂，混合比例为 3∶1，用量为 4~6 g/m²，将配好的混合药剂与细沙土混拌均匀制成药土，在播种前撒于播种沟底，把种子播在药土上，并用药土覆盖种子。五氯硝基苯对人畜无害。

(4) 硫化甲基肿（苏化 911）　30% 的苏化 911 粉用量为 2 g/m²，用法同 (3)。

(5) 多菌灵　用 50% 多菌灵粉剂（40 g/m²）与细沙土混拌均匀后，撒于苗床上，用塑料薄膜覆盖 2~3 d，揭膜待药味散去即可播种。

(6) 消石灰　结合整地施入，用量为 150 kg/hm²，酸性土壤上可适当增加。

(二) 杀虫

生产主要应用辛硫磷，它是一种高效低毒低残留的广谱杀虫剂，主要用于防治蛴螬、蝼蛄、金针虫等地下害虫。一般用 50% 的辛硫磷乳油 0.5 kg，加水 0.5 kg，再与 125~150 kg 细沙土混拌均匀制成毒土，每亩地施入 15 kg 左右；若应用 5% 的颗粒剂，其用量为 45~75 kg/hm²。用在种子沟内时，不要使种子接触毒土。辛硫磷光照下易分解，宜在傍晚或阴天施用，无光下稳定，药效可持续 1~2 个月。

四、播种操作

flsh 动画	flsh 动画	flsh 动画
低床播种	高床播种	穴盘播种

1. 撒播

撒播就是将种子均匀地撒在苗床上，适用于细小粒种子和小粒种子，如杉木、木荷和枫香等植物种。特点是产苗量高，播种方式简便，但由于株行距不规则，不便于锄草等管理。另外，撒播用种量较大，不宜大面积播种。

撒播时为了撒得均匀，应按苗床面积分配种子数量，将一个苗床的种子量分成 3 份，分 3 次撒入苗床，小粒种子撒后立即盖土，覆土厚度为 0.5~1 cm。细小粒种子还需要加黄心土或沙等基质，随种子一同撒到苗床上，撒后可以不盖土。为使种子和土壤紧密结合,促进种子发芽整齐,播种细小粒种子或在土松、干旱的条件下,播种前或覆土后要进行播种地的镇压。

2. 条播

条播是按一定的行距,将种子撒播在播种沟中或采用播种机直接播种,覆土厚度视植物种而定。手工条播的做法是在苗床上按一定行距开沟,行间距 10~25 cm,播幅 10~15 cm,播种沟深为种子直径的 2~3 倍。在沟内均匀撒播种子,覆土至沟平。条播一般是南北方向,因有一定的行距,利用通风透光;便于机械作业,省工省力,生产效率高。条播适用于小粒和中粒种子,如杉木、湿地松、樟和檫。

3. 点播

首先在平整的苗床上按株行距画线开播种穴或按行距画线开播种沟,再将种子均匀点播于穴内或沟内。一般行距 30~80 cm,株距 10~15 cm。播后立即覆土,覆土厚度中粒种子为 1~3 cm,大粒种子为 3~5 cm。点播适用于大粒种子,如银杏、山桃、山杏、板栗和七叶树等,也适用于珍贵植物种播种。株行距按不同植物种和培养目的确定。点播由于有一定的株行距,节省种子,苗期通风透光好,利于苗木生长,点播育苗一般不进行间苗。

相关知识

由种子萌发长成的苗木称为实生苗。实生苗生产通过播种种子来生产苗木,它是现阶段一般苗圃育苗的主要方式。实生苗生产操作相对简单,技术比较成熟,可在短期内培育大量苗木。实生苗根系发达,抗恶劣环境能力较强。其缺点是变异性大,易失去母本的优良特性,开花结实较迟。近年来,国际上利用杂种一代的优势,培育出不少优良的杂种一代的种子,所育苗木质量有了很大提高。

一、播种育苗材料

(一)种子的类型

苗木培育应选用优质种子(即良种),其 3 个重要指标是种性纯,出芽率高,发芽势强。现代苗木生产中,种子必须采用专业生产的种子,不得使用未经专业生产(来源不明)的种子和自行采收的种子。专业生产苗木种子的产品类型有:

(1)原型种子 种子采收后,除清洁外未经其他加工的种子。

(2)整洁型种子 种子采收后,经加工处理,使种子清洁并更有利于播种操作。常见的如除去冠毛的菊科花卉种子。

(3)丸粒型种子 常在一些特别细小的花卉种外面黏合一层泥土之类的物质,改变种子形状,增大种子颗粒便于播种操作。

(4)经催芽处理的种子 指在一定的温度条件下,经化学物质或水的催芽处理成胚根萌动状态的种子。催芽处理可大大提高种子的发芽率和出苗整齐度,但种子的保存时间短。

(5)包衣型种子 常在种子的表面裹上一层杀菌剂或普通的润滑剂,一般不改变种子的性状,种子更清洁同时又可使种皮软化,并可防止小苗生长过程中病菌的侵害,有助于播种机械的操作。

(二)种子萌发的条件

一般来说,种子在适宜的水分、温度和氧气的条件下就能萌发。

1. 水分

水分是一切生命活动的必要条件,也是种子发芽的首要条件。有了水,才能使种皮软化,种子膨胀,种皮破裂,促进种子酶的活动,将种子中贮存的营养物质从难溶状态转化为种胚可吸收利用的可溶状态,胚开始生长,胚根突破种皮,种子开始萌发。

2. 温度

温度对种子萌发的影响很大。种子内部的生理、生化过程是在一定温度条件下进行的。适宜的温度可促使种子很快萌发,过高或过低的温度不利于种子发芽或使种子丧失发芽能力。不同植物种子萌发所需最适温度是不同的。变化的温度可促使酶的活动。有利于种子内营养物质的转变,有利于气体交换,同时可使种皮因温度的变化发生软化胀缩而破裂,利于种子萌发。

3. 氧气

氧气能增强种子的呼吸作用,促进酶的活动,如种子在温度、水分适宜的条件下缺乏氧气,种子内部会因发酵作用使种子中毒而腐烂,丧失发芽能力。

4. 光照

光照对有些种子的萌发会产生一定的影响。喜光种子在光照条件下发芽更好,但大多数植物种子在无光条件下有利于发芽。喜光种子如欧洲报春、海角旋果苣等种子的发芽除满足温度、水分条件以外,发芽时需要光照。海角旋果苣在有光的条件下发芽率在80%以上,而在黑暗条件下种子不发芽。

(三)种子催芽的原理

催芽是用人工的方法打破种子休眠,促进种子萌芽的过程。催芽可以控制种子出芽时间,促使幼苗出土均匀,出苗整齐。

1. 低温层积催芽的原理

种子在低温、湿润、通气的条件下通过层积软化了种皮,增加了透气性,供应了种子生命活动所需的氧气和水分。低温使氧气溶解度增大,保证了种胚开始呼吸活动所需的氧气,在层积过程中解除了种子休眠。低温层积过程加强了生命活动,可使内含物质发生变化,既可转化和消除导致种子休眠的抑制物质,又可以增加生长刺激素,使种子萌发;对一些生理后熟的种子如银杏,可使胚长大,完成生理后熟。在生产中,对于亟待播种而来不及采取层积催芽的,可采用变温催芽,高、低温交替处理,对种子发芽过程能起到加速作用。

2. 水浸催芽的原理

种子用水浸泡后会使种皮软化,吸水膨胀,有利于酶的活动,促进贮藏物质的水解,以供种子发芽需要。同时,浸种、洗种还能将种内抑制剂溶解渗出,有利于打破种子休眠。种子吸水量多少,主要取决于种子特性和浸种时间。一般含蛋白质多的种子比含淀粉多的种子吸水量多。一般种子吸水量达到种子本身干重的25%~75%,就能开始发芽,吸水过多反而对种子发芽不利,妨碍种子呼吸。此外,浸种时间不能过长,以免可溶性养分外渗,遭到病菌感染。浸种超过12 h时,要进行换水,保证水中有足够的氧气,有利种子萌发。

3. 药剂催芽的原理

用药剂处理种子,可以改善种皮的透性,促进种子内部生理变化,如酶的活性、养分的转化、胚的呼吸作用等,从而促进种子发芽。

二、播　种

(一)播种期的确定

播种期的确定是育苗工作的主要环节,适宜的播种期可使种子提早发芽,提高发芽率;使出苗整齐,苗木生长健壮,苗木的抗旱、抗寒、抗病能力强;可节省土地和人力。播种期要根据植物的生物学特性和当地的气候条件来确定。要掌握适地、适时、适种原则。"适地"即根据土壤的性质,沙土播种期可以早些,黏土播种期可以晚些;"适时"就是根据当地的气候条件确定适宜的播种期;"适种"就是根据植物的生物学特性选择适宜的播种期。

1. 春播

春季是种苗生产应用最广泛的季节,我国的大多数植物都适合春播。①从播种到出苗的时间短,可以减少圃地的管理次数;②春季土壤湿润、不板结,气温适宜种子萌发,出苗整齐,苗木生长期较长;③幼苗出土后温度逐渐增高,可以避免低温和霜冻的危害;④较少受到鸟、兽、病、虫危害。春播宜早,在土壤解冻后应开始整地、播种,在生长季短的地区更应早播。早播有利于培养健壮、抗性强的苗木。

2. 夏播

许多种子可在夏季播种,但夏季天气炎热,太阳辐射强,土壤易板结,对幼苗生长不利。一些夏季成熟不耐贮藏的种子,可在夏季随采随播,如杨、柳、桑和桦等。夏播尽量提早,以使苗木在冬前基本停止生长,木本植物充分木质化,以利安全越冬。

3. 秋播

有些植物的种子在秋季播种比较好,秋季播种还有变温催芽的功能。①可使种子在苗圃地中通过休眠期,完成播前的催芽阶段;②幼苗出土早而整齐,幼苗健壮,成苗率高,增强苗木的抗寒能力;③经秋季的高温和冬季的低温过程,起到变温处理的作用,翌年春季出苗,可缓解春季作业繁忙和劳动力紧张的矛盾。秋季播种不宜太早,以当年不发芽为前提。秋播时间一般可掌握在9～10月。适宜秋播的植物有:休眠期长的如红松、水曲柳、白蜡和椴树等;种皮坚硬或大粒种子如栎类、核桃楸、板栗、文冠果、山桃、山杏和榆叶梅等;二年生草本花卉和球根花卉较耐寒,可以在低温下萌发、生长、越冬,如郁金香、三色堇等。

4. 冬播

冬播实际上是春播的提早及秋播的延续。我国北方一般不在冬季播种,南方一些地区由于气候条件适宜,可以冬播。北方以早春(2月)播种为主,南方冬春都有播种。长江中下游的大部分地区分为春播(4～5月)和秋播(9～10月)。随着苗木生产的发展,越来越多地采用保护地条件下的播种,更多地考虑开花期,播种时间的限制越来越少,只要环境条件适合,又满足所播种苗木的习性都可进行。

(二)苗木密度

苗木密度是指单位面积上种植苗木的数量。苗木密度关系到生产苗木的质量和数量。适宜的苗木密度是培养质量好、产量高、抗性强苗木的重要条件之一。不同的植物种其生物学特性不同,适宜的密度也不一样。密度过大过小对苗木生长、产量质量均有不良的影响。确定合理的密度,应根据苗木的生物学特性、育苗环境和育苗目的。对于苗期生长快、冠幅大的植物种,密度宜小,如山桃、泡桐和枫杨等,反之宜大。而播种后翌年要移植的植物种可以密些种植,直接用于嫁接作砧木的植物种可以稀一些。苗木的培育年限长,密度要小,反之宜大。育苗地土壤肥力条件好、气候好,密度要小,反之宜大。集约化程度高时,密度可减小,反之宜大。苗木密度的大小也取决于株行距的大小,播种苗床的一般行距为 8~25 cm,大田育苗一般行距为 50~80 cm,行距过小不利于通风透光。一般一年生播种苗密度为:150~300 株/m²,速生针叶树可达 600 株/m²,一年生阔叶树播种苗、大粒种子或速生树为 25~120 株/m²,生长速率中等的植物种为 60~160 株/m²。

(三)播种量的确定

播种量是指单位面积或单位长度播种沟上所播种子的数量或重量。大粒种子可用粒数来表示,如核桃、山桃、山杏、七叶树和板栗等。播种苗的稠密可用间苗办法来调控,但易造成种子浪费、费时、费工。种子短缺或珍贵种子不宜采用间苗方式,因此播种前要计算好播种量,不要盲目播种造成浪费。计算播种量要考虑以下因素:

①植物种的生物学特性,苗圃地条件,育苗技术水平;②单位面积的产苗量;③种子品质指标,种子净度、千粒重、发芽率等;④种苗的损耗系数。

计算公式为

$$x = \frac{A \cdot w}{P \cdot G \cdot 1000^2} \cdot C$$

式中　x——单位长度(或面积)实际所需的播种量,kg;

　　　A——单位长度(或面积)的产苗数;

　　　w——种子千粒重,g;

　　　P——种子净度(小数);

　　　G——种子发芽势(小数);

　　　C——损耗系数。

C 值因植物种类、圃地条件、育苗技术水平而异,一般变化范围如下:C 略大于 1,适用于千粒重在 700 g 以上的大粒种子;$1 < C \leqslant 5$,适用于千粒重在 3~700 g 的中、小粒种子;$C > 5$,适用于千粒重在 3 g 以下的极小粒种子。

播种量按苗床净面积(有效面积)计算,苗床净面积按国家标准(GB 6000-85)每公顷为 6000 m²。

知识拓展

人工种子

一、人工种子的提出

人工种子是相对于天然种子而言的。植物人工种子的制作,是在组织培养基础上发展起来的一项生物技术。所谓人工种子,就是将组织培养产生的体细胞胚或不定芽包裹在能提供养分的胶囊里,再在胶囊外包上一层具有保护功能和防止机械损伤的外膜,造成一种类似于种子的结构,并具有与天然种子相同机能的一类种子。自从1978年Murashige提出人工种子的设想并与Reden-Baugh制造第一批人工种子以来,已有许多国家的植物基因公司和大学实验室从事这方面的研究。经过几十年的努力,人工种子研究已取得了很大进展。

植物人工种子的制作首先应该具备一个发育良好的体细胞胚(即具有能够发育成完整植株能力的胚)。为了使胚能够存在并发芽,需要有人工胚乳,内含胚状体发芽时所需的营养成分、防病虫物质、植物激素。还需要能起保护作用以保护水分不致丧失和防止外部物理冲击的人工种皮。通过人工方法把以上三个部分装配起来,便创造出一种与天然种子相类似的结构——人工种子。在人们喜爱的蔬菜、名贵花卉以及人工造林中,使用人工种子进行生产,其优越性是非常大的,前途非常光明。

二、人工种子的特点

人工种子本质上属于营养繁殖,与天然种子相比,具有以下优点:

1. 通过植物组织培养产生的胚状体具有数量多、繁殖速率快、结构完整等特点,对那些名、特、优植物有可能建立一套高效快速的繁殖方法。

2. 体细胞胚是由无性繁殖产生的,一旦获得优良基因型,可以保持杂种优势,对优异的杂种种子可以不需要代代制种,可大量地繁殖并长期加以利用。

3. 对不能通过正常有性途径加以推广利用的具有优良性状的植物材料,如一些三倍体植株、多倍体植株、非整倍体植株等,有可能通过人工种子技术在较短的时间内加以大量繁殖、推广,同时又能保持它们的种性。

4. 在人工种子的包裹材料里加入各种生长调节物质、菌肥、农药等,可人为地影响、控制植物的生长发育和抗性。

5. 可以保存及快速繁殖脱病毒苗,克服某些植物由于长期营养繁殖所积累的病毒病等。

6. 通过基因工程可能获得含有特种宝贵基因的工程植物的少量植株,通过细胞融合获得体细胞杂种和细胞质杂种,通过人工种子可以在短时间内快速繁殖。

7. 与试管苗相比成本低,运输方便(体积小),可直接播种和机械化操作。

三、人工种子的主要制种技术和研究热点

1. 人工种子制种技术

人工种子制种包括胚状体诱导与形成、人工种皮的制作与装配两个主要步骤。人工种子对胚状体的要求是:形态和天然胚相似,发育达子叶形成时期,萌发后能生长成具有完整茎、叶的正常幼苗;其基因型等同于亲本;耐干燥且能长期保存。人工种皮内应富含营养物质,如激素、维生素、菌肥及化学药剂等,供胚状体萌发生长等需要,人工种皮还应有一定的硬度。

2. 人工种子研究热点

人工种子研究热点主要集中于以下方面:

(1)高质量体胚的诱导 目前,利用胚状体为包埋材料制作人工种子的比例大大下

降,而用芽、愈伤组织、花粉胚等胚类似物为制种材料的比例呈上升趋势。研究范围也从过去的模式植物转向具有较高经济价值的粮食作物、观赏植物和药用植物等。

(2)体胚的包埋方法　体胚的包埋主要有液胶包埋法、干燥包埋法和水凝胶法等。液胶包埋法是将胚状体或小植株悬浮在一种黏滞流体胶中直接播入土壤的方法。干燥包埋法是将体细胞胚经干燥后再用聚氧乙烯等聚合物进行包埋的方法。水凝胶法是指用通过离子交换或温度突变形成的凝胶包裹材料进行包埋的方法。

(3)人工种皮　研究表明,海藻酸钠价值低廉且对胚体基本无毒害,可作为内种皮。但它固化成球的胶体对水有很好的通透性,使种皮中的水溶性物质及助剂易随水流失,且胶球易粘连和失水干缩。有人认为,对包埋基质的研究应集中在通过改善其透气性来提高胚的转化率上。为解决单一内种皮存在的问题,人们又着手外种皮的研究。

(4)贮藏　因农业生产的季节性所限,需要人工种子能贮藏一定时间。但人工种子含水量大,常温下易萌发,易失水干缩,贮藏难度较大。目前报道的方法有低温法、干燥法、抑制法和液体石蜡法等,其中干燥法和低温法相结合是目前报道最多的方法,也是目前人工种子贮藏研究的主要热点之一。

(5)工艺流程　人工种子的机械化、工厂化生产是从实验到推广的关键环节。目前报道的有人工种子制种机、人工种子滴制仪等。

四、人工种子存在的问题

尽管目前人工种子技术的实验室研究工作已取得较大进展,但从总体来看,目前的人工种子还远不能像天然种子那样方便、实用和稳定。主要原因有:

(1)许多重要的植物目前还不能靠组织培养快速产生大量的、出苗整齐一致的、高质量的体细胞胚或不定芽。

(2)包埋剂的选择及制作工艺方面尚需改进,以提高体细胞胚到正常植株的转化率,并达到加工运输方便,防干、防腐、耐贮藏的目的。

(3)如何进行大量制种和田间播种、实现机械化操作等方面的配套技术尚需进一步研究。由于人工种子是由组织培养产生的,需要一定时间才能很好地适应外界环境,因此人工种子在从播种到长成自养植株之前的管理也非常重要,在推广之前必须经过农业试验,并对栽培技术及农艺性状进行研究。

种子大粒化处理

一、种子大粒化的概念

种子大粒化即种子丸粒化。种子丸粒化处理属于种子包衣技术。包衣种子是指通过处理将非种子材料包裹在种子表面,形成形状类似于原来种子的单位。非种子材料主要指杀虫剂、杀菌剂、微肥、染料和其他添加物质。种子经过包衣后,使小粒种子大粒化,不规则种子成形化,促进种子标准化、机械化的发展和推进种子产业化的进程,既能防虫防病、省工省药又增产增收,是继种子包膜技术之后的又一项种子处理新技术。

二、种子大粒化处理的特点

通过种子丸粒化包衣使种子大粒化,不仅能够增加种子的粒度和重量,有利于机播和精量播种,而且能够提供较为充分的药、肥及其他功能物质。如日本住友公司生产的蔬菜丸粒化种子，使不规则的小粒、重量极轻的蔬菜种子丸粒化后实现了良种化，既能减少用种量又能起到防病治虫、改善种子周围的环境等效果。目前，国内已开始了种子丸粒化包衣剂及包衣技术的研究，但应用程度小。如我国经过多年研究的烟草种子丸粒化包衣剂用于烟草种子包衣，江苏某农科所研制开发的水稻种子丸粒化等。我国小而轻又不规则的蔬菜、花卉及牧草等种子丸粒化技术与国外相比差距较大，必须加大力度进行种子丸粒化包衣剂及包衣技术的研究。

随着种子包衣研究的进一步深入，种子包衣配方亦将更趋于精细及专一。如生长调节物质、释氧物质、除草剂的应用及通过亲水物质的应用来调节种子的吸水及萌发过程。可以预见将来的种子包衣将会根据种子及土壤的需要而更趋专一，从而提高包衣种子的品质，为种苗的优化提供更有利的环境。

三、种子丸粒化包衣技术

种子丸粒化包衣技术的制种过程是将具有不同活性组分的杀菌剂、杀虫剂或其他营养成分的种衣剂黏结剂在喷雾状态下喷洒到种子表面上，紧接着再喷洒一层粉末状的填充料，干燥后再喷洒种衣剂黏结剂和填充料，反复交替进行多次，直到丸粒化后的种子粒径达到要求的标准。种子丸粒化包衣一般要用专门的包衣丸粒化机械来完成。种子丸粒化包衣质量的好坏与使用的黏结剂有很大关系。这种黏结剂必须是水溶性的，这样才能保证种子播到土壤中遇到水能破裂，使种子能发芽，同时要求包裹层黏结牢度适宜。黏结牢度不高，会使种子在运输和播种时因相互摩擦碰撞造成包裹层脱落。我国生产的种衣剂多为复合型的。在种衣剂中同时加入杀虫剂、杀菌剂、激素和某些微量元素，不同型号只是使用的药剂等的种类和数量有所差别。

实操案例

刺槐播种育苗

刺槐为蝶形花科刺槐属乔木，具有生长迅速、萌生力强、燃烧值高、适应性广的特点，是营造速生丰产林及薪炭林的优良树种，也是"四旁"绿化和保持水土、改良土壤的优良树种。刺槐育苗主要以播种育苗为主，在其育苗过程中应重点把握以下技术环节。

1. 圃地的选择与整地

1.1 育苗圃地的选择

刺槐幼苗怕涝、怕寒、怕重盐碱，喜疏松、肥沃的土壤，因此育苗地应选择地势平坦、排水良好、土层深厚肥沃的中性沙壤土地块，并具有灌溉和排水条件。切忌选择土壤黏重的黄泥土、低洼地、重盐碱地作育苗地。刺槐不能在同一地块连续育苗，否则易遭种蝇和立枯病危害。试验表明，连续在同一地块育苗年数越多，苗木质量和产量越差。

1.2 整地与作垄

育苗地选好后，于秋季进行深翻，深度一般为 30～35 cm，翌年春季起垄前把育苗地耙细耙平，用耙子搂出草根和石块，结合整地每公顷施腐熟农家肥 45 000～75 000 kg，同时施入 50% 辛硫磷乳油制成的毒土，以防治地下害虫。

刺槐适合垄作育苗，利于苗木生长和方便管理。作垄于春季进行，垄宽 60～65 cm。

做完垄后要进行镇压保墒,为种子发芽、幼芽出土创造良好的条件。

2. 种子催芽处理

2.1 种子消毒

催芽处理前首先要对种子进行消毒,将种子浸泡在 0.5% 的高锰酸钾溶液中,浸泡 2 h 后捞出,用清水冲洗干净待催芽处理。对胚根已突破种皮的种子不宜用此法,以免产生药害。对种子进行消毒可以防止病虫害的发生。

2.2 种子催芽

刺槐种子皮厚而坚硬,外皮含有果胶,不易吸水,如不经热水浸种催芽处理,种子发芽出土较慢,一般需 15~20 d 才能发芽出土,硬粒种子有的当年不发芽,有的发芽很晚,出苗不整齐。因此,播种前一定要进行热水浸种催芽处理。刺槐种子催芽宜采用逐次增温浸种催芽的方法。将种子放入缸内,倒入 60~70 ℃ 热水,边倒水边搅拌直到不烫手为止。浸泡 24 h 后,捞出漂浮在水上边的秕粒种子和杂质,用细眼筛子把膨大的种子和硬粒分开,将未膨胀的种子再用 80~90 ℃ 的热水如前处理。每次选出的吸水膨胀种子要及时放入缸内,上面盖上湿草帘子,放置温暖通风处催芽。为防止种子发黏变质,每日用清水淘洗 1 次。经 4~5 d,种子有 1/3 裂嘴露出白色根尖时即可取出播种,播种后 3~5 d 即可出齐苗。

3. 播种

3.1 播种期

春季播种,一般在 4 月下旬到 5 月上旬,平均气温达 16 ℃ 时开始播种(可参照各地区苗圃的其他树种的播种期)。另外,在幼苗出土不致遭受晚霜危害的前提下越早越好,最好在晚霜终止前几天播种,正逢晚霜过后苗木出土,这样既能避免晚霜的危害,又能适当延长生长期,提高苗木质量。

3.2 播种量

为了经济用种和苗木密度适宜,必须掌握播种量。苗木密度过大,苗木分化比较明显。根据刺槐以往垄作育苗的经验,每公顷播种量 60~75 kg 为宜。

3.3 播种方法

采取垄作宽幅条播的方法,先在垄上开沟,沟宽 10 cm,沟底要平,深浅要一致。开沟后,将种子均匀撒入沟内,播幅 5 cm,播种后及时覆土 1~2 cm,然后用碌子镇压一遍,使种子与土壤密切接触。

学习自测

知识自测

一、填空题

1. 种子精选常用的方法有_____、_____、_____、_____。
2. 一般小粒种子适合_____、_____,大粒种子适合_____、_____。
3. 常用的种子催芽方法有_____、_____、_____和_____。
4. 为减轻各种危害,秋播应掌握_____原则。

5.播种时需要考虑损伤系数,一般大粒种子的损伤系数为_____,中小粒种子为_____,小粒种子为_____。

6.常用的播种方法有_____、_____、_____。

7.人工播种包括_____、_____、_____三个过程。

8.覆土厚度约为种子直径的_____倍。

9.播种前浸种消毒常用的药剂有_____、_____、_____、_____等。

二、简答题

1.如何进行种子消毒?

2.如何进行低温层积催芽、水浸催芽?各适用于哪些种子?

3.苗圃地土壤如何消毒?

4.生产上常用的播种方法有哪些?各有何特点?

5.以某种园林植物实生苗培育为例,简述常规播种育苗的全套生产过程。

6.简述种子处理技术及药剂剂型的发展。

技能自测

以小组为单位,把本组采集的种子进行播前消毒和催芽处理,记录整理处理过程和结果,提交报告。

任务四　播后管理

实施过程

一、覆盖与撤除覆盖物

1.覆盖

覆土后一般需要覆盖。覆盖材料一般用稻草、麦秆、茅草、苇帘、松针、锯末、谷壳或苔藓等。覆盖材料不要带有杂草种子和病原菌,覆盖厚度以不见地面为度。也可用地膜覆盖或施土面增温剂。覆盖材料要固定在苗床上,防止被风吹走、吹散。

塑料薄膜和土面增温剂是近20多年发展起来的覆盖材料,特别是薄膜覆盖在农业上应用较多,对保持土壤湿度、调节土温有很大的作用,可使幼苗提早出土,防止杂草滋生。

2.撤除覆盖物

种子发芽后,要及时揭去覆盖物,即有60%～70%的种子在子叶展开后应将膜揭去,以免幼苗徒长。同时保持基质的湿度,使未发芽的种子成功出土。撤盖物最好在多云、阴天或傍晚。对有些植物种,覆盖物也可分几次逐步撤除。覆盖物撤除太晚,会影响苗木受光,使幼苗徒长、长势减弱。注意撤除覆盖物时不要损伤幼苗。在条播地上可先将覆盖物移至行间,直到幼苗生长健壮后,再全部撤除。但对于细碎覆盖物,则无须撤除。

二、遮 阳

一些植物在幼苗时组织幼嫩,对地表高温和阳光直射抵抗能力很弱,容易造成灼伤,因此需要采取遮阳降温措施。遮阳同时可以减轻土壤水分蒸发,保持土壤湿度。遮阳方法很多,主要是在苗床上方搭遮阳棚,也可用插枝的方法遮阳。

遮阳在覆盖物撤除后进行。采用苇帘、竹帘或遮阳网,设活动阴棚,其透光度以50%～80%为宜。阴棚高40～50 cm,每天上午9:00到下午4:00～5:00时放帘遮阳,其他时间或阴天可把帘子卷起。也可在苗床四周插树枝遮阳或进行间作。如采用行间覆草或喷灌降温,则可不遮阳。对于耐阴植物种和花卉及播种期过迟的苗木,在生长初期要采用降温措施,减轻高温热害的不利影响,如搭阴棚。有条件的可采用遮阳网,避免日灼伤害苗木。

三、松土除草

在灌溉或雨后和圃地有杂草的情况下,需要进行松土除草。幼苗出齐后即可进行。初期松土宜浅,保持表土疏松,以后逐次加深,但要注意不伤苗、不压苗。当土壤板结,天气干旱,或是水源不足时,即使不除草也要松土。一般苗木生长前半期每10～15 d进行一次,深度2～4 cm;后半期每15～30 d一次,深度8～10 cm。松土要求全面周到,深度均匀,不伤苗木。除草要做到除早、除小、除了。除草可采用人工除草、机械除草和化学除草。人工除草应尽量将草根挖出,以达到根治效果,并做到不伤苗,草根不带土。撒播苗不便除草和松土,可将苗间杂草拔掉,再在苗床上撒盖一层细土,防止漏根透风。

四、灌 溉

1. 找准灌溉时期

一般在播种前灌足底水,使种子能够吸收足够的水分,促进发芽。

苗期灌溉的目的是促进苗木的生长。应把握四个时机:一是苗木出齐后灌水,此时灌水不宜过大,以保持圃地湿润、提高地温为原则;二是苗木追肥后灌水,此时灌透水,不仅能防止苗木产生肥害,而且能使肥料尽快被苗木吸收;三是苗木封头后灌水,此时灌水有利于提高苗木地径,延长落叶时间;四是苗木冬眠后灌水,此时灌水既能保护苗木根系,使之继续吸收营养,又能渗透于土壤中,使苗木不被冻伤。

灌溉要适时、适量,要考虑不同植物种苗期的生物学特性。有些植物种种子细小,播种浅,幼苗细嫩,根系发育较慢,吸收水分相对比较困难,要求土壤湿润,出苗期灌溉次数要多些,如杨、柳和泡桐等。幼苗较强壮,根系发育快的植物种,灌溉次数可少一些,如油茶、刺槐和元宝枫等。

不同发育阶段,苗木的需水量和抗旱能力有所不同,灌溉次数和灌溉量应有所不同,出苗期及幼苗期,苗弱,根系浅,对干旱敏感,灌溉次数要多,灌溉量要小;速生期苗木生长快,根系较深,需水量大,灌溉次数可减少,灌溉量要大,灌足、灌透;进入苗木硬化期,为加快苗木木质化,防止徒长,应减少或停止灌溉。北方越冬苗要灌防冻水,则属防寒的范畴。

需要注意的是,要关注当地的气象预报,尽量避免灌溉与降水重合。灌溉时间一般以早晨和傍晚为宜,此时水温与地温较接近,有利于苗木生长。

2.选择灌溉方法

(1)侧方灌溉 适用于高床和高垄作业,水从侧面渗入床、垄中。侧方灌溉的优点是土壤表面不易板结,灌溉后保持土壤的通气性;缺点是用水量大,床面宽时灌溉效率较低。

(2)畦灌 一般用做低床和大田平作,在地面平坦处进行,省工、省力,比侧方灌溉省水。缺点是易破坏土壤结构,造成土壤板结,地面不平时造成灌溉不均匀,影响苗木正常生长。

(3)喷灌 喷灌与降水相似。喷灌省水,便于控制水量,灌溉效率较高,减少渠道占地面积,对地面、床面要求不严,土壤不易板结。缺点是灌溉受风力影响较大,风大时灌溉不均,容易造成苗木"穿泥裤"现象,影响苗木生长,基本建设投资大,设备成本高。

(4)滴灌 滴灌是新的灌溉技术,它是通过管道的滴头把水滴到苗床上。滴灌让水一滴一滴地浸润苗木根系周围的土壤,使之经常处于最佳含水状态,且又非常省水。缺点是管线需求量大,投资高。

五、间苗与补苗

间苗是调节光照、通风和营养面积的重要手段,与苗木质量、合格苗产量密切相关。

间苗宜早不宜迟,具体时间要根据植物种的生物学特性、幼苗密度和苗木的生长情况确定。间苗早,苗木之间相互影响较小。因针叶树幼苗生长较慢,密集的生态环境对它们生长有利,一般不间苗。仅对播种量过大,生长过密,幼苗生长快的植物种适当进行间苗,如落叶松、杉木可在幼苗期中期间苗,在幼苗期末期定苗。生长较慢的植物种在速生期初期定苗。

间苗的原则是"适时间苗,留优去劣,分布均匀,合理定苗"。间苗分次进行,一般两次。阔叶植物第一次间苗一般在幼苗长出 3~4 片真叶、相互遮阳时开始,第一次间苗后,比计划产苗量多留 20%~30%。第二次间苗一般在第一次间苗后的 10~20 d。间苗后应及时灌溉,防止因间苗松动暴露、损伤留床苗根系。

最后一次间苗称定苗,确定保留的优势苗和苗木密度,即确定单位面积苗木的产量,定苗时的留苗量可比计划产苗量高 6%~8%。

补苗与间苗应结合进行。间苗时用手或移植铲将过密苗、病弱苗、生长不良及"霸王苗"间除。选生长健壮,根系完好的幼苗,用小棒锥孔,补于稀疏缺苗之处。

六、合理追肥

追肥是在苗木生长期间施用的肥料。一般情况下,苗期追肥的施用量应占 40%,且苗期追肥应本着"根找肥,肥不见根"的原则施用。

施用追肥的方法有土壤追肥和根外追肥两种。

1.土壤追肥

一般采用速效肥或腐熟的人粪尿。苗圃中常见的速效肥有草木灰、硫酸铵、尿素和过磷酸钙等。施肥次数宜多但每次用量宜少。一般苗木生长期可追肥2至6次。第一次宜在幼苗出土后1个月左右,以后每隔10 d左右追肥1次,最后一次追肥时间要在苗木停止生长前1个月进行。对于针叶植物种,在苗木封顶前30 d左右,应停止追施氮肥。追肥要按照"由稀到浓,少量多次,适时适量,分期巧施"的原则进行。

2. 根外追肥

根外追肥是将肥液喷雾在植物枝叶上的方法。需要量不大的微量元素和部分速效化肥做根外追肥效果好,既可减少肥料流失又可收效迅速。在进行根外追肥时应注意选择适当的浓度。一般微量元素浓度采用0.1%～0.2%,一般化肥采用0.3%～0.5%。

七、苗木防寒

在冬季寒冷、春季风大干旱、气候变化剧烈的地区,对抗寒性弱和木质化程度差的苗木受到的危害尤其大,为保证其免受霜冻和生理干旱的危害,必须采取有效的防寒措施。苗木的防寒有两方面:

1. 提高苗木的抗寒能力

选育抗寒品种,正确掌握播种期,入秋后及早停止灌水和追施氮肥,加施磷、钾肥,加强松土、除草、通风透光等管理,使幼苗在入冬前能充分木质化,增强抗寒能力。阔叶树苗休眠较晚的,可用剪梢的方法,控制生长并促进木质化。

2. 保证苗木免受霜冻和寒风危害

可采用土壤结冻前覆盖,设防风障,设暖棚,熏烟防霜,灌水防寒,假植防寒等。具体措施如下:

(1) 覆盖　在土壤结冻前,对幼苗用稻草、麦秸秆等覆盖防寒。对少数不耐寒的珍贵植物种苗木可用覆土防寒,厚度均以不露苗梢为宜。翌年春土壤解冻后除去覆盖物。

(2) 设防风障　土壤结冻前,在苗床的迎风面设防风障防寒。一般防风障高2 m,障间距为障高的10至15倍。翌年春晚霜终止后拆除。设防风障不仅能阻挡寒风,降低风速,使苗木减轻寒害,而且能增加积雪,利于土壤保墒,预防春旱。

(3) 设暖棚　暖棚应比苗木稍高,南低北高,北面要紧接地面不透风,用草帘夜覆昼除,如遇寒流可整天遮盖。暖棚能减弱地表和苗木夜间的辐射散热,缓和日出时的急剧增温,阻挡寒风侵袭。

(4) 熏烟　有霜冻的夜间,在苗床的上风,设置若干个发烟堆,当温度下降有霜时即可点火熏烟。尽量使火小烟大,保持较浓的烟雾,持续1 h以上,日出后若保持烟幕1～2 h效果更佳。熏烟可提高地表温度,有效防霜冻。

(5) 灌水　土壤结冻前灌足冻水可防止抽条,减轻冻害。早春在晚上灌水,能提高地表温度,防止晚霜的危害。

(6) 假植防寒　把在翌年春需要移植的不抗寒小苗在入冬前挖起,分级后入沟,假植防寒。严寒地区也可将苗木全部埋入土中,防止抽条失水。

八、防虫防病

苗木发生立枯病、根腐病等可喷洒敌克松或波尔多液、甲基托布津等药物防治。防治食叶、食芽害虫可喷洒敌敌畏、敌百虫等药剂。地下害虫金龟子、蝼蛄、蟋蟀等可用敌百虫、乐果喷洒,也可用辛硫磷稀释后灌根防治或进行人工捕捉。

相关知识

一、一年生播种苗的年生长规律

苗木的管理必须根据其生长发育规律进行才能收到好的效果。播种苗在一年当中,从播种开始,到秋季苗木生长结束,苗木有不同生长时期及生长特点,不同时期,苗木对环境条件的要求不同。一年生播种苗的年生长周期可分为出苗期、幼苗期、速生期和硬化期。各时期的特点及主要育苗技术见表2-5。

表2-5　　　　　　　　一年生播种苗各时期生长特点及育苗技术要点

时间	时间范围	特　点	主要育苗技术要点	备　注
出苗期	从播种、苗木出土开始,到地上长出真叶(针叶植物种脱掉种皮),地下发出侧根时为止	子叶出土尚未出现真叶(子叶留土植物种,真叶未展开);针叶植物种壳未脱落;地下只有主根而无侧根;地下根系生长较快,地上部分生长较慢;营养物质主要来源于种子自身所贮藏	给幼苗出土创造条件,使幼苗出土早而多;种子催芽、适时早播、覆盖、灌溉	一般1~5周
幼苗期	从幼苗地上生出真叶,地下开始长侧根开始,到幼苗高生长量大幅度上升时为止	苗木幼嫩时期。地上部分出现真叶,地下部分出现侧根;全靠自行制造营养物质;叶子数量不断增加,叶面积逐渐扩大;前期高生长缓慢,根系生长较快,吸收分布可达10 cm以上,到后期,高生长逐渐转快	保证苗木的存活率,防治病虫害;促进根系生长,及时中耕除草,施肥,灌溉;适当进行间苗	多数3~8周
速生期	从苗木高生长量大幅度上升时开始,到高生长量大幅度下降时为止	地上、地下部分生长量大,高生长量占全年生长量60%~80%;已形成了发达的营养器官,能吸收与制造大量营养物质;叶子数量、叶面积迅速增加;一般出现1~2个高生长暂缓期,形成2~3个生长高峰	加强抚育管理,病虫防治;追肥2~3次;适时适量灌溉;及时间苗和定苗	一般为1~3个月
硬化期	从苗木高生长量大幅度下降时开始,到苗木直径和根系生长停止,进入休眠时为止	高生长急剧下降,不久高生长停止,径生长逐步停止,最后根系生长停止;出现冬芽,体内含水量降低,干物质增加;地上、地下都逐渐达到木质化;对高温、低温抗性增强	促进苗木木质化,防止徒长,提高苗木对低温和干旱的抗性,停止一切促进苗木生长的措施	持续约6~9周

此表引自方栋龙.苗木生产技术.高等教育出版社.2005

二、园林苗木施肥依据

(一)看肥料种类

苗木追肥一般采用速效肥,如草木灰、硫酸铵、尿素、氯化铵、氯化钾等,这些化肥必须完全粉碎,不宜成块施用。也可追施有机肥料,如人畜粪水、堆肥等,但要充分发酵、腐熟,切忌用生粪,且浓度宜稀。氮肥在土壤中移动性较强,可浅施渗透到根系分布层内,被苗木吸收;钾肥移动性差,磷肥移动性更差,宜深施至根系分布密集处。

(二)看天气施肥

根据天气状况决定施肥次数和施肥量。温度低,苗木吸收量少,温度高,根系生长旺盛,吸肥量多。最好选择天气晴朗、土壤干燥时施肥。阴雨天由于树根吸收水分慢,不但养分不易吸收,肥分也易被雨水冲失,造成浪费。在天旱时最好采用湿施法,即把肥料溶于水变成液肥,均匀施于苗圃地上;雨量适中可采用干施法,即把肥料沟施,沟施深度应在根系的分布层,以利苗木对肥料的吸收。

(三)看土壤施肥

不同土质所含营养元素的种类和数量不同而应施用不同类型的肥料。如在石灰性土壤或强酸性苗圃土壤上,易发生缺磷情况,要注意增施磷肥,特别是加大磷肥量。一般土壤以氮肥为主,如果氮素充分的土壤,就应加大使用磷钾肥的比例。土壤质地不同,营养条件和保肥能力也有差别,因而施肥方法也不同。土壤保肥能力好,追肥每次用量可多些,次数可少一些;土壤保肥力差的沙壤苗圃,追肥次数宜多而每次用量宜少。

(四)看苗龄施肥

苗木生长一般分为出苗期、幼苗期、速生期和硬化期四个阶段。出苗期苗木不能自行制造养分,其营养主要靠种子内贮存的养分;幼苗期是指幼苗地上部分出现真叶、地下部生出侧根,到幼苗生长量大幅上升为止,这时对氮和磷比较敏感;速生期时苗木地上部分和地下部分同时生长,对养料需求量大,应增加氮肥用量及次数,并按比例施用磷钾肥。在生长后期为促进苗木硬化,提高抗性,应适时停施氮肥,到了硬化期要防止徒长,停止施用肥料,以提高苗木抗性。一般一年生播种苗在生长初期需氮、磷肥较多,以促进幼根生长发育,在速生期需大量的氮磷钾及其他元素,在生长后期以钾为主,磷为辅,促进幼茎木质化。对已成苗的大规格苗木,根系强大、分布较远,施肥宜深,范围宜大,如油松、银杏、合欢、臭椿等;根系浅的大苗木施肥宜浅,范围宜小,如法桐、紫穗槐及花灌木等。

知识拓展

实生苗生产需要注意的几个问题

1. 一般来说,催芽的种子在催芽前要进行消毒,催芽后由于种子萌发,种皮开裂,药物对幼芽有影响,不宜再进行消毒。水浸催芽,水质要清洁,防止盆面长出青苔,影响种子发芽,一般浸种超过 24 h 要换水。

2.播种工序包括播种、覆土、镇压、覆盖等几个环节。一般播种细小粒种子或土壤松散干燥时才需要镇压。

3.播种的深度是由种子的大小和种子发芽的需光性决定的。种子的播种深度一般为种子直径的 2~3 倍,干旱地区可略深一些。

4.覆盖增加了育苗成本,加大了劳动强度。因此,中、大粒种子,在土壤水分条件好,播前底水充足时,多不进行覆盖。

5.遮阳的苗木由于阳光较弱,对苗木质量影响较大。因此,能不遮阳即可正常生长的植物种,就不要遮阳;需要遮阳的植物种,在幼苗木质化程度提高以后,一般在速生期的中期可逐渐取消遮阳。

6.松土要注意深度,防止伤及苗木根系。土表已严重板结时要先灌溉再进行松土除草,否则会因松土造成幼苗受伤。

7.除草剂和农药使用要注意人畜的安全。有些除草剂或农药毒性很高,施药时要根据使用说明,做好保护工作,避免对人畜造成伤害。在池塘、河流附近使用除草剂或农药要注意防止污染水体。一些低毒除草剂,也应避免接触皮肤尤其是眼睛,防止造成伤害。

8.间苗和补苗时,为了防止土壤干燥。不伤幼苗和便于作业,间、补苗前后都应该灌水。间、补苗工作应尽量利用阴雨天气或在晴天的早晨和傍晚进行。

9.苗木追肥应注意掌握肥料用量,用量过大不但造成浪费,而且会引起"烧苗"现象,特别是根外追肥。因为根外叶面喷洒肥料后,肥料溶液或悬浮液容易干燥,浓度稍大就可立即灼伤叶子,在施用技术方面也比较复杂,效果又不太稳定,所以目前根外追肥一般只作为辅助的补肥措施,不能完全代替土壤施肥的作用。

化学除草

1.选用合适施药器械

(1)喷雾器　一般的农用背负式喷雾装置即可,容易控制喷雾量、掌握喷雾位置,适合在有苗地作业。

(2)微量喷雾器　一般是动力喷雾装置,可均匀喷洒微量药液,适合在有苗地作业。

(3)高压喷雾机　由储液罐、压缩机、动力机械和行走装置(如拖拉机)等 4 部分组成,能形成高压水雾,适合在空闲地、播后苗前苗床使用。

(4)一般的农用喷粉器　适用于荒地、休闲地、播后苗前苗床使用。

(5)其他器械　畜力或机械施药、松土工具,用于施药、拌土等,适用于行距较大的大苗地。

所有的施药器械最好专用,犁、耙等用后要及时清洗,防止再作他用时伤害苗木。

2.选择适宜施药时期

春季,一般在杂草种子刚萌发、出芽时,除草效果好。播种苗床可在播后苗前施药,移植苗床可在缓苗后施药,留床苗可在杂草发芽时施药。如需灌溉,要在灌溉后施药。其他时间使用除草剂,可根据苗木、杂草的种类及生长情况,选择最佳的施药时间。

3. 确定合理用药量

根据苗木、除草剂、杂草种类及环境状况,参考小面积试验取得的数据和他人使用经验,严格掌握用药量。可根据除草剂的剂型、使用器械确定用药量。茎叶处理一般使用水溶液喷雾,喷雾时溶液要均匀,防止药物沉淀;土壤处理可使用水溶液喷雾或用沙土作毒土,将除草剂与沙土混合后闷一段时间,效果更好。背负式喷雾器一般每公顷用水450 L,毒土每公顷450 kg。

4. 确定使用途径

(1)茎叶处理　一般用喷雾器将药液喷洒在杂草茎叶上。喷雾要均匀,尽量喷在叶面背部,避免喷洒在苗木上。

(2)土壤处理　可采用喷雾的方法直接将药液喷在土壤表面。毒土施用时应均匀地撒在土壤表面,易光解的除草剂要搅拌沙土,注意搅拌深度,防止毒害苗木根系,一般以药不见光为宜。

5. 明确施用方法

(1)浇洒法　适用于水剂、乳剂、可湿性粉剂。先称出一定数量的药剂,加少量水使之溶解、乳化或调成糊状;然后加足所需水量,用喷壶或洒水车喷洒苗床和道路。加水量的多少与药效关系不大,主要视喷水孔的大小而定。一般 1 hm^2 用水量约为 6000 kg。

(2)喷雾法　适用剂型和配制方法同浇洒法,不同点是用喷雾器喷药。1 hm^2 用水量比浇洒法少,约 750 kg。可用于喷洒苗床和主、副道。

(3)喷粉法　适用于粉剂,有时也用于可湿性粉剂。施用时应加入重量轻,粉末细的惰性填充物,再用喷粉器喷施。多用于幼林地、防火线和果园,亦可用于苗圃地。

(4)毒土法　适用于粉剂、乳剂、可湿性粉剂。取含水量20%~30%的潮土(手捏成团,手松即散),过筛备用,称取一定数量的药剂,先加少许细土,充分搅匀,再加适量土(一般 1 hm^2 约 300~375 kg),粉剂可直接拌土;乳剂可先加少量水稀释,用喷雾器喷在细土上拌匀撒施,但应随配随用,不宜存放。

(5)涂抹法　适用于水剂、乳剂、可湿性粉剂。将药配成一定浓度的药液,用刷子直接涂抹意欲毒杀的非目的植物。一般用来灭杀苗圃大杂草、杂灌和伐根的萌芽。

(6)除草剂的混用　有些除草剂之间,除草剂与农药、肥料可以混用,混用可以减少劳动工作量,发挥除草剂的效力。但混用要谨慎,特别是与农药和肥料混用更应慎重,不要图省事,忽略了除草剂的药害。多种除草剂的混用,可同时防除多种杂草,提高除草效率。但混用首先要考虑药剂能否混合,有没有反应,混合后药物是否有效、有害。其次是考虑除草剂的选择性,如果混合后既能杀死单子叶杂草,又能消灭阔叶杂草,还能保证苗木不受伤害,这种混合是成功的,否则是失败的。应根据除草剂的化学结构、物理性质、使用剂量、剂型及选择性进行试验,选出适合某种或某类苗木的除草剂混合方式及混合比例。

实操案例

刺槐播种育苗的苗期管理技术

1. 间苗

间苗是调整苗木密度,淘汰弱苗、病苗的一项措施。刺槐苗木喜光,分化早,如苗木密度过大,分化更为明显,所以要及时间苗。刺槐播后一般分 2～3 次间苗。第一次间苗在幼苗高 3～4 cm 时进行,去弱留强,并间开密集苗。以后根据苗木生长和密度情况,再进行 1～2 次间苗。最后一次间苗在幼苗 10～15 cm 高时进行,株间 10～12 cm,每亩约 1 万株左右。

2. 浇水与施肥

刺槐幼苗出土前不要浇水,以免使表土板结,造成出苗不齐。出苗后要适时适量浇水,经常保持土壤湿润,刺槐怕涝,浇水要适量。雨季要及时排涝,防止苗木根系腐烂。

在苗木生长初期,应少量施入磷肥和氮肥促进根系生长;当苗木进入速生时期,追施氮肥,以提高苗木质量;在生长后期则要停止施肥,防止苗木徒长,影响苗木木质化。

3. 松土除草

育苗地要保持土壤疏松和无杂草。在苗木生长前半期,每隔 15 d 左右进行一次松土除草,在苗木生长后半期,每隔 30 d 进行一次松土除草,一般在浇水后和雨后进行。

4. 病虫害防治

刺槐苗期易发生立枯病,当苗木出齐后每 15 d 喷洒 1 次 0.5%～1.0% 等量式波尔多液或喷洒 1.0%～2.0% 硫酸亚铁药液进行防治。6～7 月如发生蚜虫危害,可用 40% 乐果或溴氰菊酯喷洒防治。由于蚜虫代数多,且有世代重叠现象,要把握时机进行多次防治。实践中也采用了生物防治:在圃地周围堆积玉米秆,待蚜虫聚集时喷药集中杀灭。

5. 防寒

当年生苗木要做好防寒过冬的管理工作。一般可在 9 月中旬施一次草木灰,促进其木质化。入冬前可采取浇防寒水或埋土防寒等方法,以防生理干旱和冻害的发生。

学习自测

知识自测

一、填空题

1. 一般说播种苗当年生长可分为_____、_____、_____、_____四个典型时期。

2. 播种时常用的覆盖材料有_____、_____、_____、_____、_____、_____等。

3. 阔叶树种第一次间苗在幼苗展开_____对真叶时;第二次间苗在第一次后_____天左右。

二、简答题

1. 试述一年生播种苗的生长发育规律和各时期的育苗技术要点。
2. 简述除草剂的吸收、传导和杀草机制。
3. 什么是人工种子？什么是种子大粒化处理？它们在育苗生产中有何意义？
4. 播种后出苗前要求采取哪些管理措施？
5. 出苗后苗期抚育管理的技术措施有哪些？
6. 苗木抚育过程中，肥水管理的关键时期是什么？

技能自测

以小组为单位，对园林苗木繁育圃中，本小组完成的播种苗进行覆盖、遮阳、间苗、补苗、灌溉、施肥、中耕、防病、防虫等综合管理。小组间、成员间、师生间检查监督，进行综合评价，形成报告。

职场点心二　水肥施用的故事

故事1　浇水也要学三年

早就听说，在日本流行一句口头禅，养好花，浇水学三年。这句话，他的深刻含义，在2009年5月下旬的一天得到印证。那天，我去采访北京双卉新华园艺有限公司。这家公司在京北的延庆。

因离京城远开车接我的是公司董事长刘克信先生。

我坐在副驾驶位置。路上，我问刘克信先生："听说，在日本做一个合格的园艺工人，光浇水就要学3年，是不是这么回事？"

他多次去日本，考察日本的菊花生产，连日本生产花的土壤都带回来化验过，情况相当熟悉。

"当然是，这方面我体会太深了！"他答。

"说说你的体会？"

"水土肥，光温风，虽说一个也不能缺，但这中间，浇水特别重要。植株，从小到大，都靠水分撑着呢。具体点说，一支切花菊，从定苗到打花，120天。哪个生长阶段，需要浇多少水，都不一样；天热时浇多少水，天凉时浇多少水，需要灵活掌握，度要把握好，多了不行，少了也不行。甭说别的，就说冬季，植株需要补光之前，不清楚的，一茬子水下去，就够呛，会直接影响花芽的分化。"

"这不是基本常识吗？"

"不摸索，你还真不知道！"

"浇水有一个要掌握好时间的问题？"

"那当然，很复杂。没有一定的时间用心学习，你是掌握不好的。我在日本听同行说，学会浇水施肥，养花就会一半了。开始不信，自己这几年一养，叫你不得不信。日本花农养出来的花，杆子直，叶子绿，花朵大，就是好。养好花，真得塌下心来，闷头学习。不然，浇水浇不好,麻烦大了!"

到了双卉新华园艺有限公司,正碰上在这里考察的日籍华人周平先生,他是农学博士。他在日本读完博士学位后,一直在日本的生产企业里工作。问他在日本浇水学三年的问题时,他频频点头称是。

周平说:"日本人做事,崇尚的是十成,而不是七八成,更不是六七成。"

周平以养植菊花为例。

他说:菊花忌水淹,还忌土干,水要浇得恰如其分,没有一定时间的实践是不行的。你看土壤的表皮干了,但下面并没有干。还有,发黏的土壤和透气好的土壤,对水的要求是不尽相同的。菊花需要倒茬,这块地浇水的脾气你摸透了,换了一块地,老经验就行不通了,你还要重新摸索。浇水,需要掌握的就是平衡。同时,每个生长环节你都要非常用心。

水浇好,这是养好花的关键之一。

故事 2 隔一年,施一次硫酸亚铁

我在与山东泰安张斌广的交谈中了解到,他有一条苗木养护经验,很重要!借用广告一句话:一般人我不告诉他!

他的经验是,在苗木养护中,除了按时施加有机肥和化肥外,就是每隔一年,在地里施一次硫酸亚铁。这件事,不大,但应该引起您的高度重视。

"在北方,不少苗圃忽视在地里施放硫酸亚铁。但我的经验证明,这样做的效果非常好。北方的土壤大多偏碱性。施硫酸亚铁,可以增加土壤酸性物质,活地,土壤不板结,这跟人到了一定年龄要补钙一样重要。另外,可以防止植株的根瘤病。去年,我一次就买了 40 吨硫酸亚铁。追施后,苗木长得快,树形美观,叶子碧绿,色泽光亮。"张斌广在他的苗圃里说到。

他的话让我恍然大悟。查资料显示:加入少量的硫酸亚铁,用以提高盆土的酸度,可以满足植物生长的需要。硫酸亚铁含铁 $19\%\sim20\%$,含硫 11.5%,是一种良好的铁肥。喜酸性植物,经常使用可防治黄化病的发生,降低土壤的碱性。铁元素是形成植物叶绿素所必需的,缺铁时,叶绿素的形成受阻使植物发生缺绿症,叶片变成淡黄色。

硫酸亚铁,我也受益过,而且现在仍然收益。七八年前,老家的房子新翻盖后,我在院子里种了两株玉兰。这些年,这两个宝贝真争气,树干一年比一年粗,枝条蹿得一年比一年高,叶片总是碧绿碧绿的,保持着旺盛的生机和活力,从来没有发黄、弱不禁风的感觉。

"呵!这两棵玉兰跟气吹的似的,长得真好!"到小院来的客人,个个赞不绝口。

我想,这一切,除了我的两株玉兰种植间距远,有宽松的生长空间,以及定期往树坑里浇浇水以外,那都是最初听人劝,撒了一次硫酸亚铁,起的大作用!

小小的硫酸亚铁,千万别怠慢了。

读后感: 读一读、想一想、品一品、论一论。

学习情境 三

营养苗生产

任务一 嫁接苗生产

实施过程

一、准备嫁接

1. 选择砧木

选择优良的砧木,是培育优良植物的重要环节,选择砧木主要依据下列条件:与接穗具有较强的亲和力;对环境条件适应能力强,抗性强;来源丰富,易于繁殖,选1~2年生健壮的实生苗;对接穗生长、开花、结果有良好的影响。

砧木可通过播种、营养繁殖等方法培育,多以播种苗作砧木最好(根系深,抗性强),花木和果树所用砧木,粗度以直径0.5~3 cm为宜。对于生长量大的树种,也可用3年生以上的砧木,甚至大树高接换头。

2. 培育采穗母本

采穗母本必须是品质优良纯正,观赏价值或经济价值高,优良性状稳定的植株。

采穗条时,应选母本树冠外围,尤其是向阳面,光照充足生长旺盛,发育充实,无病虫害,粗细均匀的一年生枝条作接穗。主要园林植物嫁接接穗与砧木树种见表3-1。

表 3-1　　　　　主要园林植物嫁接接穗与砧木树种表

嫁接树种	砧木树种	嫁接树种	砧木树种	嫁接树种	砧木树种
桂花	小叶女贞	广玉兰	白玉兰	板栗	麻栎、茅栗、枫杨
碧桃	毛桃	麦李	山桃	核桃	核桃楸、野核桃
紫叶李	山桃	苹果	海棠、山定子、矮化砧	李	山杏、山桃
樱花	野樱桃	梨	杜梨、山梨	樱桃	山桃、野樱桃
羽叶丁香	北京丁香	梅花	梅、山桃	山楂	野山楂
枣树	酸枣	牡丹	芍药	菊花	蒿蒿、黄蒿、铁杆蒿
大叶黄杨	丝棉木	柿树	君迁子	西洋梨	榅桲
龙爪榆	榆树	蟹爪兰	仙人掌	桃	山桃、毛桃
龙爪柳	柳树	龙桑	桑	杏	山杏、山桃
龙爪槐	国槐	黄瓜	黑籽南瓜	李	山桃、毛桃、梅
金枝槐	国槐	蝴蝶槐	国槐	柚	酸柚
无刺槐	刺槐	郁李	山桃	柑橘	枳、枸头橙、红橘、酸橘
红花刺槐	刺槐	楸树	梓树		

此表引自王庆菊,王新政. 园林苗木繁育技术. 中国农业大学出版社,2007

生产中为了保证嫁接具有充足的穗条,多把母本培育成灌丛状,其方法如下:

(1)定干　选用一年生营养繁殖苗定植。株行距根据土壤肥力和植物种特性确定,一般株距为 0.5~1.5 m,行距为 1.0~2.0 m。栽植后加强根系的培育,当年秋季或第二年春季自地面以上 5~10 cm 处截干。在寒冷季节截干可适当培土覆盖,以防冻害。在春季树液开始流动时可逐渐去掉覆土层。萌发嫩枝后,留 3~8 个粗壮的枝条,注意四周均匀分布,其余剪除,并可根据情况逐年增加留条数量。采穗条部位选在母本根颈处附近,因为穗条生长旺盛质量好。

(2)施肥灌水　栽植采穗母本时,要施基肥。此外,每年春季植物萌芽前追肥 1 次,以速效肥为主,以增加萌芽数量,达到预期的树形和高度;秋末施有机肥 1 次,也可配合一定数量的化肥,补充采穗条后的养分损失,为第二年春季萌芽提供良好的物质基础。一般氮磷钾施入比例为 2∶1∶1。注意观察采穗母本的树势,按实际情况确定施肥量。可根据降雨、采穗条和树势等情况,配合追肥,一年可浇水 3~5 次。

(3)中耕除草　每年进行 3~5 次,可与施肥、浇水结合起来进行。秋末要结合施肥、浇水,进行一次深翻抚育,以改善土壤的通气状况和结构,使采穗母本根系向深广方向发展,扩大根系的吸收面积。

(4)修剪　采穗母本必须进行修剪,才能保持良好的树形,以提高萌条数量和质量。对萌芽性强的植物种,要进行多次抹芽,控制留条数量。如留条过多,营养不足,枝条则生长细弱;留条过少则枝条过粗,叶腋间休眠芽容易长成多数枝杈,降低枝条质量。留条时去强去弱,选留中庸的及长短相差不大的枝条。

(5)复壮更新　采穗母本一般可供连续采穗条 4~6 年,以后树势逐渐衰弱,枝条质量变差。为了恢复树势可在冬季平茬,使其重新萌条,形成新的灌丛,经过抚育再继续生产穗条。

3. 准备嫁接工具

不同的嫁接方法应用不同的工具,嫁接作业时必须准备好专用工具(图 3-1)。常用必备的工具有以下:

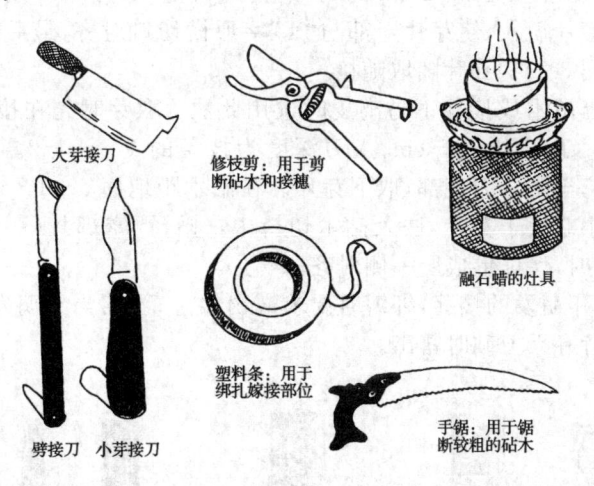

图 3-1　嫁接用工具

刀具:主要有修枝剪、枝接刀、芽接刀、刀片、手锯等,这些工具要钢质好,要锋利。

绑缚材料:农村中传统办法常用蒲草、马蔺草等,现在多用塑料条,其保温、保湿性能好,有一定机械强度,绑扎后松紧适度。

其他材料:有时接口用蜡封或塑料袋围裹,防止脱水。故需要石蜡、塑料袋等。

4. 确定嫁接时期

北方落叶树木枝接一般在早春树液开始流动后,接穗芽尚未萌动时进行,时间在3月中旬到5月中旬。有些树种在夏季也可进行嫩枝嫁接。而芽接时期一般以夏秋的6~9月份为主。

二、选择合适的嫁接方法

芽接成活表现　　园林苗木芽接繁殖　　芽接法

园艺植物常用的嫁接方法有芽接、枝接和根接等。

1. 芽接

凡是用一个芽片作接穗的嫁接方法称芽接。芽接操作简便,嫁接速度快;砧木和接穗利用经济,繁殖系数高;接口易愈合,成活率高,成苗快;适宜嫁接时期长;便于补接。常用的芽接方法有:"T"字形芽接、嵌芽接等。

(1)"T"字形芽接　"T"字形芽接是生产中常用的一种方法,常用在1~2年生的实生砧木上。方法是:采取当年生新鲜枝条作接穗,将叶片除去,留有一段叶柄,先在芽的上方0.5 cm左右处横切一刀,刀口长0.8~1.0 cm,深达木质部,再从芽下方1~2 cm处用刀向上斜削入木质部,长度至横切口即可,然后用拇指和食指捏住芽片两侧左右瓣动,将牙片取下。在砧木距地面5~10 cm光滑无疤的部位横切一刀,深度以切断皮层为准,再在横切口中间向下纵切一个长1~2 cm的切口,使切口呈"T"字形。用芽接刀撬开切口皮层,随即把取下的芽片插入,使芽片上部与"T"字形横切口对齐,最后用塑料条将切口自下而上绑扎严紧(图3-2)。芽片随取随接。

(2)嵌芽接　当砧木或接穗不易离皮时选用此法。取芽时先在接穗的芽上方0.8~1 cm处向下斜切一刀,长约1.5 cm,入刀深度为枝条的1/3~1/2。再在芽下方0.5~0.8 cm处斜切一刀,至上一刀底部,取下芽片。在砧木距地面5~10 cm光滑无疤的部位上切相应切口,大小略大于芽片,嵌入砧木切口中,进行严密绑扎(图3-3)。注意若芽片小于砧木上的切口时,保证形成层一侧对齐。

芽接中需要当年萌发的接芽,绑缚时要求露出接芽;不需当年萌发的,则可以将接芽绑缚于塑料条内,待春天剪砧时露出。

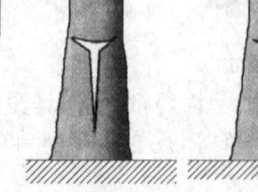

图3-2　"T"字形芽接　　　　　图3-3　嵌芽接

2. 枝接

凡以带芽枝条做接穗的嫁接方法称枝接。枝接成活率较高,嫁接苗生长快,但操作技术不如芽接容易掌握,接穗利用较多,同时要求砧木有一定的粗度,且繁殖系数较低。枝接分为硬枝嫁接和嫩枝嫁接。硬枝嫁接多在春季砧木萌芽前进行;嫩枝嫁接在生长季进行。按接口处理的形式,枝接分为劈接、切接、插皮接、腹接、舌接、靠接等。

(1)劈接法　适用于大部分落叶树种,通常在砧木较粗、接穗较小时使用。将砧木在离地面 5 cm 左右处剪断(太粗时可用锯锯断,锯要锋利),将截面削平后,用劈接刀从其横断面的中心垂直向下劈开,深 3~4 cm,切口要平滑;将接穗下端两侧切削成一楔形,切口长 2~3 cm,切面要平;将接穗插入砧木,接穗一侧形成层与砧木形成层对准,注意露白 2~3 mm。砧木较粗时,可插入 2 个接穗,随后用塑料条绑扎严密(图 3-4)。为防止接口失水影响嫁接成活,接后涂以接蜡或套袋保湿。

(2)切接法　切接是枝接中较常用的方法,适用于大部分园艺树种,在砧木略粗于接穗时采用。方法是:将砧木在距地面 3~5 cm 处剪断,削平切面,在砧木一侧用刀垂直下切,深 2~3 cm;将带有 2~3 个完整芽的接穗一侧带木质部削一切面,长度 2~3 cm,下端背面切成长约 1 cm 的小斜面;然后将长削面向里插入砧木切口中,使砧、穗的形成层对准,注意露白 2~3 mm,用塑料条捆扎严实(图 3-5)。也可在接口处涂以接蜡以保湿、提高成活率。

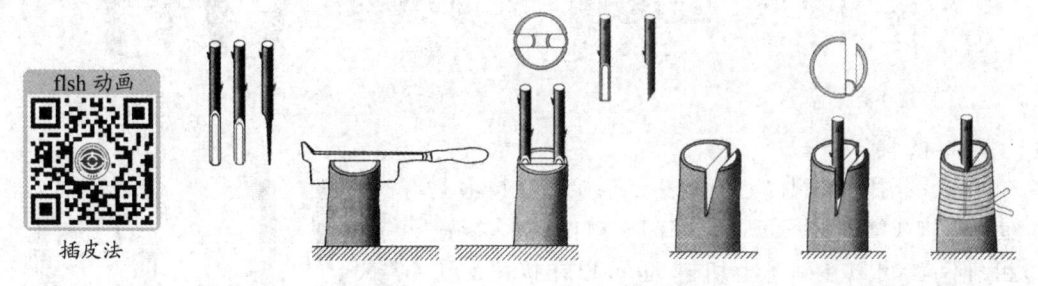

图 3-4　劈接法　　　　图 3-5　切接法

(3)插皮接　适合砧木较粗的苗木嫁接,是枝接中容易掌握,成活率较高的方法。在距地面 5 cm 处将砧木剪断,要求剪口平整,然后在砧木皮层光滑的一侧纵切 1 刀,长度约 2 cm,不伤木质部。接穗削成 3~4 cm 的斜面,背面削一长 1 cm 的小斜面。随后将削好的接穗大削面向着砧木木质部方向插入皮层之间,插入的深度以接穗削面上端露出砧木断面 0.4 cm 左右为宜,这样接穗露白部位与砧木截面的愈伤组织容易相接,利于嫁接成活。最后用塑料条绑缚(图 3-6)。此法也常用于高接。

(4)腹接法　将接穗接在砧木的中部,也就是嫁接在腹部,多用于较小的砧木。方法是:将接穗基部削成具有两个等长削面的楔形,削面长 1.5 cm~2 cm,留 1~4 个芽剪下。砧木嫁接部位剪断或不剪断,在一侧向下约呈 30°斜切一切口,深度与接穗削面相适应。

然后将接穗插入,用塑料条绑扎(图3-7)。

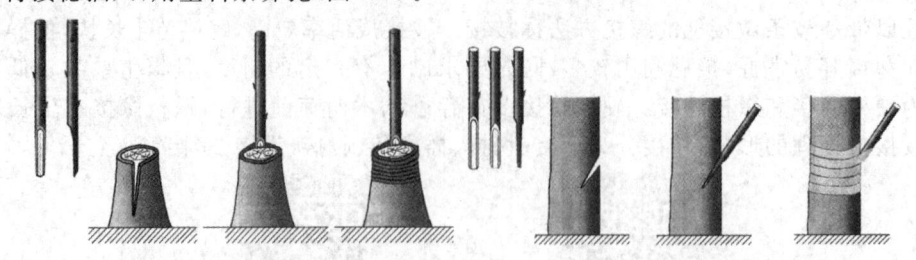

图3-6 插皮接　　　图3-7 腹接法

(5)舌接法　常用于葡萄硬枝接和成活较难的树种,要求砧木与接穗的粗度要大致相同。接穗和砧木同样削一马耳形削面,削面长3~4 cm,并分别于马耳形削面上三分之一处向下切入1.5~2.0 cm,然后将两削面插合在一起,并严密绑缚(图3-8)。

(6)靠接法　主要用于培育一般嫁接法难以成活的园艺植物。要求砧木与接穗均为自根植株,而且粗度相近,在嫁接前应移植在一起(或采用盆栽,将盆放置在一起)。方法是:将砧木和接穗相邻的光滑部位,各削一长3~5 cm、大小相同、深达木质部的切口,对齐双方形成层后用塑料条绑缚严密。待愈合成活后,除去接口上方的砧木和接口下方的接穗部分,即成一株嫁接苗(图3-9)。

图3-8 舌接法　　　图3-9 靠接法

3. 根接

根接指用根作砧木进行嫁接。根接法在技术上使用劈接或插皮接均可(图3-10)。根据砧木、接穗粗细不同,可以在砧木上切口,也可以在接穗上切口。此法多在秋季用于芍药嫁接牡丹。也可以秋季将根掘出,嫁接后贮藏在地窖或假植沟内,翌年春季栽植,这样还便于操作,降低劳动强度,提高功效。

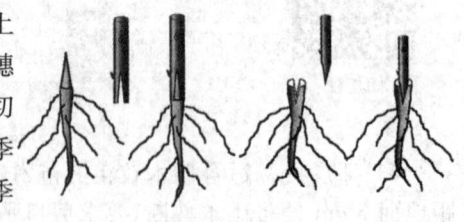

图3-10 根接法

三、管理嫁接苗

1. 检查成活、解绑与补接

芽接后一般7~10 d后就可检查成活情况,凡接芽新鲜,叶柄用手一触即落,说明其已形成离层,已经成活。如叶柄干枯不落,说明未接活(图3-11)。接芽若不带叶柄的,则需要解除绑扎物进行检查。如果芽片新鲜,说明愈合较好,嫁接成功,把绑扎物重新扎好。正常情况下,接后三周就能基本愈合,为使接口愈合牢固,可在接后1个月再解除绑缚物,但不能解得太晚,以免影响接口生长。未成活的要及时进行补接。

枝接、根接的嫁接苗在接后20～30 d可检查其成活情况。检查发现接穗上的芽已萌动,或虽未萌动而芽仍保持新鲜、饱满,接口已产生愈伤组织的表示已经成活;反之,接穗干枯或发黑,则表示接穗已死亡,应立即进行补接;枝接成活后可根据砧木生长及时解除绑扎物;但若高接或在多风地区可适当推迟解除绑扎物,以便保护接穗不被风吹折。

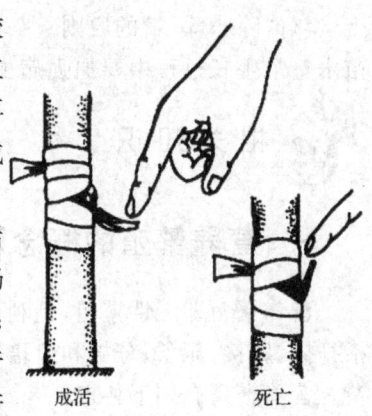

图3-11 检查成活

2. 剪砧

凡嫁接已成活,解除包扎物后,要把接芽以上的砧木部分在接穗发芽前剪去,以促进接穗品种生长。剪砧不宜过早,以免剪口风干和受冻,也不要过晚以免浪费养分。剪砧时刀刃迎向接芽一面,在芽上0.5 cm处下剪,剪口向接芽背面微向下斜,有利于剪口愈合和接芽生长(图3-12)。

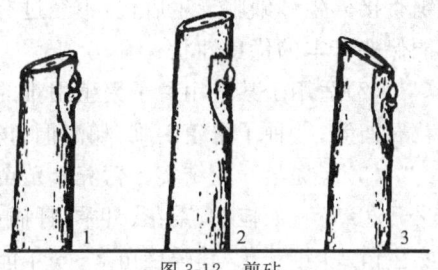

图3-12 剪砧

1—正确;2—过高;3—剪口倾斜方向不对

3. 除萌

嫁接成活后,往往在砧木上还会萌发不少萌蘖,与接穗同时生长,这不仅消耗大量养分,还对接穗生长发育很不利,因此应及时去除砧木上发生的萌蘖,一般至少应除4次以上。

4. 设立支柱

为了确保嫁接的接穗品种能正常生长,还应采取设立支柱等保护措施,尤其在春季风大地区更应注意。可以在新梢(接穗)边设立支柱,将接穗轻轻缚扎住,进行扶持,特别是采用枝接法时,更应注意设立支柱(图3-13)。若采用的是低位嫁接(距地面5 cm左右),也可在接口部位培土保护接穗新梢。

5. 其他管理

嫁接苗的生长发育需要良好的土肥水管理及病虫害防治。嫁接苗对水分的需求

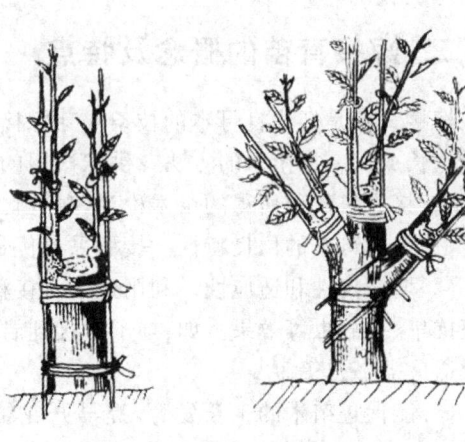

图3-13 设立支柱

量并不太大,只要能保证砧木正常的生长即可,一般不能积水,否则会使接口腐烂。追肥应根据苗木需求及时补充。多用速效化肥,在生长初期以氮肥为主,生长旺盛期结合使用氮、磷、钾肥;应注意结合防病,加强叶面追肥;及时松土、除草。一般在浇水或雨后及时松

土,遵行"除小除了"的原则。一般一年人工除草5次以上,可明显促进苗木生长发育。在苗木整个生长过程中要加强病虫害防治,以保证嫁接苗正常生长。

相关知识

一、营养繁殖的概念及特点

营养繁殖即无性繁殖,是利用植物的营养器官(根、茎、叶、芽)繁殖新植株的方法,包括扦插、嫁接、压条、分株和组培等繁殖方法。用营养繁殖方法培育的苗木,称为营养繁殖苗。营养繁殖有如下特点:

(1)有利于保持母本优良性状。用种子繁殖的苗木,由于性状分离等原因,许多优良的特性不能稳定地遗传给后代,个体与个体之间存在着较大的差异。营养繁殖是分生组织直接分生体细胞产生后代,不经过有性生殖细胞的减数分裂和染色体的重新组合,因而能保持母本的优良性状。

(2)适用于某些用种子繁殖困难的植物种。①种源不足,如雪松、龙柏、山茶、含笑和花石榴等;②种子繁殖困难,如泡桐、杨、柳、悬铃木(播种要求高)等。

(3)能提早开花结实。营养繁殖苗的发育是母本营养器官发育阶段的延续,所以能提早开花结实,如桂花、茶花、月季,扦插苗当年能开花,而桂花实生苗15年以后开花;银杏实生苗20年开花,其嫁接苗3～5年能开花。

(4)方法简便,应用广泛,如杨树、柳树、黄杨、泡桐、悬铃木和蔷薇等。但营养繁殖的缺点是多代营养繁殖会引起植株生长衰退,寿命比实生苗短,根系不如实生苗发达,某些植物种繁殖材料不足,大面积采用有困难。

(5)可以用于某些园林植物的特殊造型。

二、嫁接育苗的概念及特点

嫁接育苗是把优良母本的枝条或芽嫁接到遗传特性不同的另一植株(砧木)上,使其愈合生长成为一株苗木的方法。供嫁接用的枝或芽称为接穗,而承受接穗的植株称为砧木,用嫁接方法繁殖所得的苗木称为嫁接苗。嫁接繁殖的特点如下:

(1)保持母本的优良特性。接穗采自优良母木上,遗传性状稳定。

(2)增强抗性和适应性。利用砧木对接穗的生理影响,提高嫁接苗的适应能力,起到抗寒抗旱、抗病虫等效果。如:柿子嫁接到君迁子上可以增加抗寒能力,梨嫁接到杜梨上可以适应盐碱土等。

(3)能促进苗木的生长发育,提早开花结实。如:银杏苗嫁接银杏结果枝,当年可以结果。

(4)可以进行高接换种、树冠更新,改变同种雌雄异株的性别,如银杏、香榧、千年桐。

(5)克服不易繁殖现象,增加繁殖系数。一些植物种很少结实或不结实,如无核葡萄等可以利用嫁接繁殖,扩大繁殖系数。

(6)可以根据需要利用乔化砧或矮化砧,使树冠高大或矮小。如选用毛樱桃做李树的砧木起到矮化植株的作用。

（7）可以提高植物的观赏价值。可以组装有观赏价值的植物，把几种颜色的花或不同的果实嫁接在同一株树上。

（8）恢复树势、救治创伤、补充缺枝、更换新品种等。

（9）选育新品种。通过芽变选出的新品种，通过嫁接来固定其优良性状，扩大繁殖系数。

三、嫁接成活的原理

嫁接是利用植物再生能力的繁殖方法。而植物的再生能力最旺盛的地方是形成层，它位于植物的木质部和韧皮部之间，可从外侧的韧皮部和内侧的木质部吸收水分和矿物质，使自身不断分裂，向内产生木质部，向外产生韧皮部，使植株的枝干不断增粗。嫁接就是使接穗和砧木各自削面形成层相互密接，因创伤而分化愈伤组织，发育的愈伤组织相互结合，填补接穗和砧木间的空隙，沟通疏导组织，保证水分、养分的上下、相互传导，形成一个新的植株。

四、影响嫁接成活的主要因素

影响嫁接成活的主要因素取决于合适的嫁接时间；植物自身的内因和外因也是主要条件，具体如图 3-14 所示。

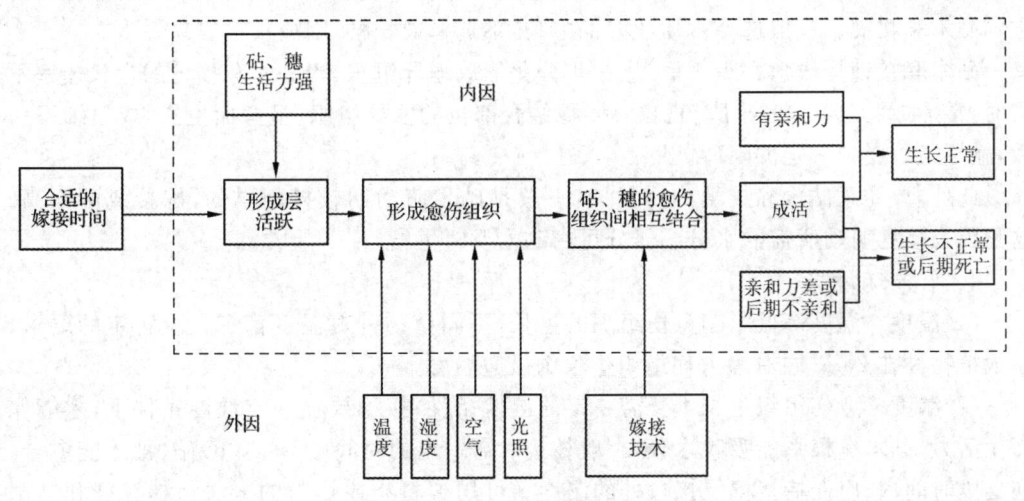

图 3-14 影响嫁接成活的因素

1. 嫁接的亲和力

嫁接的亲和力是指砧木和接穗在内部组织结构、生理生化与遗传特性上彼此相同或相近，从而能够相互结合在一起，进行正常生长的能力。亲和力越高，嫁接越容易成功，成活率越高，它是嫁接成活的关键。亲和力主要取决于砧木和接穗的亲缘关系。一般亲缘关系越近，亲和力越强；同科异属之间嫁接亲和力较小，嫁接不容易成功；不同科之间的亲和力更小，嫁接很难成功。

(1)种内品种间嫁接亲和力最强,称为"共砧"。例如,桂花/桂花,板栗/板栗,油茶/油茶,单瓣牡丹/重瓣牡丹,核桃/核桃,月季/月季,最容易成活。

(2)同属异种间,因植物种类不同而异,有些亲和力很好。如:苹果/海棠,甜橙/酸橙,白玉兰/山玉兰,碧桃/山桃等。

(3)同科异属间,亲和力一般较小,但也有嫁接成活的组合。如:桃核/枫杨,桂花/女贞。

(4)不同科植物种之间亲和力更弱,很难获得嫁接成功。

嫁接成活主要依靠砧木接穗的结合部位,两者的形成层的薄壁细胞的分裂和愈伤组织的形成能力。砧木和接穗间形成层薄壁细胞的大小与结构的相似程度,影响亲和力的大小。

2. 嫁接技术

嫁接技术也是决定嫁接成活与否的关键条件。嫁接时砧木和接穗削面平滑,形成层对齐,接口绑紧,包扎严密,操作过程干净迅速,则成活率高。反之,削面粗糙,形成层错位,接口缝隙大,包扎不严,操作不熟练均会降低成活率。嫁接技术主要体现在"快、平、准、紧、严"五方面。

3. 砧、穗的生长状态及植物种特性

植物生长健壮,营养器官发育充实,体内贮藏的营养物质多,生活力强,嫁接成活率高。一般来说,植物生长旺盛时期,形成层细胞分裂最活跃,进行嫁接容易成活。

生活力是指砧木和接穗的生命活动能力的强弱。在有亲和力的前提下,选择生活力强的砧木和接穗。一般选择木质化好的冠条,不选择成长枝,因成长枝容易失水。

砧木和接穗形成愈伤组织后,进一步分化形成输导组织,当砧木和接穗的生长速率不同时,常形成"大脚"和"小脚"现象,砧、穗结合部位的输导组织,呈弯曲生长,或粗细不一致,输导组织受到一定的阻碍。

此外,要注意砧木和接穗的物候期,一般是砧木萌动期较接穗早的,嫁接成活率高。这是因为接穗萌动所需的水分和养分可由砧木及时供给。

4. 外界环境条件

(1)温度 温度高低影响愈伤组织的生长,不同植物种对温度都有一个特定的要求。一般植物种在25 ℃左右为愈伤组织生长的最适温度。

(2)湿度 愈伤组织生长本身需一定的湿度条件;接穗要在一定湿度条件下,才能保持生活力,砧木有根系能吸收水分,一般枝接后需一定的时间(15~20 d)砧、穗才能愈合,在这段时间内,应保持接穗及接口处的湿度。可用塑料袋或蜡封的方法保持接穗和砧木的湿度。

(3)空气 空气也是愈伤组织生长的必要条件之一,尤其是砧、穗接口处的薄壁细胞都需要有充足的氧气,才能保持正常的生命活动。注意土壤不宜过湿。

(4)光照 光照对愈伤组织的生长有较明显的抑制作用,在黑暗条件下,接口上长出的愈伤组织多,呈乳白色,很嫩,砧、穗容易愈合,愈伤组织生长良好。而在光照条件下,愈伤组织少而硬,呈浅绿色或褐色,砧、穗不易愈合,这说明光照对愈伤组织是有抑制作用的。

在生产实践中,嫁接后创造黑暗条件,采用培土或用不透光的材料包捆,以利于愈伤组织的生长,促进成活。

五、嫁接育苗注意的几个问题

1. 枝接时,砧木和接穗形成层必须对准。注意有些花木的砧木皮层厚而接穗皮层薄、一味将皮层外圈对准,容易使接穗形成层错位。

2. 在花卉生产中嫁接的方法很多,一般以切接为主;常绿花木如山茶、杜鹃等,多用嫩枝嫁接;不易成活的花卉,一般用靠接的成活率高,但繁殖系数小。

3. 注意嫁接初期接口要避免光照,用不透明塑料条包扎或遮光,有利于愈伤成活。成活初期,要避免曝晒,并做好浇水等日常工作。晚秋嫁接的当年愈合,但不萌发生长要按所接花木的性质做好防寒越冬工作,剪砧时断口要涂蜡,防止腐烂。

4. 一般花木可以露地嫁接定植,只要在切接部位覆盖细土,仅露出顶芽就可以了。山茶可套袋后定植。温床培育,可促进愈合,提高成活率。

知识拓展

高接换头技术

1. 高接换头技术的意义

高接换头技术也称多头高接技术,即在现有大树上嫁接多个接穗,迅速改造现有品种和野生树种,嫁接的接穗数量多,成活后能很快恢复树冠,枝叶茂盛,使嫁接树正常地生长发育,2~3年后便可达到更新树种、品种的效果。

2. 高接换头技术的用途

(1)迅速更新现有品种:随着生产的不断发展,新的品种不断涌现,需要对原有的品种进行改造。但果树及大的园林树木生育周期长,品种更新慢,为了达到快速更新品种的目的,一些大树可以采用多头高接技术达到改劣换优的目的。

(2)改造实生繁育的生产树种:一些树种原来采用实生繁殖,如板栗、核桃、香榧等,品种混杂,结果晚,也可以进行多头高接。

(3)山区大型砧木树种改造利用:山区的各种已长大的野生砧木树种,如山杏、山桃等也可以通过多头高接改造利用。

3. 嫁接头数与部位选取

(1)增加嫁接头数,以便迅速扩大树冠:嫁接头数一般与树龄呈正相关,对于落叶果树来说,5年生植株可接10个头,10年生植株可接20个头,20年生植株可接40个头,50年生植株可接100个头。即树龄增加1年,高接时就多接2个头。砧木树龄越大,树势越旺,嫁接头数就越多,嫁接头数越多,恢复和扩大树冠的速度就越快。但对于衰老树需要进行复壮后才能嫁接。

(2)接口(即锯口)粗度不宜过大,便于防病和利于嫁接成活:接口直径通常以2~4 cm为好。接口太大,嫁接后不易愈合,还使病虫害易于侵入,特别是容易引起各类茎干腐烂病。另外,对将来新植株的牢固程度也有不良的影响。接口直径较小时,一般一个接口嫁接一个接穗,既便于捆绑,嫁接速度也快,且成活率高。嫁接成活后,较小的接口可以在1~2年内全部愈合,嫁接树寿命长,生长结果好。

(3)嫁接部位距树体主干不要过远:这就要求嫁接头数不能太多,以免引起内膛缺枝,结果部位外移。要通过嫁接使树冠紧凑,结果量增加,同时从适当省工的角度来看,嫁接头数也必须适当。一般对于尚未结果和刚刚结果的树,可将接穗接到一级骨干枝上,长出的新梢可以作为主枝和侧枝(图3-15)。注意嫁接的高度,中央干高于主枝;对于盛果期的树,接穗还要在二级骨干枝上嫁接,甚至其大型果枝也可以嫁接。为补充内膛枝条,使树体圆满紧凑,实现立体结果,在树体内膛也可用腹接法补充枝条,或在接后对砧木萌芽部分保留,再用芽接法嫁接。

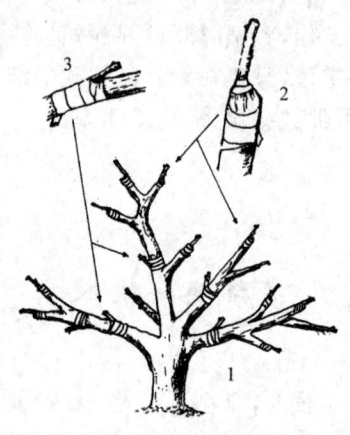

图3-15 多头高接
1—多头高接骨架,砧木头数要多,上下里外错落有序;2—枝条顶端嫁接,采用合接或插皮接;
3—腹接法或皮下腹接法填补内膛空间

4.嫁接方法的选用

由于高接时常在树体上操作,所以要求方法简单。可采用合接法或插皮接,一般嫁接时期早、砧木不离皮时用合接法,嫁接较晚、砧木能离皮时用插皮接。插皮接的方法前面已经介绍过,合接法的操作方法是:砧木剪断后,用刀削一个马耳形的斜面,长4~5 cm、宽度和接穗直径基本相同;接穗顶端先封蜡,上面留2~3个芽,在其下面削一个马耳形的斜面,长度、宽度和砧木削面相同。将砧木和接穗削面贴在一起用30~40 cm长、2~3 cm宽的塑料条将砧、穗捆紧绑严即可。

5.注意事项

(1)统一截头:在一棵大树上进行高接换头,不能锯一个头接一个头,而是要一次把所有的头都锯好后再逐个嫁接。以免在锯头时碰坏已接好的接穗,或者震动附近已接好的部位,使接穗错位、移位影响成活率。嫁接时,若砧木伤口已暴露一段时间,只要嫁接前削平砧木锯口,干燥死亡的细胞组织即被削去,不影响成活率。

(2)多头高接一次完成:不宜分几年完成嫁接,1年即可改劣换优,速度快,效率高。如果每年嫁接一部分,会出现未嫁接的枝叶生长旺盛,嫁接部位生长很弱的现象,造成接穗营养供应和光照条件都差,甚至产生接活后又死亡的后果。

(3) 及时去除砧木萌蘖：砧木萌蘖要及时去除，但对于砧木特别大的也可适当留一些，以增加枝叶，且防止接活的新梢旺长。但对萌蘖要控制旺长，到第 2 年冬季修剪时再全部去除。

实操案例

金枝国槐硬枝嫁接育苗技术

金枝国槐，一年生枝金黄色，其叶片在 5 月亮黄，6 月淡黄，7 月、8 月深绿色，9 月和 10 月又重现亮黄色泽，丛植、对植于庭院、路旁、景点，观赏效果甚好。金枝国槐具有抗寒冷（$-29\ ℃$ 无冻害）、耐干旱、较耐贫瘠和较耐涝等特点，栽植应用前景广阔。

1. 嫁接类型

嫁接分低接、中接、高接三种嫁接苗类型。低接是指在砧木距地表 $2\sim 5\ cm$ 高度处的嫁接；中接指在砧木距离地表 $0.5\sim 1.5\ m$ 高度处的嫁接；高接的嫁接高度则为 $2.0\sim 3.0\ m$。

2. 砧木、接穗的准备

砧木可通过播种，经过 $1\sim 5$ 年的管理达到一定高度和粗度。低接砧木接口处粗度应为 $0.8\sim 1.5\ cm$；中接、高接接口处粗度应达到 $2\sim 5\ cm$。也可按要求的高度、粗度从山东、河南等地购进苗木，定植后嫁接。低接定植砧木株行距为 $0.5\ m\times 0.6\ m$；中接为 $1.0\ m\times 1.2\ m$；高接为 $1.2\ m\times 1.2\ m$。砧木定植时间以早春为主，植砧后第 $40\ d$ 或第二年春嫁接。

接穗于 2 月至 4 月初从两年生以上的金枝国槐树上剪取，一年生枝粗度应在 $0.4\ cm$ 以上且充分木质化、未冻害，存于 $0\sim 5\ ℃$ 的冷窖的湿沙中。

3. 嫁接方法

3.1 劈接法

劈接法在接穗粗度 $0.4\sim 1.0\ cm$，砧木粗度 $0.5\sim 1.1\ cm$，砧穗粗度相同或穗稍细时选用，低接时应用较多。中、高接时，在砧木断面以下发生的 $2\sim 3$ 个适当细的枝上进行。

① 削接穗：穗长 $6\sim 8\ cm$，在基端削 2 个 $2\sim 2.5\ cm$ 楔形削面，削面以上有 2 个好芽，距上芽 $1.5\ cm$ 处平断接穗。

② 断砧和劈口：低接距地表 $2\sim 5\ cm$ 处平断砧木，中、高接被接枝条基部 $3\ cm$ 处断砧。在砧木断面正中断面处向下劈一竖直切口，长度略长于接穗削面长度。

③ 插入接穗：将接穗削面厚端朝外，薄端朝里插入砧木劈口内，穗削面上沿高于砧木断面 $3\ mm$，使接穗和砧木形成层对齐。

④ 绑缚：用 $2\ cm$ 左右宽度塑条，严密包绑接穗基部和砧木劈口断面，勿漏缝。砧木断面只接一穗，劈接适宜时间为 4 月上、中旬。

3.2 插皮接

当砧木粗度为 $2\sim 5\ cm$，接穗粗度为 $0.5\sim 1.0\ cm$ 时适用。

① 削接穗：穗长约 $8\ cm$，在穗下端依穗粗细削一个 $2.0\sim 3.5\ cm$ 长度平直马耳形削面，削面上端有 $1\sim 3$ 个好芽，再在芽上 $1.5\ cm$ 处剪断。

②断砧木:在要求的高度、位置,剪断砧木,削平,然后在砧木皮层光滑的一侧纵切1刀,长度约2 cm,不伤木质部。

③插入接穗:将接穗削面朝里插入砧木皮层与木质之间,使接穗削面与砧木木质紧密贴实,削面上沿露约3 mm。每砧木断面插接2穗,2穗分别在相对应方向。

④绑缚:用2 cm宽塑条严密缠绑砧木断面的接穗基部。插皮接的适宜时间为砧木离皮期,即4月下旬至5月上旬。

以上两种嫁接方法,原则上以插皮接为主,因为操作较易,成活率高达95%左右,但适宜砧、穗粗度比在2∶1以上时进行,砧木过细不适合插皮接。劈接成活率达85%~90%,低于插皮接,操作难度大于插皮接,但在砧木不离皮和砧木较细时也只好采用此方法。

4.嫁接后的管理

接穗嫁接后应立即向接穗上涂刷保温剂,可保持接穗接后40 d不蒸发或极少蒸发水分,从而保证和提高了嫁接成活率。将石灰粉加2倍水,搅匀,用3 cm宽毛刷蘸液涂刷接穗四周和上剪口,每500 g稀释液可涂穗2000个。用石蜡、白蜡封闭接穗效果也较好。

从砧木嫁接后至7月,随时检查并抹掉砧木萌蘖,以促使接穗健壮生长。绑接后50 d左右当接穗上新梢长达15 cm左右时,解去包绑的塑料条。在风大地块,为防刮掉接穗可先解开1/2长度的绑条,再缠绑在砧木断面以下部位,过30 d解绑。如接穗新梢生长较细短,当年也可不解塑料条,次春解绑。

生长季及时清除地面杂草,发现食叶害虫及时灭除,若苗势较弱应在7月进行追肥。这样,当年接穗新梢长度可达35~40 cm,第2年或第3年即可出圃,用于园林绿化。

学习自测

知识自测

一、名词解释

1.嫁接亲和力　　　　　　　　2.营养繁殖苗

二、填空题

1.大多数植物愈伤组织的形成要求温度以_____℃为宜;湿度对嫁接成活的影响表现在_____的湿度、_____的湿度和_____的湿度三个方面,有利于嫁接成活的外部条件是较高的_____和适宜的_____。

2.芽接多在_____季节进行,"T"字形芽接对砧木和接穗生理状况的要求是_____,接穗或砧木不离皮时可采用_____法。枝接时,通常要求接穗露白_____cm,其目的是_____。

3.硬枝嫁接时间一般是在_____进行,对有些单宁含量高的树种,如柿树、核桃树,应在_____时嫁接。

4.硬枝嫁接最常用的方法有_____、_____、_____等,其中_____法要求砧木必须离皮。

三、简答题

1. 嫁接繁殖成活的原理是什么?
2. 影响嫁接成活的因素有哪些?
3. 嫁接的主要方法有哪些,如何选择?
4. 通过嫁接方法繁殖的苗木有何特点?

技能自测

结合园林苗木繁育圃实际,以小组为单位,选择1~2种苗木,每人分别进行芽接、枝接各30个,组间测定完成时间并监督检查后续管理及成活情况,个人形成总结报告。

任务二 扦插苗生产

实施过程

一、扦插催根

1. 机械催根

对不同的枝条可采取不同的方法:①对枝条木栓组织较发达的植物,较难发根的品种,插前先将表皮木栓层剥去,加强插穗吸水能力,可促进发根;②用刀刻2~3 cm长的伤口,至韧皮部,可在纵伤沟中形成整齐不定根;③在母株上准备用做插穗的枝条基部,一般在剪穗前15 d环剥一圈皮层,宽3~5 mm,截断养分向下运输通路,使养分集中,枝条受伤处膨大,休眠期将枝条剪下进行扦插利于生根和生长;④用铁丝等材料在枝条上绞缢或用麻绳捆扎也能起到相同效果。

2. 加温催根

(1)温床催根 在温床内用酿热物造成升温条件,促进生根。催根前,先在地面挖床坑,坑底中间略高,四周稍低,然后装入20~30 cm厚的生马粪,边装边踏实,踩平后浇水使马粪湿润,盖上塑料薄膜,促使马粪发酵生热,数天后温度上升到30~40 ℃时再在马粪上面铺5 cm左右厚的细土,待温度下降并稳定在30 ℃左右时,将准备好的插条整齐直立地排列在上面。插条间填入湿沙或湿锯末,以防热气上升和水分蒸发。插条下部土温保持在22~30 ℃。注意插条顶端的芽切勿埋入沙中,以免受高温影响过早萌发。催根期间要保持沙或锯末的湿润,并注意控制床面气温,白天将覆盖温床的塑料薄膜揭开,利用早春冷空气来降低床面温度,防止芽过早萌发。

(2)火炕催根 一般采用回龙火炕,半地下式或地上式均可。炕宽1.5~2 m,长度随需要而定。具体的修造方法,可先在炕床下挖2~3条小沟,小沟深20 cm,宽15 cm。小沟上面用砖或土坯铺平,这就是第一层烟道即主烟道。烟道出口处至入口处应有一定的角度,倾斜向上,再在第一层烟道上面用砖或土坯砌成花洞,即为第二层烟道。抹泥修成炕面,周围用砖砌成矮墙。火炕修好后,要先进行试烧,温度过高处应适当填土。在炕面各处温度均匀时(25 ℃)铺 10 cm 厚湿沙或湿锯末,上面摆放插条进行催根,并覆盖塑料薄膜防止插条失水干燥。

(3)电热催根 利用电热线加热催根是一种效率高、容易集中管理的催根方法。一般将 DV 系列电热线埋入催根苗床内用以提高地温。DV 系列电热线的功率有 400 W、600 W、800 W 和 1000 W 等几种,可根据处理插条的多少灵活选用。

电热线的布线方法:首先测量苗床面积,然后计算布线密度,如床长 3 m,宽 2.2 m,电热线采用 800 W(长 100 m),则:

布线道数=(线长-床宽)/床长=(100-2.2)/3=32.6(取32)

布线间距=床宽/布线道数=2.2/32≈0.07 m

要注意布线道数必须取偶数,这样两根接线头方可在一头。然后用木板做成长 3 m,宽 2.2 m 的木框,框的下面和四周铺 5~7 cm 的锯末做隔热层,木框两端按布线距离各钉上一排钉子,使电热线来回布绕在加热床上,再用塑料薄膜覆盖,膜的上面铺 5~7 cm 的湿沙,最后将催根用的插条剪好并用化学催根剂处理后按品种捆成小捆埋在湿沙中,床上再用塑料薄膜覆盖。一般 1 m² 苗床可摆放 6000 根左右的插条。

3. 药剂处理

(1)将插条基部在 0.1%~0.5%的高锰酸钾溶液中浸泡 10~12 h,取出后立即扦插,可加速根的发生,还可起到消毒杀菌作用。此法对女贞、柳树、菊花和一品红等有明显的生根效果。

(2)用蔗糖溶液处理插条。浓度为 5%~10%,不论单独使用还是与生长素混用,一般浸渍 10~24 h,有较好的生根效果。

(3)用维生素 B_{12} 的针剂加 1 倍清水稀释,将插条浸基部 5 min 后取出,稍稍晾干后扦插。

(4)用 $1×10^{-6}$ 的维生素 B_1 或维生素 C 等浸插穗基部 12 h,再进行激素处理,即使是生根困难的柿、板栗都有 50%以上的生根率。

(5)对提供扦插材料的母株多施用磷钾肥和钙物质,如过磷酸钙和磷酸二氢钾,避免使用铵类和硝酸盐。因为,氮元素对生根有一定的抑制作用,同时钾和磷对生根有促进作用,钙离子对后期维管束的形成是必要的。

(6)防霉粉处理。防霉粉是一种具有高度脱水效果的钙制剂,其原理很简单,就是为了让伤口快速脱水,同时产生抑制细菌生长作用。它的生理学作用主要有:快速干燥伤口,防止材料过度脱水,缩短后期恢复生长时间;抑制细菌生长,碱性的钙盐具有抑制细菌生长的作用,在扦插中尤为重要;促进生长素向生根区富集;协同硼元素,增强启动晚期生根作用。

4. 生长素处理

常用的生长素主要有萘乙酸(NAA)、吲哚乙酸(IAA)、吲哚丁酸(IBA)和 ABT 生根粉 1~10 号。

(1)使用浓度 常用的有粉剂及液剂两种。一般来讲,低浓度 $(10~100)×10^{-6}$ 处理

12~24 h；高浓度(500~2000)×10^{-6}处理 3~5 s。生根难的植物种使用浓度大些，生根易的使用浓度低些，硬枝扦插的使用浓度高些，嫩枝扦插的使用浓度低些。使用浓度因植物种类、枝条木质化程度及处理时间而不同，并且气温的高低、土壤的酸度等也有一定的影响。

(2)使用方法　在配制溶液时，生长素不直接溶于水，配时先加少量酒精，溶解后再加水，必要时可间接加温。生长素配制时可配成水剂，粉剂加滑石粉。

①粉剂处理　将剪好的插条下端蘸上粉剂(如枝条下端较干可先蘸水)，使粉剂粘在枝条下切口，然后插入基质中，当插穗吸收水分时，生长素即行溶解并被吸入枝条组织内，粉剂使用浓度可略高于水剂，用 1 g 萘乙酸加 500 g 滑石粉，即配成 2000×10^{-6}的粉剂，如 1 g 萘乙酸混合 2000 g 滑石粉，即配成 500×10^{-6}，处理后最好开沟或打洞扦插。

②溶液处理　硬枝一般采用(5~10)×10^{-6}稀释液；插穗基部浸渍 12~24 h，嫩枝一般采用(10~25)×10^{-6}溶剂浸 12~24 h。另外，将生长素配成(2000~4000)×10^{-6}高浓度溶液进行 5 s 速蘸，生根效果也很好。

③ABT 生根粉处理　ABT 生根粉含有生长刺激素及多种化学药品，也是一种良好的催根药品。使用时先将 1 g 生根粉溶解在 500 mL 酒精中，然后再加 500 mL 蒸馏水或凉开水，配成 1000 mg/kg 的 ABT 原液。原液应保存在避光冷凉处，使用时再稀释。不过，ABT 生根粉现有十多种系列产品，不同植物适用于何种 ABT，要经试验后确定。

5.黄化软化处理

(1)用黑布或泥土封包枝条，遮光，使枝条内营养物质发生变化，组织老化过程延缓，三周后剪下扦插易生根，黑暗可延迟芽组织发育，而促进根组织的生长。这种方法适用于含有多量色素、油脂、樟脑、松脂等的植物种，因这些物质常抑制生长细胞的活动，阻碍愈伤组织的形成和不定根的形成。

(2)在要进行扦插的部位用不透光的纸罩住，待其绿色褪后，再将这个材料割取下来，晾干伤口后扦插。黄化处理可以减弱植物多酚的合成，在初期提高生长素水平；同时能促进生长素向基部富集，协调激素水平。所以黄化处理是值得提倡的。

6.水浸处理

春季将贮藏的枝条从沟中取出后，先在室内用清水浸泡 8~16 h，然后进行剪截。插穗在 30~35 ℃温水中，可减少松脂、单宁、酚和醛类化合物等抑制物质。

二、选择合适方法扦插

扦插前应准备好育苗地，根据所用的材料不同可分为以下几种：

1.叶插

利用叶脉和叶柄能长出不定根、不定芽的再生机能的特性，以叶片为插穗来繁殖新的个体，称叶插法。叶插法一般在温室内进行，所需环境条件与嫩枝扦插相同。

叶插常在生长期进行，根据叶片的完整程度又分为全叶插、片叶插和叶柄插三种(图3-16)。

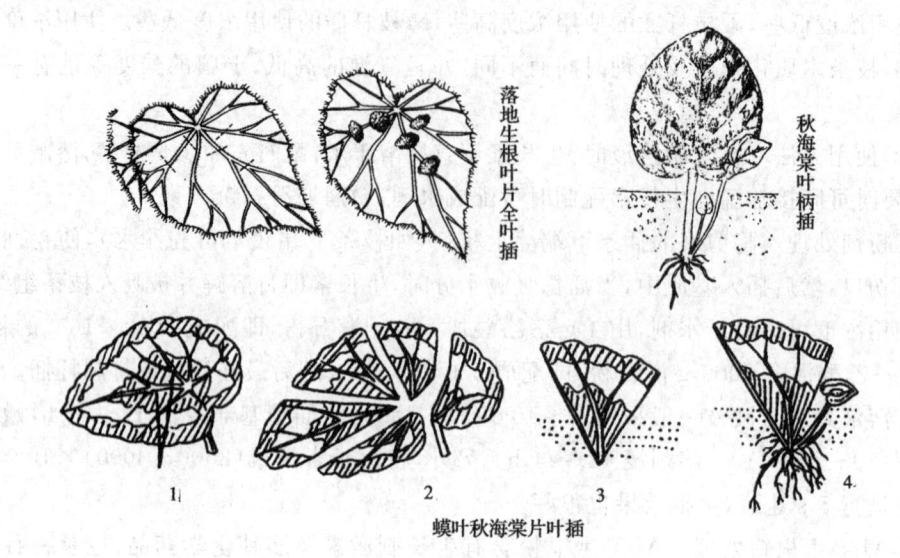

图3-16 叶插的几种应用

(1)全叶插 常用于根茎类秋海棠如蟆叶秋海棠、铁十字秋海棠,苦苣苔科的非洲紫罗兰、大岩桐、旋果苣和胡椒科的三色椒草、豆瓣绿等植物。对过大或过长的叶片可适当剪短或沿叶缘剪除部分,使叶片容易固定,减少叶片水分蒸发,有利于叶柄生根。全叶插在室温20～25℃条件下,秋海棠科植物一般25～30 d愈合生根,到长出小植物约50～60 d,个别种类需70～100 d。苦苣苔科植物自扦插至生根需10～25 d。胡椒科植物插后15～20 d愈合生根,30 d后长出小植物。若用0.01%吲哚丁酸溶液处理叶柄1～2 s,可提早生根,有利于不定芽的产生。

(2)片叶插 如虎尾兰属的虎尾兰、短叶虎尾兰,秋海棠属的蟆叶秋海棠、彩纹秋海棠,景天科的长寿花、红景天等(图3-17),可用叶片的一部分作为扦插材料,使其生根并长出不定芽,形成完整的小植株。片叶插在室温20～25℃条件下,虎尾兰可剪成5 cm一段,插后约30 d生根,50 d长出不定芽。蟆叶秋海棠可将全叶带叶脉剪成4～5小片,插后25～30 d生根,60～70 d长出小植物。长寿花叶插后20～25 d生根,40 d长出不定芽。

图3-17 片叶插

(3)叶柄插 如大岩桐、球兰、豆瓣绿、非洲紫罗兰和菊花等,叶柄发达、易生根的种类均可用叶柄扦插。做法是:将叶柄直插入基质中,叶片露在外面。叶柄基部发生不定芽和根系,形成新的个体。可以带全叶片,也可剪去半张叶片,带半叶扦插。大岩桐、豆瓣绿等是从叶柄基部先发生小球茎,然后生根发芽,形成新的个体。

2. 枝插(或茎插)

最常见的枝插(或茎插)方法有叶芽扦插、硬枝扦插、嫩枝扦插等。

(1) 叶芽扦插 用完整叶片带腋芽的短茎作扦插材料。有些种类如橡皮树、八仙花、茉莉及扶桑等,其叶柄虽能长出不定根,但不能发出不定芽,所以不能长成新的个体。因此要用基部带一个芽的叶片或顶芽进行扦插,才能形成新的植株。深度为仅露芽尖即可。常在春、秋季扦插,成活率高。插后盖一玻璃或塑料罩,以防水分蒸发。若为对生叶,可剖为两半,每一叶带一芽作插穗。此法也可用于虎尾兰、菊花、山茶等(图3-18)。

(2) 硬枝扦插 在植物的休眠期,采取充分木质化的一二年生枝条做插穗,进行扦插的育苗方法。有条件的可在温室内扦插或插穗沙藏,与翌年春季扦插(图3-19)。

图3-18 叶芽扦插

图3-19 硬枝扦插

① 插穗的采集 采穗母株应品质优良,生长健壮,无病虫害。当在同一植株上采取插穗时要选择树冠中上部向阳面发育健壮、充实的一年生枝条,大树最好采集基部的萌芽条。

② 插条的剪截 剪截插条应在阴凉处进行,不要在阳光下、风口处。插条的要求:插条上有2~3个饱满芽,针叶树如水杉、蜀桧和雪松等的插条最好带顶芽,大多数植物种的插条长10~20 cm,过长则下切口愈合慢,易腐烂,操作不便;过短则插条营养少,不利于生根。插条的切口应平滑(防止裂开),其下切口宜位于节下或叶柄下0.2~0.5 cm处,因为节部营养多,根原基多分布在芽附近,下端节上的芽应予保留。切口剪成平口、斜口或双斜面,斜口、双斜面吸收面大,但愈合慢易产生偏根。水分条件较差、生根期长的植物种可用斜口,以增加对水分的吸收。上切口剪成平口,距上部芽1 cm,太长则会形成死桩,太短芽易干枯。常绿阔叶灌木如黄杨、珊瑚树、四季桂、佛手和山茶等每一插条只保留上部的2~4个叶片;针叶树如雪松、柏类和罗汉松等应将插条下部的叶片剪除,只保留上部的针叶或鳞叶;落叶树的插条应剪去下部的分杈,以利于扦插入土和插条生根后的高生长。

带踵扦插:从新枝与老枝相接处下部2~3 cm处下剪,这类枝条即为带踵插条。带踵枝条节间养分多,组织紧密,发根容易,成活率高,幼苗长势强。适用于桂花、山茶和无花果等。

③ 插穗的贮藏 落叶树在秋末冬初剪条后,为防止失水要进行越冬贮藏。方法是将剪好的枝条按50~100根成捆,插穗的方向保持一致,下剪口要对齐。枝条要埋藏在湿润、低温、通气环境中。选地势高燥、排水良好的背阴地方挖沟或挖坑。沟或坑深60~80 cm,底铺5 cm厚的湿沙,分层埋枝条,成捆绑扎,贮藏期间定期检查温、湿度,防止发霉、干枯。贮藏时间按苗木品种特性而定,以种条基部形成不定根,恢复愈伤组织,控制发

芽为原则(图 3-20、图 3-21、图 3-22)。

图 3-20　硬枝扦插愈伤组织形成

图 3-21　硬枝扦插生根状

④扦插时间　扦插时间在春、秋均可,以春插为主。扦插时间一般在发芽前 1~2 个月。扦插时间以当地的土温(15~20 cm 处)稳定在 10 ℃以上时开始。华北地区一般在3月下旬至 4 月上旬,但华北北部 4 月中旬才可进行露地扦插育苗。扦插密度依植物种特性、苗本规格和土壤状况等因素而定。一般株距 10~50 cm,行距 20~30 cm。扦插深度依植物种和环境而定,落叶植物种上露一芽;常绿植物种扦插深度为插条长度的 1/3~1/2。根据扦插基质、插条状况和催根情况等,分别采用直插、开缝插、穿孔插或开沟插等。

嫩枝扦插

(3)嫩枝扦插　在植物生长期间利用半木质化的带叶嫩枝进行扦插。适合于硬枝扦插不易成活的植物种,以常绿灌木为多,如比利时杜鹃、扶桑、龙船花和茉莉等。尤以梅雨季扦插最为理想,生根快,成活率高(图 3-23)。

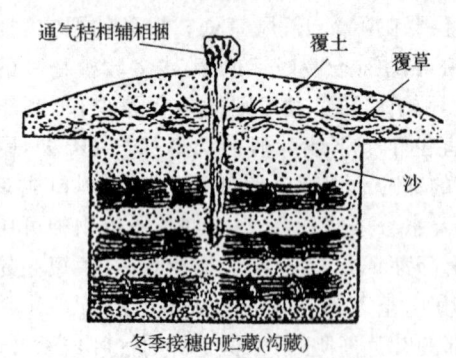

图 3-22　插穗的贮藏

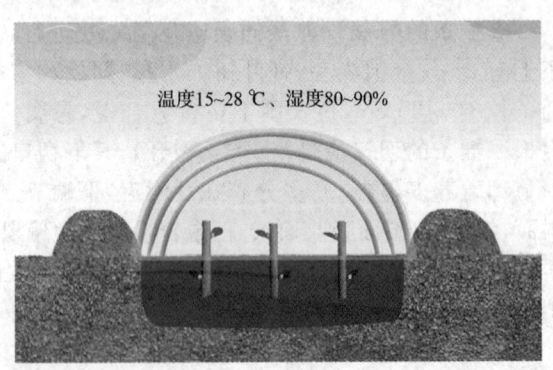

图 3-23　嫩枝扦插

①插条的采集　5~7 月当枝条达半木质化时采集。采集过早,枝条幼嫩容易失水萎缩干枯;采集过迟,枝条木质化,生长素含量降低,抑制物增多。桂花、冬青等以 5 月中旬采集为好,银杏、侧柏、山茶、含笑和石楠的插条采集以 6 月中旬为好。一天中宜于早、晚采集,插条含水量高,空气湿度大,温度较低,用水桶盛穗保湿,严禁中午采集。

②插条的剪截　长度 4~12 cm 为宜,含 2~4 个节间,插条粗壮(不要纤细),切口要平滑,下切口应在腋或腋芽之下 1~3 mm 处。嫩枝扦插多以愈伤组织或愈伤组织附近的

腋芽周围生根,叶子与芽要部分保留。为了减少蒸发量,应适当地去除一部分叶片,或将较大叶片剪去 1/3 或 1/2。此外,应将插条上的花芽全部去掉,以免开花消耗养分。

③扦插操作方法　嫩枝扦插应在生长季进行,以夏初最为适宜,通常先做插床,把插条按合适距离插在插床,然后覆盖拱棚保湿。

(4)几种扦插例子

①肉质茎扦插　肉质茎一般比较粗壮,含水量高,有的富含白色乳液。因此,扦插时切口容易腐烂,影响成活率。如蟹爪兰、令箭荷花等,必须将剪下的插穗先晾干后再扦插。而垂榕、变叶木、一品红等插条切口会外流乳汁,必须将乳液洗清或待凝固后再扦插。

②草质茎扦插　在盆栽花卉中应用十分广泛,如四季秋海棠、长春花、非洲凤仙、矮牵牛、一串红、万寿菊、菊花、香石竹和网纹草等,一般剪取较健壮、稍成熟枝条,长 5～10 cm,在适温 18～22 ℃和稍遮阳条件下,5～15 d 生根。

在盆花栽培中,如百合、朱顶红、风信子和黄水仙等也用鳞片扦插。选择健壮、充实、无病鳞茎,剥去外层过分老化的鳞片,留下幼嫩的中心部分,取中部鳞片供繁殖。用 0.1% 升汞溶液消毒,每片鳞片带基盘。扦插前若用 0.005% 萘乙酸溶液处理 1～2 s,扦植或撒播于苗床中,以泥炭或细沙为基质,在 18～20 ℃下,保持温润,则当年鳞片基部就可生根,并形成小鳞茎。

③变型茎(叶)扦插　仙人掌类及多肉多浆类植物,在生长旺盛期扦插极易生根,本身含有充足的水分和养分,扦插技术要点如下:将仙人掌类的分枝或小球从基部剥落作插条(大的可分切成数小块),切下后应晾晒数小时或 1～2 d,使切口干燥,插条稍呈萎蔫后再插,以防止伤口腐烂(也可以在伤口处蘸以木炭粉吸湿)。基质多用黄沙,插后不必经常浇水,使基部保持干燥,仅在过于干燥或插条稍呈干瘪现象时才稍加喷水。但昙花和令箭荷花则要求保持一定的湿度;仙人掌类中的仙人鞭、仙人柱、令箭荷花和昙花等,茎较细弱,插后易倒伏或摇动,妨碍新根生长,可将插穗缚于小支柱上,然后扦插。

④观赏花木春季扦插　春季是绝大部分花木进行扦插繁殖的最佳季节。适于春季扦插繁殖的花木有两大类:一类是生根时间长,不易生根的灌木和常绿树,如雪松、龙柏、圆柏、撒金柏、铺地柏和法国梧桐等;另一类是易生根的花木,如石榴、月季、木槿、迎春、紫藤、翠柏、蜀桧、红叶李、绣线菊、夹竹桃、银芽柳、栀子花和金丝桃等。这两类花木采用春插,一般成活率可达 85%～95%。

观赏花木春插的物候期标准:树液开始流动,枝条刚开始萌发,但尚未发芽,通常为 3 月初至 4 月中旬,过早或过迟均不利于成活。

扦插角度和深度:直插适宜短穗,地面留一个芽,插条三分之二入土。斜插适宜插条长和土壤较黏重的情况,但斜插易造成偏根,起苗不便。若插穗的枝条过细,如雪松、蜀桧、小檗等,可先用小竹签戳一个洞孔,再将插条插入洞孔内,这样可防止碰伤下切口的形成层,对成活非常有益。扦插完成后,用细孔喷壶将扦插床喷水浇透,务必使插条基部与土壤密接,以利于切口吸收土壤中的水分。

株行距:根据植物种生根快慢,生根后生长速率,一般植物种扦插行距 20～30 cm,株距

5～7 cm,杨树生长快,株行距为 50 cm×60 cm。一般露地扦插每亩扦插 6000～7000 根插条,成苗率为 60%～70%。

扦插技术:扦插时应先开沟。开缝或打洞扦插,防止损伤切口和皮层,不能倒插,插后按紧,使下切口与土壤密接。插后浇透水,使土壤下沉。播后假活时期,不能拔出来看,注意抹芽,有些植物种要搭阴棚。

3. 根插

截取植物或苗木的根,插入或埋于育苗地进行育苗,称根插育苗(图 3-24)。适用插条成活率低,而插根效果好及根蘖性强的植物种,如泡桐、毛白杨、山杨、刺槐、臭椿、漆树和板栗等。泡桐根插在生产上使用比较普遍,根多,创伤易于恢复。在盆栽花卉中应用根插繁殖常见的有芍药、牡丹、腊梅、非洲菊、凌霄、宿根福禄考、紫薇和蔷薇等。

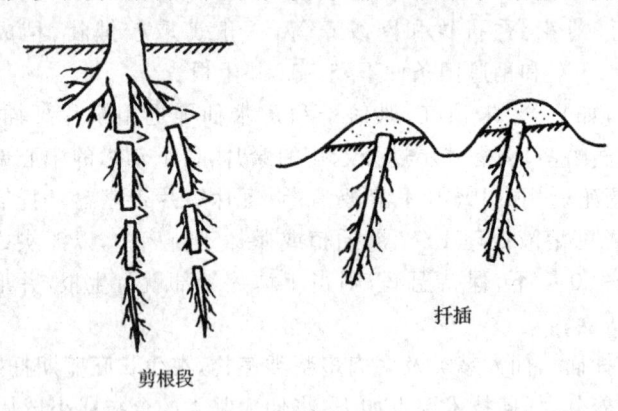

剪根段　　扦插

图 3-24　根插

(1)采插条　插条采集同硬枝扦插,秋、冬或早春均可。可采集起苗时或起苗后翻出的苗根或选健壮的中年树,距主干 0.5 m 挖根,不要从一株树挖太多的根,秋末挖的根要进行湿藏。

(2)剪截　扦插前将根剪成 5～10 cm 长备用。泡桐根含水量高,易腐烂,制成的根穗可晒 1～2 d,根穗长 10～15 cm,大头粗度为 0.5～2.0 cm,根部愈粗,其再生能力愈强。上端平口;下端斜口,利于扦插。

(3)扦插　一般在 2～3 月进行。可采用直插、斜插、平埋方式,以直插为好,其次斜插,平埋效果差。深度可控制在上端与地面平,上切口覆盖小堆土保湿增温。

三、扦插苗的管理

露地扦插是最简单的一种育苗方法,成本低,易推广,但若管理不当,则扦插成活率低,出苗率低。另外,露地扦插,苗木生长期较短,苗木质量相对也较差。因此,加强管理十分重要。

1. 水分及空气湿度管理

扦插后立即灌一次透水,以后经常保持插床的湿度。早春扦插的落叶树,在干旱季节进行灌水。常绿树或嫩枝扦插时,一定要保持插床内基质及空气的较高湿度,每天向叶面喷水 1～2 次。在扦插苗木生根过程中,水分一定要适中,扦插初期稍大,后期稍干,否则苗木下部易腐烂,影响插条的愈合、生根。待插条新根长到3~5 cm时,即可适时移植上盆。

2. 温度管理

早春地温较低,需要覆盖塑料薄膜或铺设地热线增温催根,保持插床空气相对湿度为80%~90%,温度控制在20~30 ℃。夏、秋季节地温高,气温更高,需要通过喷水、遮阳等措施进行降温。在大棚内喷雾可降温5~7 ℃,在露天扦插床喷雾可降温8~10 ℃。采用遮阳降温时,一般要求透光率为50%~60%。如果采用搭阴棚降温,则5月初开始由于阳光增强,气温升高,为促使插条生根,应给予搭棚遮阳。傍晚揭开阴棚,白天盖上;9~10月可撤除阴棚,接受全光照。在夏季扦插时,可采用全日照自动喷雾控温扦插育苗设备。

3. 松土除草

当发现床面杂草萌生时,要及时拔去,以减少水分养分的损耗。当土壤过分板结时,可用小铲子轻轻在行间空隙处松土,但不宜过深,以免松动插条基部影响切口生根。

4. 追肥

在扦插苗生根发芽成活后,插穗内的养分已基本耗尽,则需要供应充足的肥水,满足苗木生长对养分的需要。必要时可采取叶面喷肥的方法。插后,每隔1~2周喷洒0.1%~0.3%的氮磷钾复合肥。采用硬枝扦插时,可将速效肥稀释后浇入苗床。

此外,还应加强苗木病虫害的防治,消除病虫危害对苗木的影响,提高苗木质量。

四、全光照喷雾扦插

1. 建立插床安装设备

插床应设在地势平坦,通风良好,日照充足,排水方便及靠近水源、电源的地方。按半径0.6 m,高40 cm做成中间高、四周低的圆形插床。在底部每隔1.5 m留一排水口,插床中心安装全光照自动间歇喷雾装置。该装置由叶面水分控制仪和对称式双长臂圆周扫描喷雾机械系统组成。插床底下铺15 cm的鹅卵石,上铺25 cm厚的河沙,扦插前对插床用0.2%的高锰酸钾溶液或0.01%的多菌灵溶液喷洒消毒。

2. 全光照喷雾扦插流程

(1)插穗剪截及处理　一般扦插木本花卉时,采用带有叶片的当年生半木质化的嫩枝做插穗,扦插草本花卉时,采用带有叶片的嫩茎做插穗。剪切插条时,先将新梢顶端太幼嫩部分剪除,再剪成长8~10 cm的插条,上部留2个以上的芽,并对插条上的叶片进行修剪。叶片较大的只需留一片叶或更少,叶片较小的留2~3片叶,注意上切口平、下切口稍斜,每50根一捆。扦插前将插条浸泡在0.01%~0.125%的多菌灵液中,然后,基部蘸ABT生根粉。

(2)扦插及播后管理　扦插时间5月下旬~9月中旬,扦插深度为2~3 cm,扦插密度6000~7500 株/hm²。扦插完后,立即喷1次透水,第2天早上或晚上喷洒0.01%的多菌灵溶液,避免感染发病。在此之后,每隔7 d喷1次。开始生根时,可喷洒浓度为0.1%磷酸二氢钾,生根后喷洒磷酸二氢钾的浓度可为1%,以促进根系木质化,与此同时还应及时清除苗床上的落叶、枯叶。采用此项技术育苗,三角梅、茉莉和米兰25~30 d后开始生根,生根率达90%以上。橡皮树、扶桑、月季和荷兰海棠15~20 d后开始生根,生根率达95%以上。菊花、一串红和金鱼草7~10 d生根,生根率达98%以上。

(3)移栽　移栽时间宜在傍晚 5:00 以后,早晨 10:00 以前,阴天全天可移栽。为了提高移栽的成活率,在栽植前停水 3～5 d 炼苗,要随起苗随移栽,移栽后将花盆放在遮阳网下遮阳,7 d 后浇第 2 次水,15 d 以后逐渐移至阳光下进行日常的管理培植。

相关知识

一、扦插的概念及特点

扦插是植物无性繁殖的重要手段之一,通常包括茎(枝)插、根插、叶插和微扦插,扦插是目前花木繁殖时最常用的方法。扦插育苗,即从母株上切下一部分如根、茎、叶,插入基质中,使之生根,成为一个完整植株的方法。微扦插则是组织培养中快速微繁殖的一种途径。扦插繁殖的优点是能保持母本的遗传性状,材料来源广泛,成本低,成苗快,开花结实早;缺点是扦插苗根系浅而差,寿命较短。

扦插的材料一般是植物的茎、叶和根。比如杨树、柳树的枝或茎扦插以及仙人掌科植物长出的子球扦插等都属于茎扦插;玉扇、牡丹的叶片也可以切下来扦插,这属于叶插;一些植物的主根也可以用来繁殖,这属于根插。

二、扦插生根的原理

扦插繁殖的生理基础是植物的再生作用(植物细胞全能性)。切口部位的分生组织细胞分裂,形成新的不定根或不定芽,称植物的再生作用。

扦插生根的原理

1. 皮部生根型

植物枝条在生长期间能形成大量薄壁细胞群,这就是不定根的原始体,这种薄壁细胞多位于枝条内最宽髓射线与形成层的结合点上。插条入土后,在适宜温、湿条件下,根原始体先端不断生长发育,并穿越韧皮部和皮层长出不定根,迅速从土壤中吸收水分、养分,成活也就有了保证。如杨、紫穗槐等。

2. 愈伤组织生根型

在插穗切口处,由于形成层细胞和形成层附近的细胞分裂能力最强,因此在下切口的表面形成一种半透明的、不规则的瘤状突起物,这是具有明显细胞核的薄壁细胞群,称为初生愈伤组织。初生愈伤组织一方面保护插穗的切口免受外界不良环境的影响,同时还进一步分化出与插穗组织相联系的木质部、韧皮部和形成层,同时吸收水分、养分,在适宜水、温条件下,从生长点或形成层中分化出根原始体,进一步发育成不定根。如悬铃木、桧柏、雪松等。

3. 混合生根型

皮部生根型的植物并不是只有皮部生根而愈伤组织不生根,而是以皮部生根为主;同样,愈伤组织生根型的植物也不是只有愈伤组织生根而皮部不生根,而是以愈伤组织生根为主。有些植物两者生根同样较多,这类植物更易生根,称为混合生根型,如黑杨、柳等。

4. 插根成活的原理

插根成活的原理是:由根穗中原有根原基长出新根或由愈伤组织长出新根,由根部维管束鞘发生的不定芽,发育成新梢。

插条上、下两端具有形态上和生理上的不同特征,即所谓极性现象。插穗有两个切口,形态学上端称茎极——长枝叶,形态学下端称根极——长根。极性现象产生的原因主要与植物体内生长素转移有关,生长素在顶端形成,有规律地向下运输(极性运输)刺激下切口细胞活动和分裂,从而促进愈伤组织和不定根的形成。根插也有极性,靠根尖部位长根,靠茎干位置长枝叶,故枝插、根插都不能倒插。

三、影响扦插成活的因素

1. 内在因素
(1)植物种遗传特性
①容易生根 在一般扦插条件下,能获得较高成活率,如杨、柳、杉、黄杨、冬青和悬铃木。
②不太容易生根 需较高技术和集约经营管理才能获得较高成活率,如水杉、池杉、雪松、龙柏、含笑、桂花、石楠和银杏。
③生根困难 经特殊处理仍难生根,如板栗、马尾松、樟和檫。

有些植物种枝插不易产生不定根,但其根部容易形成不定芽,这类植物种可用根插繁殖,如泡桐、杜仲和香椿等。

(2)母株及枝条的年龄
①母株年龄 随着母株年龄的增加,枝、根的扦插成活率是逐步降低的,这种现象与母株枝条内部积累的抑制生根物质增多、促进生根物质减少有关。楝树一年生幼树枝条,扦插能够成活(极难生根类型)。水杉、池杉、雪松用4~5年生幼树枝条扦插成活率高。雪松10年生以上一般不采插穗,通常用5年生以下幼树枝条扦插,容易成活。
②枝条年龄 少数植物种(杨、柳)能用多年生枝条扦插繁殖,大多数植物种扦插通常用一年生枝条剪插穗。水杉、池杉一年生枝条再生能力强,二年次之(不定芽萌发能力弱);生长慢的针叶树,一年生枝条短,纤细,可带2~3年生枝条。
③植物种起源 同一种以实生起源的幼龄母株枝条扦插成活率高,因其阶段发育年轻。

(3)枝条的营养物质含量 枝条内糖类的含量直接影响不定根的形成,糖类含量多,有利于成活。主要原因是糖类作为能量的提供者,是保证激素发挥生物学效应的动力。所以,扦插材料营养状况良好对生根是有利的,所以进行扦插尽量在生长旺盛时期进行。

(4)枝条的部位及生长发育状况 同一枝条不同的部位,以中段最好,中段发育充实,内含营养多,芽饱满均匀。枝条顶端发育不充实,组织幼嫩,扦插成活率不高,有些植物种枝条基段生根困难,因其芽瘦小、发芽晚、愈伤能力差。水杉、油橄榄,梢段最好,基部较差。池杉大多资料报道以枝条基部为好。杨、柳枝条有较多的根原体,各个部位都能生根。

落叶树主干长出枝条发育充实,分生能力强,枝条的位置距主轴愈远或枝条分枝次数愈多,生根愈困难,即使成活,生长势也不旺盛。

(5)插穗的叶子 叶子能进行光合作用供给营养物质及生长激素,能促进插穗生根。常绿针、阔叶树以及各种嫩枝插穗,保留适当叶子尤为重要,扦插的初期,插穗叶子数量与扦插成活率呈正比。

2. 外在因素

(1) **土壤条件** 其中以土壤水分和通气条件关系最为密切。

① **土壤水分** 插穗离母体以后，蒸腾仍在进行，吸水能力差，扦插以后能否成活关键在于插穗水分代谢能否平衡，插穗成活前仅靠切口表皮、皮孔吸水，切口占80%。而芽的萌动抽梢比根的形成要早得多，扦插以后到生根之前的抽梢长叶称"假活"，假活时间愈长，插穗愈容易失去水分平衡，所以要求土壤中有较充足的水分供给，要经常浇水，保持土壤持水量稳定在60%~70%。

② **土壤通气** 插条生根时，细胞分裂旺盛，呼吸作用增强，需要充足的氧气，所以扦插要选用透气性良好的土壤，利于根迅速生长。如通气不好（如土壤黏重，水分过多），插穗下切口极易腐烂死亡。扦插的基质应是结构疏松，透气良好，能保持水分，但又不易积水的沙质土壤为好。在露地进行硬枝扦插，可在含沙量较高的肥沃沙壤土中进行；嫩枝扦插可在水中、素沙中、蛭石中及珍珠岩、炉渣、泥炭中进行。扦插基质应具有良好的通气条件，要不含有机肥料和其他容易发霉的杂质，并保持一定的湿度。

(2) **温度（气温和地温）** 气温主要满足芽的活动和叶的光合作用，气温高叶部蒸腾大，容易导致失水，对扦插生根不利，地温主要满足不定根形成的需要。不同种类的植物，要求不同的扦插温度。一般插条生根的温度要比栽培时所需温度高2~3℃，大多数植物种生根最适地温为15~20℃，喜高温的温室花卉往往要在25~30℃时才生根良好。因此，提高春季扦插成活的关键因素在于提高土壤温度。提高地温有利于物质分解、合成和运输，加速愈伤组织形成和生根。温室内扦插，可在扦插床下铺热水管道、蒸汽管道和电热线，室外插床下可垫20~25 cm羊、马粪，使其发酵、发热，提高土温。

(3) **空气湿度** 为了保证插穗体内水分平衡，除了保证土壤有一定水分以外，还必须通过提高空气相对湿度来降低蒸腾作用，这对嫩枝扦插尤为重要。嫩枝扦插时，空气相对湿度以80%~90%为好，只有保持相当高的空气湿度，才能防止插条和保留的叶片发生凋萎，并能制造养分供发根需要。

(4) **光照** 插穗新根的形成，一方面依靠插穗内部所含营养物质，另一方面利用叶子进行光合作用的产物和植物激素。光照强弱及时间的长短，对插条生根能力影响很大。插条以接受散射光为好，强烈的阳光造成温度过高，蒸发量过大，对插穗成活不利，因此，扦插初期要适当遮阳，当根系大量生长后，逐渐加大光照量。

光照对生长素的产生有一定的促进作用，所以建议在扦插时提供一定的光照，但不能是太阳直射光。因为过强的光照对尚无吸收养分能力的扦插材料具有一定的伤害作用，消耗扦插材料的养分和水，不利于后期的生根。但完全黑暗不但不利于生长素分泌，反而会促进霉菌生长，造成腐烂。值得提出的是，一种经典的扦插材料的处理方法是很有效的，这就是"黄化处理"。在日光下，最好采用喷雾装置，保持叶面有一层水膜，这样能保持插穗水分代谢平衡，能大大提高扦插成活率，如条件不具备，可采用阴棚，控制光照。

四、全光照喷雾提高扦插成活的原理

取带叶的插穗在自动喷雾装置的保护下，使叶面常有一层水膜，在全光照的插床上进行扦插育苗的方法，称全光照喷雾扦插。

带叶插穗是在温度较高，光照强的情况下扦插，保证插条生根前叶子不失水便成为扦插成功的技术关键,而全光照自动间隙喷雾可以为带叶嫩枝扦插提供最适宜的生根环境。

(1)通过间隙喷雾方法使叶面保持一层水膜,经常喷雾能提高叶片周围的空气湿度在90%以上,减少插穗体内水分的耗失。

(2)叶面水膜的蒸发吸热有效降低了叶面温度,叶面温度降低,又可以减少叶片内部的水资源(使插穗叶子不失水干死)。

(3)充分利用光照进行光合作用,不断制造糖类供给插穗生根的需要,加速伤口愈合和促进生根。

(4)插穗基质具有疏松、透气、排水良好的特性,可大大减少插穗的腐烂。

五、扦插繁殖应注意的几个问题

(1)扦插基质要透水、透气。适温 20～23 ℃,少数可达 28 ℃空气,相对湿度为80%～90%。

(2)光照对插穗生根影响较大,由于嫩枝扦插在夏季,必须采用遮阳措施,有条件的地方,最好用全光照喷雾扦插。

(3)为防止碰伤切口,扦时应先用细竹竿或木棍在扦插床面上扎孔(特别是嫩枝扦插)后再插,并用手指在四周正紧,不留空隙,再灌一次透水。否则基部与基质不密接易干枯。

(4)嫩枝扦插应随剪随插,如大量采集时必须用湿麻袋包裹,置凉冷处,保持新鲜状态。插入基质的深度越浅越好,插穗较长时,可斜插,使插穗插入基质部分较多但又不过深。

(5)嫩梢或绿枝也可采用水插法。具体做法是,将插穗插于有孔的木块上,使其浮于水面或直接插于广口瓶中。水插生根后迅速上盆,否则在水中过久再上盆,根部易受损伤。

(6)生长激素处理插穗时浓度要适量,过多则对生根起抑制作用,过少对生根的促进作用不明显。

(7)根插时上、下的方向不可颠倒。上端与土面平,待新芽长出后,再适当培土。

知识拓展

激素及植物生长调节剂在扦插育苗中的使用

园林植物的极性表现

扦插育苗能否成活的关键是插条能否快速生根。插条生根的能力与植物遗传特性等多方面因素有关,其中体内激素水平是影响插穗生根的重要内因之一。人工使用外源激素或植物生长调节剂,是扦插育苗促进生根成活的一项重要技术措施。

1. 常用激素种类及在扦插育苗中的应用

萘乙酸:英文名称缩写为NAA,能刺激扦插生根、种子萌发,提高幼苗移植成活率等。用于扦插时,以 50 mg/L 的药液快速浸蘸插条切口,效果较好。

吲哚乙酸:英文名称缩写为IAA,能促进细胞扩大,增强新陈代谢和光合作用。用于硬枝扦插,用 1000～1500 mg/L 溶液快速浸蘸(10～15 s)。

吲哚丁酸：英文名称缩写为 IBA，主要用于形成层细胞分裂和促进生根。用于硬枝扦插时，以 1000～1500 mg/L 溶液快速浸蘸(10～15 s)。

ABT 生根粉：ABT 生根粉是由中国林科院研制的系列复合型生长调节剂，除用于扦插促进生根外，还有促进幼苗生长、提高发芽率和增产的作用。其中 ABT 生根粉 1～5 号为醇溶剂，6～10 号为水溶剂。1 号主要用于珍贵植物及难生根植物的插条生根，常用量为 50 mg/L 浸蘸 0.5～2 h；2 号用于一般苗木及花灌木扦插育苗，用法同 1 号；3 号主要用于造林和苗木移栽，以 50 mg/L 浸蘸，可以促进种子早发芽，出全苗，移栽时可使受伤的根系迅速恢复；4 号又名增产灵，主要用于农作物、蔬菜等种子处理或苗期叶面喷洒，可提高发芽率，促进生长发育，增强抗性；5 号主要用于处理块根和块茎，使块根块茎植物根系发达，产量增加，以 25 mg/L 浸根或叶面喷洒；6 号广泛用于扦插育苗、播种育苗和造林，在农业上应用广泛；7 号主要用于扦插育苗、造林及农作物、经济作物的块根、块茎植物；8 号主要用于农作物和蔬菜，10 号主要用于烟草、药用植物及果树。

2. 药液的配制

多数激素和生长调节剂都是醇溶剂，使用前需先配制为原液。方法是用 1 g 激素或生长调节剂原粉溶解到少量 95% 酒精中，再用水加至 1000 mL，得到 1000 mL 的原液。而水溶剂可将 1 g 原粉直接溶解到 1000 mL 水中，即得到 1000 mL 原液。使用时将原液用水稀释至所需浓度。

3. 处理方法

激素和植物生长调节剂在扦插育苗中的应用方法主要有速蘸法、浸泡法、粉剂处理法三种。速蘸法即将插条一端浸入较高浓度的溶液中，保持 10～30 s(具体时间因不同种类和应用方法而异)后取出扦插，嫩枝扦插常多用此法，硬枝扦插也有应用；浸泡法是用较低浓度的溶液把插条基部浸泡数小时，这种方法对休眠枝较为常用，因为浸泡时可洗掉生根抑制物质，且能使插条吸收药液；粉剂处理法主要用于生根粉处理，是在扦插前将调节剂粉剂涂于插条基部，然后再行扦插，也可将插条基部先蘸湿，再蘸生根粉，然后扦插。

实操案例

北方地区月季全光雾扦插育苗技术

月季属蔷薇科蔷薇属植物，有"花中皇后"之称，有的月季品种还可入药，月季精油有"软黄金"之称。月季的观赏价值和药用价值越来越受到人们的重视，消费量与日俱增，它在世界范围内的生产进入了前所未有的发展阶段。如今，北方地区月季的无性繁殖技术日臻完善，现将全光雾扦插繁殖技术介绍如下：

1. 圃地选择及建床

月季扦插育苗地要选择地势较高，背风向阳，排水良好的场地建立温室。深耕 40 cm，整平，扦插床土壤要分层铺设，最下层用排水性强的粗沙或煤渣等基质；中层铺园土；最上层铺设扦插基质，床标准长 7 m，宽 1 m。在每个苗床纵面中间铺设供水管线，在管道上每隔 1 m 处安装软胶管，其上安装雾化喷头，接通水源。采用电子循环控制器，根据生根需要进行自动间歇喷水。雾化喷头的喷水方向以向上为好，这样雾化效果更理想。

2. 扦插基质选择

选用碳化稻壳：河沙：珍珠岩或蛭石＝1∶1∶1为理想扦插基质，这样既有利于吸热、保湿，又有利于透水、通气，并且产生腐生物，利于插条生长。将它们混合均匀后平铺到挖好的床里，厚度达到15～20 cm即可。扦插前对苗床喷洒500倍多菌灵进行消毒。

3.插条选择

插条最好选用当年生枝的母株，且半木质化的枝条进行扦插。品种选用红色及深色品种生根能力较好，黄色、白色及浅色品种生根能力较差。剪取插条的长度以5～15 cm为宜，一般保留3个芽，在枝条下端对着芽剪成斜口，使芽与剪口相对，下部的叶及叶柄掰除。插条顶部在芽上部0.5 cm处稍斜剪，留顶部复叶上靠近叶柄的两片小叶。插条剪好后，用1 g/L的IBA生根粉液浸泡基部3～5 min后扦插。

4.扦插时间及方法

由于采用全光雾扦插，便于控制温湿度。北方地区可从5月第一批花谢后开始剪枝扦插，直至10月。为保证整齐性，可画线扦插，行距10 cm，株距5 cm。插条插至四分之三处，秋季扦插应比春季扦插稍深，边插边压实土壤，插后立即喷透水，保证苗床湿润。

5.插后管理

温室内的温度控制在15～25 ℃，基质温度22 ℃为宜。温室的湿度控制在85%～90%，基质湿度在15%～20%为宜。在保证温度、湿度条件下，应适时通风透气，保证空气新鲜。通过对扦插环境的调控，生根率能达到90%以上。扦插后9 d观察顶部叶片是否脱落，叶柄形成离层而自行脱落，预示插条剪口愈合，基本可判断插条已经成活。22 d左右就可上钵。如果10月扦插，需要30 d才可上钵。扦插萌芽后，易受蚜虫及红蜘蛛的危害，可喷施0.9%阿维菌素乳油3 000～4 000倍液和10%蚜虫光可湿性粉剂2 500～3 000倍液。同时还要及时松土除草、喷施叶面肥，促使幼苗健壮生长。

6.扦插苗管理

移苗选用园土和腐熟后的有机肥充分混合的基质。培养钵最好选用底部孔较大的，这样利于扎根，并且排水性好。移苗时进行遮阴，移栽时避免伤根，移后保持湿润，遮阴1周后，然后逐渐接受日晒。移苗后的小苗要经过一段时间的缓苗期，此时施肥应做到薄肥少施、勤施，防止肥力过大而烧根。出现花蕾后，采取摘蕾措施可促进幼苗成长并早发分枝。为保持土壤透气性，防止土壤板结，及时除草。小苗长势较弱，易受病虫害侵袭，应根据病虫害发生规律对症下药，及时防治。

学习自测

知识自测

一、名词解释

1.扦插　　　　　　　　2.硬枝扦插

3.嫩枝扦插　　　　　　4.愈伤组织

二、填空题

1.通常情况下，源于幼年母树的枝条生根能力_____源于老年母树的枝条；同一母树上的枝条中，枝条年龄越大，其生根能力越_____；树冠阳面枝条的生根能力_____阴面枝条；壮枝的生根能力_____弱枝；对源于同一硬枝上的插条，_____枝段的生根能力较强。

2.扦插繁殖时,插条总是在其形态的顶端抽生_____,在其下端发生_____,这是_____现象,因此,扦插时插条不能_____。

3.在进行嫩枝扦插时,应保留适当的叶片,因其能进行_____,为生根提供_____。

4.枝条经黄花处理后,发生黄化的枝段皮层_____,薄壁细胞_____,因而有利于根原始体的分化和生根。

5.对于根上可形成不定芽的树种,可以进行_____。

6.凡是叶上能形成_____和_____的植物,都可进行叶插。

三、简答题

1.扦插生根的原理是什么?

2.影响扦插成活的因素有哪些?

3.怎样促进扦插生根?

4.扦插的方法有哪些,各有什么优缺点?并简述各自技术要点。

技能自测

按照上述操作规程,以小组为单位作插床,小组成员每人任选一种方法(硬枝扦插、嫩枝扦插、叶插、根插)培育苗木50株,记录过程,形成技术报告。

任务三　压条与分株苗生产

实施过程

一、压条繁殖

压条的方法很多,可按埋条的位置分为低压法和高压法。

(一)低压法

根据压条的状态不同又分为普通压条法、水平压条法、波状压条法和堆土压条法(图3-25)。

图3-25　压条方法——低压法
1—普通压条;2—波状压条;3—水平压条;4—堆土压条

1.普通压条法

普通压条法是最常用的一种压条方法,适用于枝条离地面比较近而又易于弯曲的树种,如夹竹桃、栀子花、大叶黄杨、木兰等。方法是将近地面的一二年生枝条压入土中,顶梢露出地面,被压部位深约8~20 cm,视枝条大小而定,并将枝条刻伤,促使发根。为防止枝条弹出地面,可在枝条下弯曲部位插入小木叉固定,再盖土压紧,待生根后再切割分离。这种方法一般一根枝条只能繁育一株幼苗,且要求母株四周有较大的空地。

2. 水平压条法

水平压条法适用于枝条长且易生根的藤本和蔓性植物,如迎春、连翘等,通常仅在早春进行。方法是将整个枝条压入沟中,使每个芽节处下方产生不定根,上方芽萌发新枝,待成活后分别切割,使之成为各自独立的新植株。这种方法每个压条可产生数株苗木。

3. 波状压条法

波状压条法适用于枝条长且柔软、蔓性的树种,如葡萄、紫藤、地锦、常春藤等。压条时将枝条呈波浪状压入沟中,枝条波浪的波谷压入土中,波峰露出地面。压入土下的部分产生不定根,而露出地面的芽抽生新枝,待成活后分别与母株切分成为新的植株。

4. 堆土压条法

堆土压条法又称直立压条法、壅土压条法、培土压条法等。主要用于萌蘖性强和丛生性的花灌木,如贴梗海棠、八仙花、玫瑰、黄刺玫等。方法是冬季或早春将母株首先重剪,促进其萌发多数分枝(乔木可于树干基部5~6个芽处剪断,灌木可从地际处抹平)。在生长季节对枝条基部进行刻伤或环状剥皮,并在周围堆土埋住基部,堆土时注意将各枝间距排开,以免后来苗根交错。堆土后保持土壤湿润,一般20 d左右即可生根。第二年春季将母株挖出,剪取已生根的压条枝,并进行栽植培养。

(二) 高压法

高压法又称空中压条法(图3-26)。适用于枝条坚硬、不易弯曲或树冠太高、不易产生萌蘖的树种,如桂花、山茶、米兰、含笑、杜鹃等。选择发育充实的枝条和适当的压条部位,压条的数量一般不超过母株枝条数的一半。压条方法是将离地面较高的枝条上给予刻伤处理后,包套上塑料袋、竹筒等容器,内装基质,经常保持基质湿润,待其生根后切离下来成为新植株。

图 3-26 压条方法——高压法
1—选定枝条;2—环状剥皮并套上塑料袋,袋内填土;3—塑料袋两端扎紧;4—生根后剪下;5—分株栽植

二、分株繁殖

灌丛分株　　根蘖分株　　掘起分株

分株繁殖(图3-27)主要在春、秋两季进行。由于分株法多用于花灌木的繁殖,因此要考虑到分株对开花的影响,一般春季开花的植物在秋季落叶后进行,而秋季开花的则在春季萌芽前进行。分株方法主要有侧分法和掘分法两种。

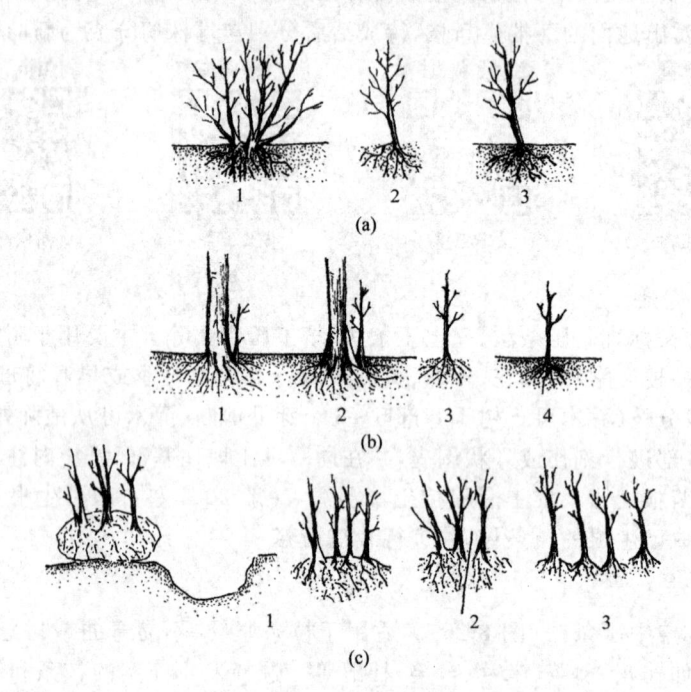

图3-27　分株繁殖
(a)灌丛分株　1—切割;2—分离;3—栽植
(b)根蘖分株　1—长出根蘖;2—切割;3—分离;4—栽植
(c)掘起分株　1—挖掘;2—切割;3—栽植

(一)侧分法

在母株一侧或两侧将土挖开,露出根系,然后将带有一定茎干和根系的萌株带根挖出,另行栽植即可。采用侧分法要注意不能对母株根系伤害太大,以免影响母株的发育。如灌丛分株和根蘖分株。

(二)掘分法

将母株全部带根挖起,将植株根部切分成几份,每份均带有茎干和一定数量的根系,进行适当修剪后再另行栽植。如掘起分株。

相关知识

一、压条繁殖与分株繁殖的概念和特点

压条繁殖是将未脱离母体的枝条压入土内或空中包以湿润材料,待生根后把枝条切离母体,成为独立植株的一种繁殖方法。压条繁殖生根过程中所需的水分、养分都由母体供应,所以方法简便易行,成活率高,管理容易。适于一些扦插繁殖不易生根的树种,如玉兰、桂花、米仔兰等。但由于受母体的限制,繁殖系数较低,且生根时间较长。

一些园林树木易于产生根蘖或茎蘖,根蘖是在根上长出的不定芽,伸出地面形成的一些未脱离母体的小植株;茎蘖是在茎的基部长出的许多茎芽,形成许多不脱离母体的小植株。这些植株可以形成大的灌木丛,把这些灌木丛分别切成若干个小植株,或把根蘖从母树上切挖下来成为新的植株,这种从母树上分割下来而得到新植株的方法就是分株繁殖。该方法简便易行,成活率高,成苗快,主要用于丛生性很强、萌蘖性强的树种以及部分灌木的育苗。

二、压条繁殖的时期和枝条的选择

压条繁殖的时期根据压条的方法不同而异,可分为休眠期压条和生长期压条。

1. 休眠期压条

休眠期压条指在秋季落叶后或早春萌芽前压条。休眠期压条利用1~2年生成熟的枝条进行,多采用普通压条法。

2. 生长期压条

生长期压条一般在雨季进行,北方在7~8月,南方在春秋两季。生长期压条利用当年生枝进行,多采用堆土压条法和高压法。

三、促进压条生根的方法

对于不易生根或生根时间较长的植物,可采取一些技术处理措施促进生根(图3-28)。促进压条生根的常用方法有切割法、环剥法、缢缚法、劈开法、扭枝法、软化法、生长刺激法等,主要原理是阻滞有机物质向下运输,而水和矿物质的向上运输不受影响,使有机养分集中于处理部位,有利于不定根的形成,同时也有刺激生长激素产生的作用。

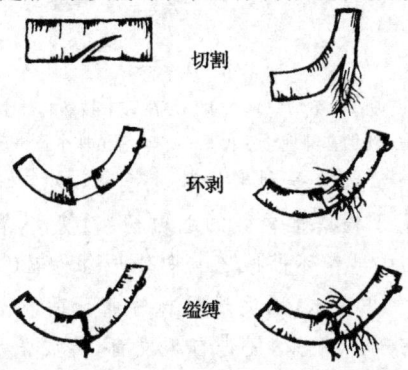

图3-28 促进压条生根的方法及生根状

四、分株繁殖树种的选择

分株繁殖只适宜于易于产生根蘖和茎蘖的园林树种。易产生根蘖的树种如刺槐、臭椿、枣、火炬树、紫玉兰、白榆、紫丁香、石榴等；易产生茎蘖的植物有珍珠梅、黄刺玫、棣棠、猬实、玫瑰、连翘、绣线菊、迎春等。

知识拓展

埋条和留根繁殖育苗

埋条育苗 埋条育苗（图3-29）是将枝条平放，埋于苗床促其发芽、生根，待其长到一定高度时，再逐一将母条切断，即成为独立植株的育苗方法。此法因枝条较长，贮藏的营养物质较多，利于生根，故多用于扦插难成活树种如毛白杨等。但也存在出苗不整齐、产苗率低的缺点。埋条育苗多在春季进行，采穗及其贮藏与扦插法相同，但要截去枝梢端生长发育不充实的部分。

做南北向延长、宽超过种条长度2倍的育苗床，床的两侧均设灌水沟。顺床开埋条沟，沟深较种条粗2 cm，将种条梢端交叉相对平放于沟中，覆土2 cm左右。种条基部要埋在两端灌水沟的垄背内，以利于种条基部切口从灌水沟中吸收水分，在种条发芽生根期间不需灌溉。幼苗出土前只通过垄沟供水，可防止土壤板结。待苗木出土后再进行苗床灌溉。当苗高达10 cm左右时，在苗茎基部培土，促进生根。到夏季每株幼苗都长出新根时，再按株断开种条，促进其自根的生长。

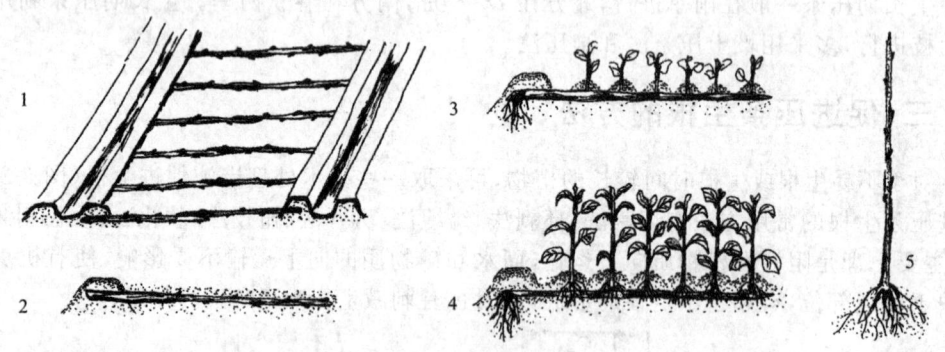

图3-29 埋条育苗
1—毛白杨在畦中横埋；2—下剪口埋在水渠埂中；3—枝条基部生根，新梢生长情况
4—新梢基部埋土后生根；5—秋后植株生长情况

留根繁殖育苗 留根繁殖育苗是利用母株的根蘖，或在苗圃地起苗时留在土壤里的根系培育苗木的方法。适用于根蘖性较强的毛白杨、刺槐、火炬树、泡桐、枣等。

1. 利用母株根蘖育苗 在早春环母株2 m向外开沟，宽20～30 cm，深40 cm左右以切断根系，然后培土30 cm左右并灌水，以促进母株的萌蘖萌发。当根蘖苗达到20 cm左右时，距苗木10～15 cm处切断母株根系，促进自根发育，待成苗后出圃。也可利用母树自然萌生的根蘖苗，但应先将根蘖苗移植于苗圃培育1年，使其根系得到良好发育再起苗出圃。

2.苗圃留根育苗　利用埋条法或扦插法育苗时,当年不起苗只平茬,以培育良好的根系。第二年秋季起苗时开始留根,即先将苗木周围 20 cm 左右的侧根切断,再挖出苗木,留下部分根系,然后施肥,平整土地后灌水。翌年春季土壤解冻后再次灌水,进行浅中耕松土,松土深度 3~6 cm,再平整床面。在幼芽出土前尽量不灌水以防土壤板结,出土后再灌水和松土除草。幼苗长至 10 cm 左右时进行间苗和定株,并在幼苗基部培土,促进其多生根。

实操案例

案例 1　八角分株育苗

利用八角幼树低立萌蘖多的特性进行分株繁殖,每株八角树可育苗 1~3 株苗,甚至更多,是一种高效快速的育苗法。其培育方法是:每年初春留出生长用的粗壮主干外,其余低位萌蘖的基部全部进行环剥皮,环剥长度为 2~4 cm,并将环剥处培上 20 cm 厚的土,这样环剥口上方就会生出大量的须根,当年冬季即可在环剥口的下方基部剪下,带土移栽造林。用此法培育的八角苗具有成苗快、根多、苗壮、移栽后成活率高的特点。

案例 2　玉兰高枝压条育苗

玉兰的繁殖方法较多。最容易操作的方法是高压法,又称空中压条法。玉兰高枝压条多在 5 月初进行。选取二年生健壮枝条,在距离分枝点下方 4~5 cm 处进行环状剥皮。用剪刀夹住枝条转动一圈,在刀口下方约 1 cm 处,用剪刀夹住枝条再转动一圈,然后将两个刀口之间的树皮剥掉。接着用塑料薄膜在距下刀口 4~5 cm 处捆绑、套袋,袋内装入草炭或腐叶土,把上口扎紧,并用立柱固定套袋的枝条,从袋口灌水。一般 4~5 d 灌一次清水,40 d 左右,刀口处就会产生愈伤组织,两个月后开始生根,三个月后剪离母体,可上盆栽植,亦可定植在露地。需要注意的是,取掉塑料薄膜后新生根处的草炭或腐叶土仍然要保留,以免伤根,影响成活率。

学习自测

知识自测

一、名词解释

1.压条繁殖　　　　　　　　　　　2.分株繁殖

二、填空题

1.压条的方法主要有_____、_____、_____、_____;分株繁殖的方法主要有_____、_____;埋条的方法主要有_____、_____。

2.适用于根蘖分株的树种有_____、_____、_____等;适用于茎蘖分株的树种有_____、_____等。

3.普通压条法要求枝条"缓入急出",其目的是_____。

三、简答题

1. 简述压条繁殖、分株繁殖的过程。
2. 如何提高压条繁殖、分株繁殖苗木的出苗率和苗木质量？
3. 压条繁殖和分株繁殖各适用于哪些园林植物？

技能自测

按照操作程序，以小组为单位完成园林苗木繁育圃压条及分株繁苗任务，要求每人完成压条繁殖、分株繁殖各50株，并进行后续田间管理，直至成苗。总结过程，材料形成报告。

职场点心三　栽植技巧的故事

故事1　苗圃种植分三个层次

山东石岛奥孚集团花木基地，现已发展到6000亩，要规格有规格，要标准有标准，看过的人无不赞叹称是。

对此，奥孚集团的董事长李元先生对我说："我这只是刚搭好一个固件啊。苗圃建设完成了第一个种植层次。我的苗圃，最终要有3个种植层次。"

"第一个层次有了，大乔木。第二个种植层次是什么呢？"我饶有兴致地问。

他说："第二个层次是大力发展小灌木。现在，树与树之间空间很大，完全可以种一排小灌木。"

"就是嘛。过去，我们的苗圃种植不科学，像夹篱笆似地种植苗木，想搞立体种植都困难。现在，搞了标准种植，有空当了，地空着也是空着。在不影响树木生长的情况下，充分利用土地，搞立体种植是很好的。"

"是这样的。为了做到立体种植，我的苗圃，不仅要有第二个层次，大量种植小灌木，搞上七八个品种没问题。除此之外，还要大量种植地被植物。现在种了一点，如金娃娃什么的，但还不多。"

"这就是你说的第三个层次吧？"

"是的。这样，养护上肯定比单独种植乔木要费事得多，但土地充分利用了，也为下一步的销售创造了更大的空间。"

"对呀。客户来买大乔木的同时，还可以顺便买灌木和地被植物，做到一站式采购。"

"但关键养护要跟得上。"他强调说。

养护到位，具有3个种植层次，加之设备齐全，一个现代的高标准的苗圃也就呼之欲出了。

不过还有一点不能不强调：这3个层次的苗木也是不能随便搭配的。植物和植物之间有相生相克的关系，因此苗木搭配是要讲究科学的。

故事2 荒山苗木栽植18字法

近年的林权制度改革,让一些企业的老板有了承包荒山的机会。承包荒山育苗,一般来说费用比较低,但自然条件一般来说也比较差。如果栽植方法不当,苗木成活率低,经营成本可就相当高了。

"在荒山种植苗子,怎样才能成活率高呢?"近日,山东一个绿化工程的朋友向我咨询。他刚刚承包了一座荒山。

我回答说:"最近,我们《中国花卉报》的宋波主任写了一篇介绍你们山东诸城李常玉的文章,里面有李常玉总结的荒山栽植苗木的经验,挺到位,你不妨看看。"

李常玉承包荒山种苗子比较早。

那是2001年初,他承包了诸城救主山的上万亩荒山,种植的是油松、雪松等针叶树种。

李常玉绞尽脑汁,摸索出了独特的育苗、栽植方法。

他总结为18字栽植法。

这就是:"挖大坑,带土球,促生根,灌足水,铺地膜,立支架"。采用此方法,雪松成活率达到99%以上。

经过10年的培育,现在他承包的荒山已经是一片青翠,大的苗木胸径有十几厘米。

我想,按18字栽植法去做,别走样,别图省事,荒山育苗就不是什么难事。李常玉能成功,您也不至于失败。

读后感: 读一读、想一想、品一品、论一论。

学习情境 四

组培穴盘容器苗生产

任务一　组培苗生产

实施过程

一、配制培养基

1. 配制与保存母液

由于培养不同植物,需要配制不同的培养基,为了减少工作量,需把大量元素、微量元素、有机物都配成母液(即浓缩液),一般扩大 10~100 倍,其中大量元素倍数略低,一般为 10~20 倍,微量元素和有机成分及铁盐等可扩大 50~100 倍。母液的配制和保存应注意以下几个问题:

(1)药品称量需精确,尤其是微量元素化合物应精确到 0.0001 g,大量元素化合物可精确到 0.01 g。

(2)配制母液的浓度应适当,倍数不宜过大,否则长时间保存后易沉淀,同时浓度大,用量就少,在配制培养基时易影响精确度。

(3)母液贮藏也不宜过长,一般在几个月左右,在配好的母液容器上应注明配制日期,以便定期检查,如出现浑浊、沉淀及霉菌等现象,就不能使用。

(4)母液应在 2~5 ℃冰箱内保存。

2. 配制培养基

(1)培养基选定后,可根据培养基的配方,算好母液吸取量,并按顺序吸取,然后加入蔗糖溶液,并加入蒸馏水定容至所需体积,并用 0.1~1 mol/L 的盐酸或氢氧化钠调整酸碱度(一般 pH 为 5.5~6.5 即可)。

(2)加入琼脂,加热溶化,配制好的培养基要趁热分注,倒入试管、三角瓶等培养器皿中,一般至容器 1/5~1/4 处,最后加塞或封口准备消毒,贮存备用。

二、组织培养操作

组织培养的操作可分为消毒灭菌、建立外植体、接种、培养、移植试管苗等几方面。

1. 消毒灭菌

消毒灭菌非常重要,关系到组织接种的成败。污染的途径是相关器皿、用具、材料带菌以及接种室的空气、墙壁、地板等不清洁,故必须针对所提及的几个方面,进行严密的消毒灭菌。

(1)培养基消毒　由于培养基内含有丰富的营养物质,极有利于细菌和真菌在其中繁殖,造成污染,影响组织培养的成功,因此培养基的消毒是必不可少的一个环节。一般采用高温高压消毒和过滤消毒两种方法:

①高温高压消毒　常用消毒锅消毒,把装有培养基的培养器皿先放入消毒篓中,再放入加有水的消毒锅内,注意容器不能装得过满,以免影响锅内蒸汽循环。装好后将锅盖拧紧,加热,并打开放气阀,待水煮沸后,放气3~5 min排出锅内冷空气,即可关上放气阀并继续加热,使锅内保持108 kPa,温度为120 ℃,大约15~20 min即可。

②过滤消毒　一些易受高温破坏的培养基成分如吲哚乙酸(IAA)、吲哚丁酸(IBA)、玉米素(ZT)等,不宜用高温高压法消毒,则可过滤消毒后加入高温高压消毒的培养基中,过滤消毒一般用细菌过滤消毒器,通过其中的0.45 μm孔径的滤膜将直径较大的细菌等滤去,过滤消毒应在无菌室或超净工作台上进行,以避免造成培养基污染。

(2)器皿与用具的消毒　接种用具及玻璃器皿、洗涤材料用的无菌水,用牛皮纸包好后和培养基一起放在高压灭菌锅中消毒灭菌。

(3)接种室消毒　接种室的地面及墙壁,在接种前后均要用1∶50的新洁尔敏实行消毒,每次接种前还要用紫外线灯照射消毒30~60 min,并用70%的酒精,在室内喷雾,以净化空气,最后是超净台台面消毒,可用新洁尔敏擦抹及70%酒精消毒。

2. 建立外植体

(1)选取外植体　组织培养的外植体一般可分为两种:一是带有芽的外植体,如茎尖、侧芽、鳞芽和原球茎等,二是根、叶等营养器官及花药、花瓣、花托、胚珠和果实等生殖器官。前者在组织培养过程中可直接诱导促进丛生芽的大量产生,其获得再生植株的成功率较高,变异性也小,易于保持材料的优良性状,后者大都需要一个脱分化过程,经过愈伤组织阶段再分化出芽或产生胚状体,然后形成再生植株。一般材料的选择以幼嫩部分为好,在快速繁殖上,最常用的外植体是茎尖,通常切块,长度为0.5 cm左右,太小则产生愈伤组织的能力较弱,太大则在培养器皿中占空间太多。如果是为培养无病毒苗而采用的外植体,通常仅取茎尖分生组织部分,其长度常在0.1 cm以下(图4-1)。

(2)外植体消毒　由于外植体大都采用外界生长的植株,常驻有各种微生物,必须对其进行处理和消毒(图4-2)。由于材料、栽培条件、季节等不同,不同外植体消毒所选用的消毒剂种类、消毒剂浓度、消毒时间及处理程序不同。理想的消毒剂应有较强的杀菌能力,并应具有易去除而不易伤害外植体的特点。常用的有次氯酸钠、漂白粉溶液。酒精具较强的渗透力和杀菌作用，且易挥发，但会杀死组织细胞，所以消毒时间不宜过长。消毒方法是：把外植体用水冲洗、洗涤剂洗涤、漂清后，用70%的酒精浸泡几秒至30秒，进行表面消毒，再使其在10%的漂白粉溶液中消毒10 min左右或用10%的次氯酸钙饱和上清液浸10~20 min或用2%~10%次氯酸钠溶液浸6~15 min，取出后用无菌水冲洗4~5次，即可接种。

图4-1 选取外植体

图4-2 外植体处理消毒

3. 接种

将消毒好的材料置于培养皿中，用解剖刀切去其边缘，再切成小块，接种在培养基上，使组织块与培养基密合，不得将材料陷于培养基中，接好后随即将瓶口封好待培养。

4. 培养

(1) 外植体增殖　接种完毕后即可置于培养室中进行培养。培养室的培养条件按培养对象的种类不同而有所不同。温度条件一般是23~26℃的恒温。一般每天光照12~16 h，光强1500~3000 lx，高于3000 lx则对器官的形成有强烈抑制作用。培养室要求清洁卫生，减少污染。培养一段时间后，在新梢等形成后，为了扩大繁殖系数，还需要进行继代培养。把材料分株或切段转入增殖培养基中，增殖培养基一般在分化培养基上加以改良，以利于增殖率的提高。增殖培养一个月左右，可视情况进行再增殖。继代培养中由于外植体本身来自无菌环境，不需要消毒，操作较方便。但由于继代培养中外植体分化能力会逐渐下降，所以继代培养代数也不是无止境的。继代培养后形成的不定芽和侧芽等一般没有根，必须放在生根培养基中进行根诱导。

(2) 根诱导　生根培养基较多采用1/2MS培养基，因为降低无机盐浓度有利于根分化。此外，生根培养基在激素种类和浓度上与增殖培养基有较大差异，主要是细胞分裂素减少，而生长素等增加，一般细胞分裂素抑制生根而生长素促进生根。在生根培养基中培养一个月左右即可获得健壮根系。此外，生产上也可用具根原基或小于1 mm的幼根试管苗（只培养7~10 d）进行移植，由于其基部切口已愈合而形成根原基，不易感染，且栽后能很快生根，所以具较高的成活率。

5. 移植试管苗

(1)炼苗　由于试管苗从无菌,光照、温度、湿度稳定的环境中进入自然环境,必须经过一个驯化锻炼过程,即炼苗。炼苗的主要目的在于提高组培苗对外界环境条件的适应性,提高其光合作用的能力,促使组培苗健壮,提高组培苗移栽成活率。具体做法是:将长有完整组培苗的试管或三角瓶由培养室转移到半遮阳的自然光下进行锻炼,炼苗开始数天内,应和培养时的环境条件相似,炼苗后期,则要与预计的栽培条件相似。使之在自然光下恢复叶绿体的光合作用能力和健壮程度;同时打开瓶盖注入少量自来水使幼苗逐渐降低温度,转向有菌环境。炼苗一般进行2周左右。

(2)移植　试管苗发根或形成根原基后,必须随即转移到栽培基质中。将试管苗从瓶中取出,洗去残存的培养基,移植到准备好的基质中,这种基质可以用蛭石、珍珠岩等配成,使用前用高温或药物消毒。随即用细喷壶喷水,但不要过湿,以后加强水分管理,移植栽植前期要适当遮阳,并保持温度在15～25 ℃,当幼苗长出2～3片新叶时,就可将其移植到田间或盆钵中进行常规的栽培。

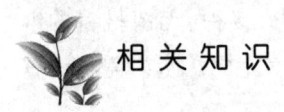

相关知识

一、组织培养育苗的特点及应用

组织培养育苗是指在无菌条件下,把植物体上的某个器官(如根、茎、茎尖、叶、芽、花、果实等)、组织(如表皮、形成层、皮层、髓部细胞、胚乳等)、细胞(如大孢子、小孢子、体细胞)或原生质体等各种活体植于人工配制的培养基中,给予适宜的环境条件,使之分生出大量完整新植株的育苗新技术。从植物体上被分离的用于培养的那部分称为外植体。

1. 组织培养育苗的特点

(1)繁殖速度快,繁殖系数高,可工厂化及周年生产。一个茎尖、茎段或者是其他微小繁殖个体经过组织培养,一年中可以产生上万甚至上百万植株,而且可以不受季节限制周年生产,便于工厂化育苗。

(2)给植株脱毒,生产无毒苗。实验证明,感染了病毒的植株地上部分的顶端分生组织一般不含病毒颗粒,或含量非常少。因此可用分生组织顶端培养生产无病毒苗木。

(3)技术含量高,仪器设备复杂。这对苗木生产者的素质有较高的要求,同时也需要一定的资金才能有效运转。

2. 组织培养育苗的应用

组织培养技术在生产上的应用已经相当普遍,很多生产单位已经把组织培养育苗技术作为一种繁育良种的手段。鉴于组培技术成本高及技术复杂,在生产上主要用于以下几方面：

(1)快速繁育大量种苗,实现工厂化育苗。

(2)通过单倍体育种、胚珠离体培养、辐射育种及体细胞杂交等研究,利用组织培养技术进行良种培育。

(3)通过对植物茎尖生长点分生组织的诱导培养,获得无病毒植株。

二、组织培养育苗的基本设备

在进行组织培养之前,首先要建立实验室。实验室主要包括准备室、无菌操作室(接种室)和培养室。

1. 准备室

培养器皿的洗涤及培养基的配制、分装、包扎、高温灭菌等均在准备室完成。需要的设备和用具有:电冰箱、高压灭菌锅、不锈钢锅或电饭锅及电炉、洗涤用水槽、工作台,放药品的玻璃橱、搁架、干燥箱、天平、培养器皿、各种试剂瓶和容量瓶等。

2. 无菌操作室(接种室)

无菌操作室(接种室)是进行无菌操作的场所,培养材料的消毒、接种、无菌材料的继代培养处理、丛生苗的增殖或切割、嫩茎插植生根等都在无菌操作室完成。室内需要设置超净工作台、紫外灯,无菌室外最好留有缓冲间并安有紫外灯。

3. 培养室

接种好的材料要放入培养室进行培养。培养室的温度常年保持 25 ℃或略高 1~2 ℃。培养室要求清洁干燥,也要安装紫外灯,还要定期用福尔马林蒸气熏蒸。主要设备和用具有:培养架与灯光、空调机、温度湿度计、温度自动记录仪、温度计等。

三、培养基的组成及配方

培养基是植物组织培养的物质基础,为植物组织生长发育提供营养物质、植物激素及所需环境。

1. 培养基的组成

培养基的主要成分包括各种无机盐(大量元素和微量元素)、有机化合物(蔗糖、维生素类、氨基酸或其他水解物等)、螯合剂(EDTA)和植物激素。固体培养基还要加入琼脂使培养基固化。

2. 培养基的配方

植物组织培养成功与否,在一定程度上决定于培养基的选择。不同培养基由于所含营养成分及其浓度不同,其实验材料的反应也有差异。在众多培养基中,较普遍使用的几种基本培养基配方如表 4-1 所示,其他许多培养基或多或少是由这些培养基改良衍生而来的。

表 4-1　　　　　　　　　常用的几种基本培养基配方　　　　　　　　单位:mg/L

分类	培养基成分	MS	ER	B_5	SH
大量元素	NH_4NO_3	1650	1200		
	KNO_3	1900	1900	2500	2500
	$CaCl_2 \cdot 2H_2O$	440	440	150	200
	$MgSO_4 \cdot 7H_2O$	370	370	250	400
	KH_2PO_4	170	340		
	$(NH_4)_2SO_4$			134	300
	$NaH_2PO_4 \cdot H_2O$			150	
微量元素	KI	0.83	0.63	0.75	1.0
	H_3BO_3	6.2	2.23	3.0	5.0
	$MnSO_4 \cdot 4H_2O$	22.3			
	$MnSO_4 \cdot H_2O$			10	10
	$ZnSO_4 \cdot 7H_2O$	8.6		2.0	1.0
	Zn(螯合物)		15		
	$Na_2MoO_4 \cdot 2H_2O$	0.25	0.025	0.25	0.1
	$CuSO_4 \cdot 5H_2O$	0.025	0.0025	0.025	0.2
	$CoCl_2 \cdot 6H_2O$	0.025	0.0025	0.025	0.1
	Na_2-EDTA	37.3	37.3	37.3	20
	$FeSO_4 \cdot 7H_2O$	27.8	27.8	27.8	15
附加成分	肌醇	100		100	1000
	烟醇	0.5	0.5	1.0	5.0
	盐酸吡哆醇	0.5	0.5	1.5	0.5
	盐酸硫胺素	0.1	0.5	10.0	5.0
	甘氨酸	2.0	2.0		
	吲哚乙酸	1~30			
	萘乙酸		1.0		
	激动素	0.04	0.02	0.1	
	2,4-D			0.1~1.0	0.5
	对-氯苯氧基酸				2.0
碳源	蔗糖	30	40	20	30
	pH	5.7	5.8	5.5	5.8

此表引自叶剑秋.花卉园艺高级教程.上海文化出版社.2001

知识拓展

组培过程中外植体和愈伤组织的褐变问题

褐变是指外植体在培养过程中,自身组织从表面培养基释放褐色物质,以致培养基逐渐变成褐色,外植体也随之进一步变褐而死亡的现象。外植体材料的基因型不同,褐变程度也不同。比如,大多数块茎、鳞茎植物(如马铃薯、百合、水仙等)、天南星科植物(魔芋、芋头等)、松柏科植物(红豆杉、松、柏等)、茶科植物(山茶、油茶等)、木兰科植物(荷花玉兰、白兰等)很容易褐变,而蔷薇科植物(玫瑰、月季等)、金缕梅科植物(红花继木等)、木樨科植物(桂花等)不容易褐变。总体来讲,容易褐变的植物多于不容易褐变的植物。因此,对于易褐变的植物,在组培中应注意筛选褐变程度轻的材料作为外植体。但是有一点需要说明的是,虽然有些植物容易褐变,但是并不影响丛生芽或者愈伤组织的诱导。比如,在接种菊花的茎段时,虽然茎段已经褐变,但是休眠芽却能够顺利被诱导出来或者能够出现愈伤组织,在这种情况下可以不考虑褐变问题。只有在褐变严重影响愈伤组织或者芽的诱导的情况下才要采取措施抑制褐变的出现。褐变严重时就会转为外植体黑化,组织坏死。防止褐变的措施有:

1. 选择适当的外植体

处于旺盛生长状态的外植体,具有较强的分生能力,其褐变程度低,为组织培养对象首选。

2. 在培养基中加入还原性物质或吸附剂

在培养基中加入偏二亚硫酸钠、L-半胱氨酸、抗坏血酸、柠檬酸、二硫苏糖醇等抗氧化剂都可以与氧化产物醌发生作用,使其重新还原为酚。但是其作用过程均为消耗性的,在实际应用中应注意添加量,其中L-半胱氨酸和抗坏血酸均对外植体无毒副作用,在生产应用中可不受限制。加入活性炭(0.1%~1%)可以吸附培养基中的有害物质,包括琼脂中的杂质、培养物在培养过程中分泌的酚、醌类物质以及蔗糖在高压消毒时产生的5-羟甲基糠醛等,从而有利于培养物的生长。但是要注意的是,活性炭同时也可以吸收培养基中的激素等成分而使之降低浓度。

3. 对培养材料进行预处理

用抗氧化剂溶液进行预处理,或在抗氧化剂溶液中切割剥离外植体,或在接种之前用无菌水反复清洗外植体,除尽切口处渗出的酚类物质,均可起到减轻褐变伤害的作用。经验表明,把姜花、茶花等易褐变的外植体接种前放入冰箱(4 ℃)中两天再取出接种,置于15~20 ℃中培养可以大大降低褐变程度,或者是在接种时用1%~2%的盐水处理1 min外植体也可以有效降低褐变。

4. 选择适当的培养条件

在培养时选择适当的无机盐成分、蔗糖浓度、激素水平以及pH对于防止褐变的发生是十分重要的。对于易褐变的材料,初期培养时在黑暗下进行,并保持较低温度(15~20 ℃),可降低PPO活性,防止酚类物质氧化,因而能减轻褐变的发生。可以说在所有影响褐变的因素中,温度是最重要的。

5. 其他措施

对于易褐变的材料,在培养初期进行连续转移,可以减轻由于醌类物质的积累对培养物的毒害。1 mmol/L 的 NaCl 在抑制荔枝多酚氧化酶活性的同时,还可促进细胞体积的增加,而且它对人体无毒,来源广,价格低廉,是一种有应用价值的防褐剂。在培养基中加入 50 mmol/L 的蜂王浆,在促进组织增殖生长的同时,也有一定的防褐作用。另外,在荔枝细胞悬浮培养过程中,加入 50 mmol/L $AgNO_3$ 或 5 mmol/L 维生素 C 均可部分抑制 PPO 活性,防止细胞褐变发生。

实操案例

大叶山杨优良无性系组培育苗技术

1. 外植体选取时间

经过冬季充分休眠,于翌年春季树液流动前,剪取超级苗的地上部分枝条进行室内水培。在此期间芽的诱导率高,且水培芽易灭菌;而夏秋季节直接从野外采回的外植体常因杂菌太多、消毒不彻底而培养失败。

2. 外植体消毒

用水培枝条上萌发的腋芽作为外植体。当腋芽充分展开生长出 3～5 片叶时,采下放在烧杯中,用洗洁精或洗衣粉浸泡并搅拌,然后在流水下冲洗 2 h。倒掉烧杯里的水,置于接种操作台上用紫外灯照 10 h。先用 70%酒精浸泡 3 s(或省略此步骤),然后用 0.01%升汞浸泡 8 h,用无菌水冲洗 5 次以上。

3. 试管苗建立

诱导试管苗采用 WPM 改良培养基,细胞分裂素用 6BA(0.5～1.0 mg/L),添加生长素 NAA(0.1 mg/L),蔗糖 20 g/L,琼脂 8 g/L。培养 20 d 后,开始出现丛生芽,诱导率达 73%。继代培养采用 WPM+6BA(0.3～0.5 mg/L)+NAA(0.05～0.1 mg/L)+蔗糖 20 g/L+琼脂 8 g/L;试管苗在 25 ℃,日光灯照明 13 h/d,光强度为 2 000 lx 左右的培养条件下正常增殖与生长。继代培养初期不宜使用过高浓度的细胞分裂素,因为此时的试管苗刚刚建立,尚不稳定,还携带杂菌、病毒等有害物质,苗木表现细弱。当试管苗生长健壮、无杂菌感染时,再提高激素浓度进行扩繁。继代培养的倍数与频率不宜过高过快,应视苗木生长情况酌情处理,通常情况下,每 40 天转瓶 1 次。总之,保持试管苗有一个相对稳定的营养环境和生长环境,是保证苗木高产稳产的关键。

4. 生根培养

生根培养用 WPM+IBA 0.5 mg/L+6BA(0.01～0.05 mg/L)或 WPM+NAA(0.5 mg/L)+6BA(0.01～0.05 mg/L)效果均理想,生根率可达 95%以上。选择继代培养中生长表现好的试管苗,将丛生芽切成单芽或将植株剪成 1 cm 左右带芽茎段,接入生根培养基中。待长出白色根系,根长度为 1～2 cm、有 2～3 条主根且苗木已木质化时,为移栽炼苗的最佳时期,炼苗成活率可达 80%。

5.组培苗管理

日常管理时,除特别稀少的无性系,发现杂菌感染或畸形、生长不良的苗木应及时剔除,以保证苗木的品质。在无菌条件下生长不良的苗木,在田间也不会有上乘的表现。大量扩繁时,应选择生长健壮的苗木,以达到保质保量的目的。尽管培养室设置了必需的照明设备,但每层格架受日光照射的程度也不同,接受一定的日光照射有利于苗木的木质化,但长时间被强日光照射又会抑制苗木生长。因此,要定期调整组培苗在培养架上的位置,使苗木正常生长。

学习自测

知识自测

一、填空题

1.组织培养的操作可分为_____、_____、_____、_____等过程。

2.培养基的主要成分包括_____、_____、_____、_____、_____。

3.不同的灭菌剂其灭菌的机理一般不一样,次氯酸钙和次氯酸钠都是利用分解产生_____来杀菌的;升汞是靠_____来达到灭菌目的的。

4.组培实验室主要包括_____、_____、_____三部分。

5.称取药品时,微量元素要求精确到_____,大量元素要求精确到_____,配好的母液应保存在_____。

6.培养基常用的消毒方法有_____、_____。

二、选择题

1.下列不属于细胞分裂素类的植物激素是_____。

A. BA　　　　　　B. NAA　　　　　　C. ZT　　　　　　D. KT

2.植物组织培养的特点是_____。

A. 培养条件可人为控制　　　　　　B. 生长周期短,繁殖率高

C. 管理方便　　　　　　　　　　　D. 产量大

3.诱导试管苗生根,培养基的调整应_____。

A. 加大生长素的浓度　　　　　　　B. 加大分裂素的浓度

C. 加活性炭　　　　　　　　　　　D. 降低盐的浓度

4.下列不属于大量元素的盐是_____。

A. NH_4NO_3　　　　B. KNO_3　　　　C. $ZnSO_4·7H_2O$　　　　D. $MgSO_4·7H_2O$

三、简答题

1.如何减少组织培养的接种污染率?

2.培养基配制及灭菌过程中有哪些注意事项?

3.简述组培过程中外植体和愈伤组织褐变的原因及预防措施。

技能自测

目前,彩叶苗木应用前景广阔,抢占先机就会拥有市场,请你以一种彩叶苗木为例,制定一套快速繁殖的育苗方案。

任务二 穴盘苗生产

实施过程

一、制贴标签

选择好穴盘和育苗基质后,对每个穴盘要制贴标签。标签上必须标明详细的种苗种类、品种(系列和颜色)及播种时间等。通常使用的标签有不干胶标签和穴盘插牌标签两种。不干胶标签可直接粘贴在穴盘边框上,不易脱落,方便移位、包装和长距离运输。插牌标签显眼,但在搬运、包装和运输过程中容易掉落。不干胶标签最好在所用材料准备完毕、装基质前进行,而插牌标签则最好在装好基质、播完种子后马上分盘放好,一旦移入发芽室或移入温室生产区时马上插好。

二、填料打孔

填料打孔指的是将配制好的基质用人工或机械的方法将其填充到选择好的穴盘中并按压穴孔,让基质略微下凹的过程。

1. 填料

首先要将基质充分疏松、搅拌,同时将基质初步湿润,尤其是压缩包装的进口泥炭。然后进行装盘,基质填充量要足,用手指在刚填好料的穴盘料面上轻轻按压时,不能出现手指一按料面就下陷很深的现象;填完料后要浇水,并避免太干的基质填料和浇水后填料不足的现象发生。填料应做到:

(1)填料要均匀,否则会出现穴盘内的基质干湿不一致,造成种子发芽时间不一,生长不整齐的后果。

(2)穴孔中的基质略施镇压,但不要过度压实。

(3)需要覆料的品种,基质不能填得过满,以便留出足够的空间覆料。

(4)已经填料的穴盘不能垂直码垛在一起,直接放到发芽架上,以免下层的穴盘基质压结。

2. 打孔

打孔的目的是让基质在穴孔内略微凹下,播种时可让种子平稳地停在穴孔中间,并有足够空间覆料以及浇水后种子不会被冲到邻近穴孔或流失。下凹的程度视种子形状和大小而定,打孔可以是机械打孔,也可以是人工打孔。在没有专用的打孔设备时,可以采用相同规格的穴盘作为打孔器。

三、播 种

这里所说的播种仅仅指把种子播放至穴盘的孔穴内的过程,可分为人工播种、手持管式播种机播种、板式播种机播种和全自动播种机播种。

1. 人工播种

选择一个高度适宜的工作台,将装满基质的穴盘置于工作台上,人为地将种子一粒一粒播于穴盘孔穴中(图4-3)。

图4-3 人工播种

2. 手持管式播种机播种

将手持管式播种机置于工作台上,放好装满基质的穴盘,将种子放入种子槽,打开吸尘器开关,由操作者控制播种管理的工作。

3. 板式播种机播种

先准备好种子和装满基质的穴盘,播种时操作人员将种子手工撒播到带有吸附种子的小孔的播种板上,通过振动和适度的摇晃,在真空吸附下,每个小孔会吸住种子。将多余的种子倒回盛放种子的容器或槽中。当所有的小孔都吸附上种子之后,将播种板放置到穴盘上。人工切断真空气源后,种子直接下落到穴盘的孔穴中,一次操作即可完成一张穴盘的播种。

4. 全自动播种机播种

无论是针式还是滚筒式全自动播种机,都是流水作业,按播种机的说明书进行操作。

四、覆　料

多数种子在播种后,都需要覆料,以满足种子发芽所需的环境条件,保证其正常萌发和出苗。

对已播种子,覆料可以保持种子周围的空气湿度,有利于发芽。粒径较大的种子大多需要覆料。用于覆盖的材料有粗蛭石和珍珠岩,基质也可以作为种子播种后的覆盖材料,覆料的厚度应与种子粒径相当。

五、淋　水

在生产线上完成播种、覆料之后,便进行穴盘种苗生产过程中的第一次浇水——淋水。若采用播种流水线作业,则淋水是由机器自动完成的。水滴的大小、水流的速率可以控制,淋水非常均匀,有利于种苗的生产;人工浇水,则应选择大小适宜的喷头流量。

六、环境控制

只要满足其适宜的环境条件,不论是在发芽室内,还是在温室内,种子都可以顺利发芽。环境控制主要包括以下管理工作:

1. 水分管理

在穴盘育苗过程中,水分管理是决定种苗生产成功与否的关键,种子从发芽初期吸水到胚根伸出这个过程中,通常需要水分适量、正常地供应。光合作用需要水,植物养分吸收也是靠水来调节的。

(1)水分控制　在种子刚发芽,种苗还在发芽室中时,水分管理较简单。注意不能使基质表面变干。可适当控制基质的水分,使基质具有较多的氧气,促使根系向下生长。

在快速生长阶段,种苗对水分的需求较高,在浇水时应注意让种苗有一个干湿交替的过程,在基质表面完全干燥后,再浇透水直至穴盘底部有水流出,等基质表面再次干燥后再浇透水,这样既有利于植物对水分的吸收,也能使基质中有较多的氧气供植物吸收。浇水过多会导致基质太湿而使种苗根系发育不良,并易引发猝倒病和根腐病等苗期病害。相对而言,植株生长"较干"比"较湿"好。

(2)浇水的方法

①手工浇水　其好处之一是浇水的人会注意到每个植物的生长状况,但采用手工浇水很难做到均匀。目前在种苗生产中已普遍使用进口的浇水喷头。当然,如受条件限制,也可以用洒水壶和喷雾器来浇水。

②固定式喷雾系统浇水　有些种苗生产者将此系统应用于种苗的发芽期和过渡期。在苗床上隔一定距离安装一个喷雾头,而且不能有水喷不到的地方。这些喷头可用人工或自动控制器来控制。一般而言,这种水分管理有利于穴盘栽培成功。常用的控制系统是:多云天气,喷雾 12 s/12 min;晴天,喷雾 12 s/6 min。也可以根据小苗的生长情况随时调节。另外,在苗床上方 50~100 cm 处,用塑料布围住,防止风吹干穴盘苗的表面。

③自走式浇水机浇水　根据植物种类、苗木年龄和生产季节等设定浇水的频率、水量。并根据经验修正浇水程序,以达到最佳的浇水效果。

2. 温度管理

要使种苗生长健壮,需要对其生长温度进行控制。对于大多数植物来说,20~22 ℃为最佳土壤温度,因此在低温季节常用温水浇灌穴盘苗。在炎热的夏季,降低温度要比冬季升温困难一些,生产者通常采用外遮阳和内遮阳来遮挡过于强烈的太阳照射,以缓和由此而引起的温度升高,同时配置湿帘和风扇系统,降温效果会更好一些。

外遮阳主要用于降低温室内光照强度和温度等。内遮阳主要用于减少叶面光照强度,降低叶温,而对降低温室温度的作用不大。内遮阳设施也可用于保温。

3. 光照控制

(1)补光　冬季光照水平有限,植物生长发育的速率变缓,尤其是光合作用速率变慢,表现为植株茎枝细长,叶子较小,节间较长。光照严重不足时则影响光合作用。某些品种需要延长光照时间来影响花芽分化,需要接受人工补光的苗木通常要求有 16~18 h 的光照时间。冬天,可以在下午 4:00 左右打开补光灯,午夜时关掉。

温室补光,最好的光源是金属卤灯和高压钠灯。这两种光源在电能转换成可见光时效率相对要高20%～25%。目前使用最多的是高压钠灯。尽管荧光灯也很好,但要想达到适当的光照强度,需要安装较多的灯,这些灯往往会影响白天的采光。白炽灯则只对光照需要较低的植物起作用。

(2)遮光　在苗期应进行遮光处理,遮光通常采用黑色地布、无纺布或黑色纺织材料。耐阴植物在夏天光照很强时,需要用遮阳网遮阳。

4. 施肥管理

穴盘育苗施肥管理主要是要做到合理施肥,根据植物种类、生长阶段、基质等确定合理的肥料种类和施肥量。

对穴盘苗来说,较重要的肥料是氮肥。目前氮的来源有硝态氮(NO_3^-)、铵态氮(NH_4^+)、尿素[$CO(NH_2)_2$]。不同的氮源对不同植物生长的作用不同。

(1)合理施肥

①施肥量　种子刚发芽时(子叶展开前),应少量施肥,因为有些基质有少量的营养启动肥料,一般含有植物一星期左右所需要的养分元素。幼苗幼期可以进行光合作用时,可交替施用50 mg/kg铵态氮和硝态氮肥料。此时基质中水分较多,而且光线通常较弱,提防徒长是最重要的。在植物快速生长阶段,应提高肥料浓度,即交替使用50～150 mg/kg的铵态氮和硝态氮肥料。在植物生长速率下降时,要降低湿度,减少养分,尤其是铵态氮,此时宜多用硝态氮与钙肥使植株健壮,茎矮,叶厚,适合移植与运输。

②施肥种类　要维持植物的正常生长并保持土壤肥力,就要以肥料的形式补充,氮、磷、钾被称为肥料三要素。

在大量元素满足之后,还往往会出现微量元素的缺乏。要保证植物正常生长,必须根据植物营养特点(不同植物对养分的需求、同一植物不同生长阶段对养分的需求特点)、土壤养分状况(土壤肥力高低)、肥料特性等采用合理的施肥方法,做到平衡施肥,达到高产、高效、优质的目的。

(2)施肥方法

生产上通常用速效的水溶性肥料。穴盘育苗生产中,通常把肥料按要求的比例溶解于水中配成一定浓度的母液,再用肥料配比稀释成所需要的浓度,在浇水的过程中进行施肥。施肥的方法包括手工施肥、固定式喷雾系统施肥和自走式浇水机施肥等。

随着种苗的生长,施肥的浓度应逐渐增加,施肥频率通常为1次/周,炼苗期降低浓度,适当控制频率;铵态氮和硝态氮肥料交替使用,在冷天低光时尽量不用或少用铵态氮肥料;水溶性肥料需要含有微量元素;炼苗期应使用50～100 mg/kg的硝态氮肥料;pH常因经过浇水而发生变化,水中的碳酸氢钠会使pH上升至7.5～8.0,因此,注意调节pH很重要。

5. 通风及湿度控制

温室内的空气湿度是土壤水分蒸发和植物体内水分蒸腾在温室密闭的情况下形成的。空气湿度的大小直接影响植物的生长发育。当湿度过低时,植物就关闭气孔以减少蒸腾,间接地影响光合作用和养分的输送;湿度过高时,则植物生长细弱,造成徒长,还容易发生霜霉病等。一般来说,降低湿度主要采用通风的方式,增加湿度采用喷水和喷雾方式。在生产实践中,降低温室内部湿度更为重要。通风是降低湿度和温度的有效办法。通风主要可以采用自然通风和强制通风来实现。采用顶、侧窗或顶、侧卷帘,可达到自然通风的目的。强制通风用大型通风机进行温室内外空气交换,也可以用温室内的循环风机让温室内的空气流通达到内部通风的目的。种苗生长的各个阶段其湿度要求是不同的,一般来说,种苗生长的第一阶段要求的湿度在90%以上,如果是在发芽室中发芽,其湿度是可以保证的,等子叶完全展开后就要求尽量降低空气湿度,加快基质的干燥速率,以利于种苗根系的生长和减少病虫害的发生。

七、炼 苗

(1)植物在穴盘内可留多少时间是一个重要的问题。发育良好的小苗应移出,移植后生长迅速。假如植株在穴孔内时间过长,植物会老化。穴盘育苗技术已经规范化,小苗形成并生长一段时间就可以进行炼苗。

(2)种苗出圃前应进行炼苗。主要是为种苗的移栽或包装、运输作准备,应使种苗通过炼苗而能适应新的环境。炼苗时应加强光照和通风,对水肥进行适度的控制,处理后的种苗能适应长途运输,并能提高种苗移植后的成活率。

(3)由于种苗生长的整个过程都是在人工控制或调节的、适宜种苗生长要求的、有着合适肥水供应的温室环境中,所以,种苗又脆又嫩,不耐运输,移植到条件多变的自然环境中,则会因生长环境变化太大而无法适应,造成因缓苗缓慢或无法缓苗而死亡。因此,穴盘种苗必须在控水控肥、增加通风频率和通风量的环境中生长1~2周,让种苗慢慢地适应长途运输和大田的自然生长环境,以达到炼苗目的。

(4)炼苗时应逐渐控制种苗水分供应,让种苗尽可能干一些,以控制种苗的株高,防止挤苗,并提高种苗的抗性。

经过炼苗的穴盘种苗整齐度好,根系活力强,耐长途运输,抗逆性强,缓苗期短,是生产出高品质成品花卉苗木最根本的保证。

相 关 知 识

一、穴盘育苗的特点

穴盘育苗与在开敞式盘或苗床里培育的根系裸露的幼苗相比,有很多优点。

1. 成苗率高

每株幼苗的根系完全隔离在穴孔中生产,幼苗的根系保全了大量的根毛,非常有利于根系的发展。移植幼苗损伤少,不窝根,移动、运输方便,移植后缓苗期短,同时,病害传播的几率也低,移植后的成活率通常可达100%。

2. 单位面积产量高

能更有效地利用种植空间,生长期缩短,能充分地利用土地,且在同样面积上能生产出大量的苗木。通过播种机将每粒种子"直播"于一个极小的小土球上,过几个星期后将这个小土球移植到栽培容器中去。据测算穴盘育苗每单位面积可以增加苗木28倍。

3. 操作简单,省力、省工,工效高

播种、移植机械化程度越来越高,这对种植者来说是很经济的。传统栽培中的种植者,要人工挖掘,人工分苗,再种植;而穴盘育苗中,穴孔预先打好,移植半机械化,不需挖掘,不必分类,可以节省费用。生产过程全部可以由机械来完成,工作效率大大提高。

4. 苗木生长在可控环境条件下

利用科学、标准化的技术措施,采用机械化辅助手段,使苗木生长速率快,产量高,质量好,做到随时供苗和定时供苗。

5. 技术含量高

种子发芽及生长是在极小容器内进行的,难度很大,尤其刚开始采用时,许多种植者会损失一半或更多的小苗。因此只有在充分掌握技术后才能高效地生产出合格苗木。

二、穴盘及基质

1. 穴盘的种类及选用

(1)穴盘的种类 穴盘的种类很多,而且不同的种类,其价格和对苗木的生产影响不同。

①按制造的材料不同,穴盘通常分为聚苯泡沫穴盘和塑料穴盘两类。

聚苯泡沫穴盘即通常所说的EPS盘,其外形尺寸通常为67.8 cm×34.5 cm,在美国主要是用做蔬菜育苗,在欧洲也用于观赏植物的育苗。这种穴盘经常被反复使用,直到不能利用为止。在重复用于种苗生产时,必须进行严格的消毒。

塑料穴盘又因塑料种类不同而分为聚苯乙烯盘、聚氯乙烯盘和聚丙烯盘。塑料穴盘的外围尺寸通常为54 cm×28 cm。目前在园林苗木生产中最常用的是聚苯乙烯和聚丙烯材料制造的塑料穴盘。

②按每穴盘上的穴孔数量不同,聚苯泡沫穴盘有200、242、338和392穴盘,常用的是200和242穴盘;塑料穴盘有32、50、60、72、98、128、200、288、512和800等穴盘,通常用的有72(穴孔长×宽×高=4 cm×4 cm×5.5 cm,下同)、128(3 cm×3 cm×4.5 cm)、200(2.3 cm×2.3 cm×3.5 cm)和392(1.5 cm×1.5 cm×2.5 cm)穴盘等。另外也有木本植物育苗专用穴盘,其规格见表4-2。

表4-2 木本植物育苗专用穴盘的规格

型号	外观规格/cm	穴孔规格/cm	穴盘高度/cm	容积/mL	育苗数/(株·m^{-2})	包装数/个
96T	335×515	38×38	75	75	560	25
60T	310×530	50×50	170	240	350	10
60T	310×530	50×50	150	220	350	10
60T	310×530	50×50	90	170	350	10
35T	280×360	50×50	115	200	350	20

此表摘自成海钟.园林植物栽培与养护.高等教育出版社.2005

③按颜色不同分为深色穴盘和浅色穴盘。泡沫穴盘几乎都是白色,塑料穴盘则有不同的颜色,生产常用的是黑色穴盘和白色穴盘。

(2)穴盘的选用

①选择合适规格(穴孔数量)的穴盘 一般来说,每个穴盘的穴孔数越多,穴孔的容积

越小,在选择时,首先应考虑所播种子的大小、形状、类型及苗木的特点和客户对苗木大小的要求等;其次还应考虑苗圃的生产规模,如果每年的生产量不大,可用穴孔较大的穴盘;根据生产成品的不同选择穴盘,生产组合盆栽用苗的,可选用穴孔较小的穴盘,生产用于带盆摆放的花卉种苗,穴孔可大些,而生产花坛布置用苗的,可用穴孔稍小一些的穴盘;另外,在生产旺季,在温室面积有限的情况下,小穴盘苗在特定的区域内密度可略大一些。

②穴孔深度及形状的选择 目前市场上可供选择的穴孔深度为4~5 cm。因引力作用的影响,穴孔越深,其进入的氧气量就越大,越有利于种苗生长。穴孔形状多样,目前市场上用的大多是坡形穴盘。这种形状的穴孔有利于幼苗的根系向深处发展。

③穴盘的颜色 穴盘的颜色会影响到根部的温度,聚苯泡沫穴盘颜色总是白色的,不但保温性能好,而且反光性也很好;硬质塑料穴盘一般为黑色、灰色和白色。多数育苗生产者选用黑色穴盘,尤其在冬季和春季生产,黑色吸光性能好,有利于将光能转换成热能,对种苗根部的发育更有利。但是不管采用哪种穴盘,在进行机械操作的育苗中,穴盘的选用必须与播种机、移苗机和补苗机等相配合。

2. 基质的特点及选用

(1)基质的概念 基质是指用于支撑植物生长的材料或几种材料的混合物。因为传统育苗采用土壤,其特性很不一致,通气性、排水性及持水性常常不能很好地满足植物生长的需要。随着园林产业的逐渐现代化,人们开始寻求更为先进的育苗基质。从植物生长发育的角度出发,最适宜植物生长的基质应该含有50%的固形物、25%的空气和25%的水分。可以作为基质的物质很多,如细沙、泥炭、蛭石、珍珠岩、锯木屑、谷壳、秸秆、干苔藓、树叶和椰糠等。目前一般认为比较理想的主要是泥炭、蛭石和珍珠岩。

(2)基质的要求 在穴盘育苗中,基质主要起到支撑植物,保持植物生长所需的水分,保证植物根系进行呼吸所需要的氧气充足及缓冲作用。缓冲作用可以使植物具有稳定的生长环境,即当外来物质或植物根系本身的新陈代谢过程的一些有害物质危害植物根系时,缓冲作用会将这些危害消除。具体来讲,基质应达到下列要求:

①疏松,透气性、排水性好,同时持水能力较强。

②有足够的阳离子交换能力,能够持续提供植物生长所需的各种元素。

③材料选择标准一致,不含有毒物质,无病菌、害虫及杂草种子等。

④尽可能达到或接近理想基质的固、气、液相标准。

(3)基质的选用 泥炭是穴盘育苗用基质的最主要成分,育苗工作者要学会通过感觉和观察来判断泥炭的好坏。蛭石和珍珠岩是穴盘育苗用基质的常用添加物,只需要对其颗粒大小和粗细进行选择,其他性状的差别不是很大。

①选择商品基质 直接选用专业基质生产商生产的基质,虽然成本高,但是由于商品基质的品质稳定,使用安全可靠。选择时先对商品基质进行系统全面的了解,然后选择最恰当的型号和配比来满足种苗生产的需要。

②自行配制基质 考虑到商品基质成本较高及产品的供应问题,很多种苗生产者选择自行配制基质。但首先要做到单一基质的来源可靠,品质稳定,未受污染。其次是基质原料中最好不含有任何不确定的营养成分。第三是自行混合的基质种类越多越好,最好在泥炭、蛭石、珍珠岩中选择。根据生产经验,理想的混合配方有以下四种:75%加拿大泥炭+25%蛭石,50%加拿大泥炭+50%蛭石,75%加拿大泥炭+25%珍珠岩,50%加拿大

泥炭＋25％蛭石＋25％珍珠岩。配成后,需对pH、EC值等指标进行测试合格后再使用。

知识拓展

工厂化穴盘育苗

一、主要设施设备

1. 基质消毒机

为防止育苗基质中带有致病微生物或线虫等,使用前可用基质消毒机消毒。基质消毒机实际上就是一台小型蒸汽锅炉,通过产生的蒸汽对基质消毒。根据锅炉的产汽压力及产汽量,在基质消毒车间内筑制一定体积的基质消毒池,池内连通带有出汽孔洞的蒸汽管,设计好进、出基质方便的进、出料口,使其封闭,留有一小孔,插入耐高温温度计,以便观察基质内温度。

2. 基质搅拌机

育苗基质在被送往送料机、装盘机之前,一般要用搅拌机搅拌,目的一是使基质中各成分混合均匀;二是打破结块的基质,以免影响装盘的质量。基质搅拌机有单体的,也有与送料机连为一体的,一般多选用单体基质搅拌机。

3. 自动精播生产线

穴盘自动精播生产线装置是工厂化育苗的核心设备,它由穴盘摆放机、送料及基质装盘机、压穴及精播机、覆土机和喷淋机等五大部分组成,主要完成基质装盘、压孔、播种、覆盖、镇压及喷水等一系列作业。这五大部分连在一起就是自动生产线,拆开后每一部分又可独立作业。精播机根据播种器的作业原理不同,可分为两种类型：一种为机械式,一种为真空气吸式。其中机械式精播机对种子形状要求极为严格,种子需要进行丸粒化处理方能使用,而真空气吸式精播机对种子形状要求不甚严格,种子可不进行丸粒化加工。年产商品苗100万株以下的育苗场可选择购置1台半自动播种机;年产100万~300万株的育苗场可选择购置2~3台半自动精播机;年产300万株以上的育苗场可用自动化程度较高的精播机。

4. 恒温催芽室

恒温催芽室是一种能自动控制温度的育苗催芽设施。利用恒温催芽室催芽,温度易于调节,催芽数量大,出芽整齐一致。标准的恒温催芽室是具有良好隔热保温性能的箱体,内设加温装置和摆放育苗穴盘的层架。

5. 喷水系统

在育苗的绿化室或幼苗培育设施内,设有喷水设备或浇灌系统。工厂化育苗用的喷水系统一般采用行走式喷淋装置,既可喷水,又可喷洒农药,省工效率高,操作效果好。在幼苗较小时,行走式喷淋系统喷入每穴基质中的水量比较均匀,当幼苗长到一定程度,叶片较大时,从上面喷水往往造成穴间水分不匀,故可采用底面供水方式,通过穴盘底部的孔将水分吸入的方式较好。

6. CO_2 增施机

CO_2 增施机有多种类型,或以焦炭、木炭为原料,或以煤油、液化(石油)气为原料;或利用碳酸氢铵和稀硫酸发生化学反应释放二氧化碳。育苗空间内增施 CO_2 能够促使幼苗生长快而健壮。

7. 其他

工厂化育苗采用的设施通常是具有自动调温、控湿、通风装置的现代化温室或大棚，档次高、自动化程度也高，空间大，适于机械化操作，室内装备自动滴灌、喷水、喷药等设备，还有幼苗绿化室，自动智能嫁接机及促进愈合装置等其他设施设备。

二、育苗方法

工厂化穴盘育苗是以泥炭、蛭石等轻基质材料作为育苗基质，采用工厂化精量播种，一次成苗的现代化育苗体系。

1. 种子的精选与处理

种子的精选与普通无土育苗相同。种子处理与普通无土育苗不同的是要对种子进行包衣处理和精量播种后集中催芽。包衣种子不用浸种和催芽。

2. 基质的选用

基质的选用同普通无土育苗。基质的混合、消毒和装填通过基质搅拌机、基质消毒机等机械操作来完成，效率高。

3. 精量播种

在播种车间内采用自动精播生产线播种，实现装盘、压穴、播种、覆盖、镇压、浇水等一系列作业机械化、程序化的自动流水线作业，方便快捷，效率高。工厂化穴盘育苗所用穴盘的规格要与自动精播生产线的要求相符。

4. 催芽与绿化处理

将播种后的穴盘整齐摆放在育苗车上。育苗车直接推进催芽室进行催芽。种子萌芽后，要立即置于绿化室内见光绿化，否则会影响幼苗的生长和品质。绿化室一般具有良好的透光性及保温性，以使幼苗出土后能按预定要求的指标管理。幼苗经过催芽与绿化后进入正常的秧苗管理阶段。

5. 秧苗管理

工厂化穴盘育苗的秧苗管理与普通无土育苗大致相同，不同的是充分利用先进的设施设备。

实操案例

观赏苗木穴盘育苗技术

与常规育苗技术相比，观赏苗木穴盘育苗技术在种子处理、播种基质、生产设备以及生产环境等方面有较大差别，观赏苗木的生产应该根据穴盘育苗的要求，选用合适的设施设备，采取相应的技术措施进行。

1. 种子处理

对于自采或购进的种子，在播种前首先要进行净种预处理，包括去翅、去膜、除杂，选用优质种子。为了保证早出苗，还需要对种子进行催芽处理，如低温层积处理、冷热水浸种处理、化学药剂处理等，提高种子发芽率和出苗整齐度。为防治播种期间病虫害的发生，播种前还需用化学药剂、紫外线照射等处理方法，进行种子消毒。

2. 播种基质

穴盘育苗采用的基质主要有泥炭、蛭石、珍珠岩等。这类基质疏松、质地轻、无病菌、无虫害、透水保肥性好,是花卉栽培中最常用的基质。在配制基质时,可根据育苗需要将几种基质按一定比例混合使用,并加入一定量的水,使其潮湿而不黏连。如采用泥炭和蛭石(2∶1)混合料时,一般播种前含水量为30%~40%。对于不同配比的基质,加水量应视具体情况而定。对基质酸碱性的要求,一般针叶树pH为5.5~6.0,阔叶树pH为6.0~7.0。播种前,还需对基质进行消毒,即采用高温消毒和蒸汽消毒或采用化学药剂熏蒸方法消毒。

3. 穴盘选择

育苗穴盘多为塑料制品,形状有圆形、方形或六角形等。穴盘的规格多样,适用于观赏苗木育苗的有72、150、128、288、392穴等类型,深度从4~20 cm不等,直径在5~15 cm范围内。穴盘穴孔数的选用与育苗品种、计划育苗的规格有关,一般育大苗用穴孔数少的穴盘,穴盘要求加厚、加高,以适应苗木的生产。而穴盘长宽一般为540 mm×280 mm。

4. 播种设备

穴盘育苗的播种由播种生产线来完成。播种生产线一般由混料设备、填料设备、打孔设备、播种设备、覆土设备及喷水设备组成。播种机是播种生产线的核心,其他的设备应根据播种机的类型进行选配。目前市场上的播种机有手动的、半自动的、全自动的、高速的、低速的,等等,价格相差很大。育苗企业应根据育苗规模、育苗品种、育苗周转期、现有的经济条件等进行综合考虑后进行选型。播种生产线设备应调整精确,使每穴的基质填充量、压实程度、打孔深度、播种粒数、覆土厚度、浇水量基本一致,这样生产出来的穴盘苗才能整齐一致。

5. 催芽处理

穴盘从播种生产线出来后,应立即送到催芽室进行催芽。催芽室内保证高湿高温环境,一般室温20~25 ℃,相对湿度95%以上,根据不同的品种略有不同。催芽时间为3~5 d,当有70%左右种苗的胚芽开始顶出基质而子叶尚未展开时,就应移出催芽室。

6. 育苗管理

育苗的温室尽量选用功能较齐全、环境控制手段较多的温室,使穴盘苗有一个良好的生长环境。

(1)温度 一般要求冬季保温性能好,配加温设备,保持室内温度为12~18 ℃。夏季要有遮阴设备、通风及降温设备,防太阳直射、防高温,一般温室的室温控制在18~28 ℃。

(2)湿度 育苗期要注意喷水灌溉,保持较高湿度有利于幼苗生长,但基质湿度和空气相对湿度过高易使植株生长太快,不利于根系生长,一般保持基质的含水量为60%~70%。

(3)光照 以25 000~35 000 lx为好。光照过强,会减少植物的同化作用而影响生长,并易造成叶片灼伤;光照弱,幼苗徒长,生长瘦弱,分蘖减少,不利种苗健壮生长。

(4)施肥 穴盘育苗的施肥通常是将含有一定比例的N、P、K养分的混合肥料,按1∶200配成水溶液,通过灌水系统进行喷施或灌根。根据苗木各个生长期的不同要求,不断调整N、P、K的比例和施用量,以达到最佳效果。

学习自测

知识自测

一、填空题

1. 穴盘育苗常用的栽培基质有_____、_____、_____。
2. 穴盘育苗的播种方法有_____、_____、_____、_____。
3. 穴盘育苗的浇水方法有_____、_____、_____。
4. 根据苗木对光照的需求,在育苗过程中可以进行人为_____和_____。

二、简答题

1. 何为穴盘育苗?有何优缺点?
2. 穴盘育苗的基质有何特点?
3. 穴盘育苗播完种后如何进行环境条件的控制?
4. 简述工厂化穴盘育苗的操作过程。
5. 简述观赏苗木穴盘育苗的操作过程。

技能自测

结合苗木生产任务,每小组穴盘播种 2000 粒并跟踪管理,炼苗直至成苗,形成穴盘育苗报告。

任务三 容器苗生产

实施过程

一、配制并消毒基质

1. 配制基质

(1)根据基质配方准备好所需的材料(包括所需的复合肥或氮、磷肥),粉碎过筛,拣除草根、石块。

(2)按一定比例配方,充分混合均匀后用碱或酸调整到所培育苗木适宜的 pH。

(3)配制好的基质再放置 4~5 d,使土肥进一步腐熟。

2. 消毒基质

(1)高温蒸汽消毒 在 80 ℃以上温度下保持 30 min,可将大多数细菌、真菌、害虫和草籽杀死。

(2)药剂消毒 根据不同的药剂常用如下两种方法:

①用 0.15%的福尔马林溶液 20~40 kg,与 1 m³ 基质充分搅拌,盖好塑料布密闭 24 h,打开经 2 周待药味完全消失后,即可装杯使用。

②用 1%硫酸亚铁溶液 20 kg,消毒 1 m³ 基质,充分混合后即可使用。

二、装基质和置床

1. 装基质

把配制好的基质填入经过消毒的容器中,要边填边夯实。装土不宜过满,一般离容器口 1~2 cm。目前容器育苗生产上,基质粉碎、装填、冲穴、播种、覆土、镇压可一次完成。

2. 置床

先将苗床整平,然后将已盛基质的容器排放于苗床上。一般苗床宽为 1 m,苗床长视环境条件而定。容器要排放整齐,成行成列,直立、紧靠,容器间隙用沙土填充,苗床四周培土或用塑料布包围好,以防容器倒斜。但用普通纸做的容器不宜培土,以免纸袋破损。大棚育苗应将容器置于育苗架上,不仅温度稳定,而且根系穿出容器可进行空气切根。

三、播种和植苗

1. 播种

将经过精选、消毒和催芽的种子播入容器内,每容器播种粒数视种子发芽率高低、种子大小等而定,一般每个容器播 2~4 粒。播种时,基质以不干不湿为宜,若过干,提前 1~2 d 淋水。把种子均匀地播在容器中央,一定做到不重播、不漏播。播种后用黄心土、火烧土、细沙、泥炭和稻壳等覆盖,厚度一般不超过种子直径的 2 倍,并淋水。亦可直接在基质上挖浅穴播种,播后容器内覆盖基质。苗床上覆盖一层稻草或遮阳网。若空气温度低,干燥,最好在覆盖物上再盖塑料薄膜,待幼苗出土后再撤掉,亦可搭建拱棚。

2. 植苗

稀有珍贵、发芽困难及幼苗期易发病的种子,可先在种床上密集播种,进行精心管理,待幼苗长出 2~3 片真叶后,再移入容器培育。容器内的基质必须湿润,若过干,则在移植前 1~2 d 淋水。移植时,先用竹签将幼苗从容器内挑起,幼苗要尽量多带宿土,然后用木棒在容器中央引孔,将幼苗放入孔内压实。栽植深度以刚好埋过幼苗在种床时的埋痕为宜。栽后淋透定根水,若太阳光强烈,则要遮阳。

四、抚育管理

在出苗期间应注意防治鸟、兽、病、虫等危害,大棚育苗要调节好室内温度,保持土壤湿润,分期分批撤除覆盖物,确保幼苗出土快、多、齐、壮。对缺苗容器应及时补播或芽苗移栽。在苗木出苗期间,应加强苗期管理工作,主要有:

1. 浇水

基质干燥时要及时浇水。在出苗期和幼苗期要勤灌薄灌,保持基质湿润;在幼苗生长稳定后,要减少灌水次数,加大灌水量,把基质浇透。灌溉方式最好使用细水流的喷壶式灌溉,尽量不要使用水流太急的水管喷灌,以免将容器中的种子和土冲出。

2. 间苗和补苗

间苗和补苗应在幼苗长出 2~4 片真叶时进行。每个容器保留一株健壮苗，其余的拔除。间苗和补苗同时进行，补苗时，可在间出的苗木中选健壮的，在缺苗的容器内种植。间苗和补苗前要浇一遍水，补苗后再浇一遍水。

3. 除草

除草要做到早除、勤除、尽除，不要等杂草长大、长多后再除。

4. 追肥

(1)在幼苗期，若底肥不足，则要追肥。以追施氮肥和磷肥为主，要求勤施薄施，每隔 2~4 周追肥一次，浓度一般不超过 0.3%，追肥后要及时淋水。

(2)在速生期，追肥以氮肥为主，每隔 4~6 周追肥 1 次，浓度可适当大一些，追肥后及时浇水。在苗木硬化期要停止追肥，以利于苗木在入冬前充分木质化。

相关知识

一、容器育苗的概念及应用

1. 容器育苗的概念

容器育苗就是在装有营养土的容器里培育苗木。所培育出的苗木称为容器苗，在我国目前可分为播种容器苗和移植容器苗两大类别。

2. 容器育苗的应用

容器育苗具有育苗时间短、单位面积产量高、可以延长栽植季节、栽植成活率较高等优点。我国是容器育苗发展最早的国家之一。塑料工业的发展为制造容器和塑料大棚提供了材料，首先在北欧一些国家(瑞典、挪威、芬兰等)开始兴起了大规模容器育苗。我国从 20 世纪 70 年代开始应用温室和塑料大棚培育容器苗，容器的种类从塑料薄膜发展到硬质塑料杯、多杯式聚苯乙烯容器块等，容器育苗的生产技术和工艺也不断发展，并进行了工厂化育苗生产。由于单个容器育苗多用于培育较大幼苗甚至大苗，与穴盘育苗相比，占地较大，适宜地区可选择露地生产或选用塑料大棚、日光温室等较为简易的设施，以利于降低生产成本。

二、容器的种类及规格

用来育苗的容器种类很多，有各种类型及型号的营养钵、营养土块等。根据栽植时是否解除掉容器，可把容器分为两大类：一类是可以连同苗木一起栽植的容器，如营养砖泥炭器、稻草泥杯、纸袋和竹篮等；另一类是栽植前要去掉的容器，如塑料薄膜袋、塑料筒和陶土容器等。目前应用较多的是塑料薄膜袋、硬塑料杯(管)、泥容器和纸容器。

1. 塑料薄膜袋

塑料薄膜袋一般用厚度 0.02~0.04 mm 的农用塑料薄膜制成，圆筒袋形，靠近底部打孔 8~12 个，以便排水。规格：一般高 12~18 cm，口径 6~12 cm。建议使用梯形容器，以利于苗木形成良好的根系和根形,在栽后迅速生长。这种容器内壁有多条从边缘伸到底孔的凹槽,能使根系向下垂直生长,不会出现根系弯曲的现象。塑料薄膜容器具有制作简便、价格低廉、牢固、保湿、防止养分流失等优点,是目前使用最多的容器,也便于机械化、工厂化育苗。

2. 硬塑料杯(管)

硬塑料杯(管)用硬质塑料(如聚氯乙烯或聚苯乙烯)通过模具压制成六角形、方形或圆锥形,底部有排水孔。此类容器成本较高,但可回收反复使用7~10次,便于工厂化育苗。

3. 泥容器

泥容器包括营养砖和营养钵,是直接用基质制成的实心体。所用的基质有泥炭、牛粪、苗圃土和塘泥等,掺入适量的过磷酸钙等肥料制成。

(1)营养砖　用腐熟的有机肥、火烧土、苗圃土添加适量无机肥配制成的基质(营养土),经拌浆、成床、切砖、打孔而成为长方形营养砖块,主要用于华南培育速生苗木。

(2)营养钵　以具有一定黏滞性的土为主要原料,加适量沙土及磷肥压制而成,主要用于华北培育油松、侧柏等小苗。

4. 纸容器

目前使用效果较好的是蜂窝纸杯,该容器是以纸浆和合成纤维为原料制成的多杯式容器,用热合或不溶于水的胶黏合而成为无底六角形纸筒。纸筒侧面用水溶性胶黏合,多杯连接成蜂窝状,可以压扁和拆开。通过调整纸浆和合成纤维的比例,来控制纸杯的微生物分解时间。它既有硬质塑料的牢固程度,栽植后纸杯又容易分解,不阻碍新根向外伸展。

在国外,蔬菜育苗和花卉育苗常用一种压缩成小块状的营养钵,有的称为育苗碟、压缩饼,使用时吸水膨胀成钵,不必再加入基质。这种小块体积很小,使用和搬运方便,运输省工。例如,"基菲"(Jiffy)小块,由泥炭、纸浆和胶状物压缩成为圆形小块,外包以有弹性的尼龙网。小块直径4.5 cm,厚仅7 mm,使用时可将小块放入盘中,由底部慢慢吸水,数小时后,小块膨胀成钵状以后,用手指压后有松软感时,即可播种或移苗,待苗根穿出土块底部时,可连土块定植或移栽。我国育苗者通常将苔藓、泥炭、木屑(pH=5.5左右)压缩成饼状,直径4.6 cm,高5~7 mm,加水吸胀后可以增高到4.5~5 cm。

容器的大小取决于苗木的种类、苗木规格、育苗期限、运输条件及园林绿化地的具体条件等。在保证园林绿化效果的前提下,尽量采用小规格容器,以便形成密集的根团,搬动时不易散坨。但在土壤干旱,城市环境比较恶劣地段要适当加大容器规格。

三、容器育苗基质

基质装在容器里供育苗用,其功能相当于大田的土壤;容器育苗中一般不用天然土壤做基质,因为天然土的持水力、通气性和密度等各种物理因子不能很好地适应培养容器苗的要求,同时,用天然土做基质显得太重,增加运输成本。因此基质的成分和配比是容器育苗成败的关键技术之一。

1. 基质的要求

基质的配制要因地制宜,就地取材,并应具备下列条件:配制材料来源广,成本低,具有一定的肥力;不沙不黏,有较好的保湿、通气、排水性能;具有苗木生长所需要的充足营养物质;重量较轻,不带病原菌、杂草种子和有毒物质,酸碱度适当(一般 pH 为 5~7)。

2. 配制基质的材料

要求所用的材料具有较好的物理性质,尽量不要用自然土壤作基质,一般有三种基本成分,即田间土壤、有机质和粗团聚体。目前常用材料有黄心土、火烧土、泥炭土、蛭石、珍珠岩、阔叶树皮粉、苗圃菌根土、山土草皮土、塘泥、稻壳炭灰、腐殖土、森林表土和锯末等,不宜用黏重土壤或纯沙土,严禁用菜园地及其他污染严重的土壤。为保证苗木生长,在这些混合物中再加入过磷酸钙和石灰粉、硝酸钙、硝酸钾及少量浸润剂。

3. 基质配方

一般的基质都是由两种以上的成分配制而成的,基质的成分和配比是否适当,是容器苗能否成功的基本条件。常用的有:

(1)腐殖土、黄心土、火烧土和泥炭土中的 1 种或 2 种,约占 50%~60%;细沙土、蛭石、珍珠岩或锯末中的 1 种或 2 种,约占 20%~25%;腐熟堆肥 20%~25%。另每立方米基质中加 1 kg 复合肥。

(2)黄心土 30%,火烧土 30%,腐殖土 20%,菌根土 10%,细河沙 10%,每立方米再加已腐熟的过磷酸钙 1 kg。此配方适合培育松类苗。

(3)火烧土 80%,腐熟堆肥 20%。

(4)泥炭土、火烧土、黄心土各 1/3。

培育针叶植物的基质 pH 为 4.5~5.5,培育阔叶植物的基质要求 pH 为 5.7~6.5。

知识拓展

现代化容器育苗技术

现代化容器育苗是指在人工创造的优良环境条件下,采用规范化技术措施以及机械化、自动化手段,快速而又稳定地成批生产优质苗木的一种育苗技术。其特点是专业化、大规模集中经营,整个操作规范化、程序化,并且具有很高的经济效益。大型专业化育苗程序一般包括:基质配制、制作营养钵、播种或移苗、成苗等。

现代化容器育苗流水线主要包括以下几部分:

1. 基质自动配制系统

材料运到粉碎机粉碎、传送带提升到搅拌机中,加入调节剂、浸润剂和肥料等,从蒸汽发生器中产生的蒸汽,对配料进行蒸汽消毒、配好的基质运到自动制钵机处压制成营养钵或暂时先贮存备用。

2. 自动制钵系统

自动制钵系统主要包括压碎装置、播种装置、传送装置。

(1)粉碎机将所用材料粉碎。

(2)搅拌机用来配合和搅拌基质,附有化肥供给和浇水装置。

(3)把配制好的基质传送到营养钵压制机和原料槽内。

(4)把压制好的基质传送到营养钵切削机。

将配好的基质冲压成为钵状或立方块状,再由传送带送出,同时带动播种机进行工作。真空播种机依靠气吸作用,能把种子一粒一粒地自动点播于营养钵中,而且能按预定程序掌握好播种深度。按上述能制多种规格的营养钵,每小时可制营养钵 5 000~30 000 个,播种后运送到温室培育。

3. 自动装土机

将粉碎后的基质由传送带送到自动装土机,就会将基质按量装入从购置的营养钵中。装钵的速率因机械种类、型号、钵的大小而异。如直径 8 cm 的营养钵一般每小时装 1 万个。装好基质的育苗钵就可送到播种机处播种,或运到其他地方供播种或移植。

4. 移植系统

一般要进行移植的苗,是将营养钵装在育苗盘中,待钵中苗长到可移植大小时,传送到移苗系统。移苗时,将培育幼苗的小营养钵或基质块自动放入相符合的较大营养钵或基质块中,不再覆土。移完后,载有营养钵的育苗盘又沿温室中传送带送出,运输到其他温室。

实操案例

油松容器育苗技术

1. 采种

在 9 月下旬至 10 月上旬,选择生长健壮、干形好、无病虫害的 20~50 年生的优良油松作为采种母树,当球果由深绿色变为黄褐色时,应及时采收,时间过早则种子成熟度不够,发芽率低,过迟则球果开裂,种子飞散。采种时将球果采下,放在通风良好的场地上晾晒,待果鳞开裂时用木棒轻轻敲打,种子即可脱出,晾晒的球果晚上要堆积覆盖,可以加速果鳞开裂。脱出的种子,应揉搓脱翅,风选去杂,然后晾干,置于通风处贮存。要求种子纯度在 95% 以上,发芽率在 90% 以上,千粒重达 33.9~49.2 g。

2. 播前准备

(1)准备育苗床　油松怕涝,但苗期需经常喷水、喷药,育苗地应选择背风向阳、靠近水源、排水良好、靠近造林地的地块。准备育苗床前要先整平地面,清除杂草。为便于管理,宜采用低床育苗。根据容器袋的规格,挖深为 12~15 cm(比容器高 2~3 cm,以便于灌水)、宽 80 cm 的育苗床,床底整平,苗床四壁垂直,以便于容器放置,两床之间留 30~40 cm 的步道,苗床长度依地势而定。

(2)配制基质　选择油松容器育苗的基质应结合本地生产实际,本着低成本、来源广泛、就地取材、质量轻、便于操作的原则。我国北方地区锯末、平菇渣(主要成分是棉籽壳)、香菇渣(主要成分为碎木料)、树皮、森林腐殖质土、家畜粪便、城市污水污泥、炉渣等原料资源丰富,均适于作油松容器育苗基质的成分。为防止病虫害及便于操作,各原料需经无害化处理、粉碎过筛(一般过 0.8 cm 筛即可)后才能应用。单一基质很难满足油松幼苗生长的各项要求,加之生产成本、栽培管理等方面的因素,用多种基质按一定比例混合形成复合基质,可性状互补,扬长避短,充分协调水气肥状况,形成理化性能稳定的油松容器育苗基质。基质成分组成及所占比例可根据本地资源及生产成本等而定。根据近年来在承德地区试验,笔者总结出:炉渣、锯末、香菇渣含量不宜超过65%,平菇渣、家畜粪便、城市污水污泥等含量不宜超过50%。

(3)装容器　将配好的基质装入容器内,装基质时要适度按压。若过松,则灌水后基质下沉严重;若过紧,则影响幼苗生长,以灌水后基质自然下沉至距容器上沿1 cm左右为宜。装好基质的容器摆放于育苗床内,摆入床内的容器袋要直立、挤紧,尽量少留空隙,以便于管理。当整个苗床所有的容器袋都装满土后,于播种前1~2 d灌透水。

3. 播种

(1)种子处理　由于油松种子属球果类,种皮较硬,因此播种前要进行种子消毒及催芽处理。通常先将种子用0.5%福尔马林溶液浸泡15~30 min或用0.5%高锰酸钾溶液浸泡1~2 h,可杀死种子本身所带的病菌,又保护种子在土壤中免遭病虫的危害,并除去种皮杂物,有利于种子发芽。催芽处理可以促进种子萌发,使出苗整齐。一般用50~60 ℃温水浸种,水量相当于种子的2~3倍,先放水后放种子,放入种子后立即搅拌,使种子受热均匀,水温自然冷却后浸种24 h,种子吸足水后捞出,放入容器内置于温暖处催芽,每天用温水冲洗1次,7~10 d后,大部分种子的种皮开裂,此时,即可播种。

(2)播种　油松春秋季均可播种,但以春季为好。油松耐寒性强,但不耐高温,易发生日灼伤害。早播可以提高苗木抗日灼伤害抵抗力,而且生长期长,可提高苗木木质化程度,增加抗寒、抗旱能力,所以油松宜适当早播,一般以4月上旬较好,并采用点播。每个容器点播3~5粒种子,播后覆1~1.5 cm厚的基质或沙子,然后喷水,使种子与基质密接,有利于种子发芽,最后覆盖遮阳网或杂草等物,用以保湿。经催芽后的种子一般播后7~10 d发芽出土,幼苗出齐前要喷水,保持基质表面湿润,利于出苗。种子发芽出土后、种壳脱落前要注意防鸟害,以免造成断垄缺苗。

4. 苗期管理

(1)灌水　视育苗基质及苗木状况,及时灌水,一次给足。可采取喷灌或小水灌溉的方式,以防容器冲倒或苗茎粘上淤泥。夏季温度特别高时,可结合灌水降温,防止苗木基部日灼。但切忌中午高温时灌水。

(2)施肥　油松幼苗前期喷施0.5%~1%尿素溶液,以促进苗木的高生长。生长后期施磷酸钾、磷酸钙等磷钾肥,也可喷施0.2%磷酸二氢钾,以促进苗木的木质化,以便安全越冬。施肥宜早不宜晚,一般在7月下旬前进行,以免幼苗停止生长过晚,不利于越冬。

(3)松土锄草　幼苗出土后要及时用手拔除杂草,防止幼苗损根、碰断而死亡。

(4)间苗　油松幼苗宜适当密生,为促进幼苗正常生长,间苗分两次进行,第1次间苗于幼苗针叶展开15 d后进行,每容器应预留2~3 cm较健壮的苗,第2次间苗于次年春季进行,每容器选留1株生长健壮、位于容器中间的苗。为便于操作,间苗前应灌透水。

(5)防治病害　油松幼苗最大的病害是猝倒病和立枯病。为了预防油松幼苗猝倒病和立枯病,除注意营养土及种子的消毒外,在苗木出齐7 d后开始,每隔7~10 d用0.5%~1.0%等量式波尔多液和0.5%~1%硫酸亚铁溶液交替喷洒防治,到7月苗茎基部半木质化时停止喷药,为防止发生药害,喷药后0.5 h再喷1遍清水冲洗苗木。若发现已经发病,应及时拔除病株或清理掉发病株的容器。

学习自测

知识自测

一、填空题

1. 容器育苗所用基质高温消毒时一般要求温度_____、消毒时间是_____,就能把大多数细菌、真菌、草籽杀死。
2. 在幼苗长出_____片真叶时进行间苗和补苗。
3. 容器育苗常用的容器种类有_____、_____、_____、_____。
4. 容器育苗播种时,一般每个容器播种_____粒。
5. 常用的基质消毒方法有_____、_____。

二、简答题

1. 什么是容器育苗?有何应用?
2. 容器育苗所用基质主要是什么?如何配制?

技能自测

简述油松容器育苗的操作过程及注意事项。

职场点心四　管理标准的故事

故事1　花木成活的关键是环环相扣

三四月,阳光熙和,万木吐翠,花草盈野,正是起苗运苗的黄金时期。

如何起苗,如何包装,如何保证花木成活,都是销售中的重要环节。搞不好,就出麻烦了。

我有个弟弟,年前盖了一栋二层小楼。

房子很漂亮,院子也很宽敞,自然要种几株又开花又吉祥的树木。

前年和去年,他分别种了两株玉兰和两株樱花,花也开了,叶子也出了,水也浇透了,肥也施了,但好景不长,植株慢慢枯萎死亡了。

五六厘米粗的苗子,100多元钱一棵,就这么死了,真的可惜!

有一次,我带一位树木专家到他家。他皱着眉头,心疼地向专家请教:"这是为什么呀?"

专家说:"很简单,你买的苗子,放的时间长,风吹日晒,苗子脱水了。最初开的花,是植物本身内在的营养,一旦养分耗尽也就完了。"

我弟弟属于散户,是个人消费,损失有限。

我想,要是赶上苗圃买这样的苗子,倘若数量大,客户损失就惨了!

如此下去,这样的苗圃还有回头客吗?

我的朋友、河南省遂平县名优花卉苗木有限公司的王华明在保苗木成活方面很有经验。

他说,保证花木移栽成活的第一步是起苗。这一步,最为主要的是起苗要及时,土坨要丰满,一定要覆盖住主要根系。起出的苗子,根系不能晾晒,最好随时包装,当天晚上,或者次日运输。

另外就是包装。当天起的苗子要立即包装,以免晾晒根系脱水。

根据品种,包装材料可用水苔、草炭、农膜、草绳等,然后打捆装箱,或者是放进编织袋里。

运输尽量用火车、直达大巴等快捷的方法。

从起苗,到客户定植,这个过程要盯紧,环环相扣,时间越短越好。

按照这些方法去做,苗子的交易过程就会圆满成功,交易双方就会皆大欢喜。

故事2 告别差不多先生

看《人一生要读的经典》,有胡适先生的一篇文章,题目是《差不多先生》,读了真是感慨万千。

胡适先生文章的第一句话就问:"你知道中国人最有名的人是谁?"

然后他说:"提起此人,人人知晓,处处闻名。他姓差,名不多,是各省各县各村人士。"

生活中,当然没有此姓此名。这是胡适先生的一种比喻,采用的是拟人化的手法,讽刺做事不认真负责的一种现象。

胡适先生接着写道:

"他常常会说:'凡事只要差不多就好了,何必太精细呢?'"

"他小的时候,他妈叫他买红糖,他买了白糖回来。他妈骂他,他摇摇头说:'红糖白糖不是差不多吗?'"

"他在学堂的时候,先生问他:'直隶省的西边是哪个省?'他说是陕西。先生说:'错了,是山西。'他说:'山西和陕西不是差不多吗?'"

"大了,他在纸铺里做伙计。他会写,也会算,只是不会精细,十字常常写成千字,千字写成十字,颠来倒去的,掌柜生气了,骂他,他笑着解释:'千字只比十字多了一小撇,不是差不多吗?'"

"有一天,他得了急病,要请的是汪先生,却把给牛治病的王先生请来,真是让人哭笑不得。但是差不多先生躺在病床上却说:'好在王先生跟汪先生也差不多。'"

"差不多先生直到快咽气的时候还在说:'活人同死人也是差…不…多。'"

胡适先生的文章写作快百年了,但在我们的花木经营中,这种现象也是屡见不鲜。

苗圃的大门口堆放一堆垃圾,问他为何不清除出去,他微微一笑,意思是:"差不多就行了"。

花圃里,时不时可以看见一两块塑料布、草绳、废纸,问他为什么还不让员工清理干净,他还是一笑,意思是:"何必那么认真,差不多就行了。"

刚定植的小树,为了避遭风刮,用竹竿支撑。支撑的竹竿长短不一,很是不雅。问他为什么竹竿不截成长短一致,他听了一笑,意思还是:"为什么要那么细致,差不多就行了。"

给苗木浇水,是要浇透的。他浇到地皮刚湿就草草收兵。跟他说这样不行。他笑道:"行了,差不多就行了。"

这种习惯,改起来是有困难的。但现在,我们已经进入了精细的时代,进入了追求完美的时代,难也要改。凡事还是大概齐,差不多,粗枝大叶,稀里马虎,得过且过,这是不可以的,真的是不可以的。倘若还是这么做,长此以往,您在花木经营中就会处于劣势地位,甚至还有被淘汰出局的可能。

差不多先生,还有差不多女士,咱们还是拜拜吧!

读后感:读一读、想一想、品一品、论一论。

学习情境五

园林大苗生产

任务一　园林苗木移植

实施过程

一、准备移植苗木

1. 选择地块

为了给苗木提供合适的生长条件,在选择地块时,应该考虑:温度(高温、低温、无霜期)、光照、水分供应(自然降水、灌溉水)、土壤条件(地势、地力、土层厚度、地下水位)、有无大风、前茬作物、有无病虫害积累、交通条件、电力、人力等。一二年苗木立地条件要好些,多年苗木产地条件可差些,另外,还要考虑不同树种、品种的适应性。

园林大苗起掘包装运输

2. 制订移植计划

选定地块后要进行规划设计,确定移植苗木的种类、数量、种植方式、密度,同时也要考虑工具材料、劳动力、工作时间。

3. 整理土地

在选择好的地块上清除地表的杂物,平整土地。沟植时每亩地施入腐熟的有机肥 2000～3000 kg,深翻 30～40 cm。穴植时有机肥可施入穴内,用量占沟植施肥量的1/2～2/3。

二、移植方法

1. 移植裸根苗

采用裸根法移植苗木,主要是用于小苗移植和落叶树大苗在休眠时的移植。

裸根移苗

(1)起掘苗木　移植起苗前几天对苗木生长的地块要浇水,使土壤相对疏松,便于起苗,同时,使苗木充分吸水,增加苗木的含水量,提高其移植后的抗旱能力。起苗时,依苗木的大小,保留好苗木根系,一般 2～3 年生苗木保留根幅直径为 30～40 cm。在此范围之外下锹,切断周围根系,再切断主根,提苗干。起苗时使用的工具要锋利,防止主根劈裂或撕裂。苗木起苗后,抖去根部宿土,保留心土(图5-1)。

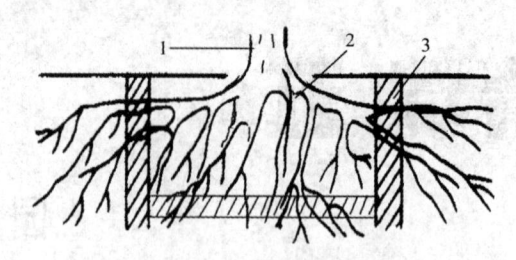

图5-1 苗木起掘断根
1—主干;2—根系;3—断根范围

(2)整理苗木　起苗后要对苗木进行适当整理。地下部分修剪过长的根系,调整根幅,剪平根的切口。地上部分分大小苗,休眠期的小苗适当短截,萌芽较强的树种可平茬(留10 cm),促发强干枝,生长期小苗还要剪去顶端较嫩的枝叶。休眠期的大苗根据苗木特性和培养目标不同可分为三类(图5-2):

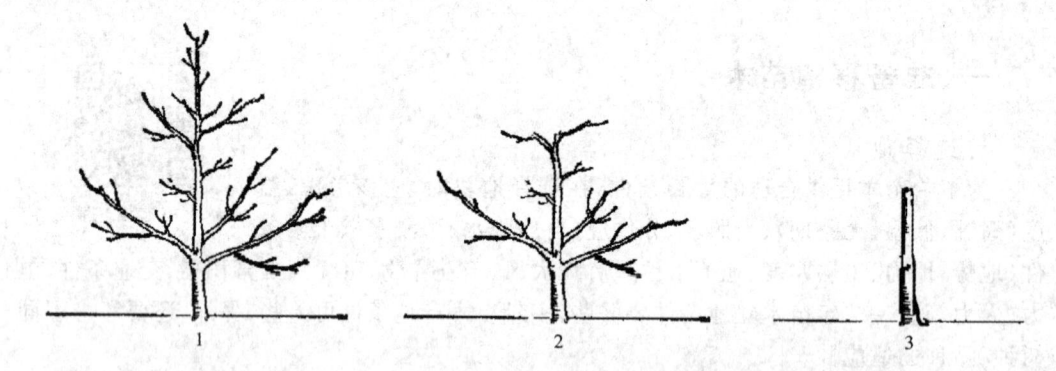

图5-2 休眠期大苗移植树冠修剪
1—全苗式修剪;2—截枝式修剪;3—截干式修剪

①全苗式修剪:保留原有的枝干树冠,只将徒长枝、交叉枝、病虫枝及过密枝剪去,适用于萌芽力弱的树种,如雪松、广玉兰等。

②截枝式修剪:只保留树冠的一级分枝,将其上部截去,如香樟等一些生长较快、萌芽力强的树种。

③截干式修剪:将整个树冠截去,只留一定高度的主干,截口用蜡或沥青封口,只适宜生长快,萌芽力强的树种,如悬铃木等。

移植前,需将根系泡入水中或埋入土中保湿。对一些难生根的苗木,可用生根剂浸根处理。

(3)移植苗木

①小苗多采用沟植法。在整理好的地块上划分出小区,小区面积100~200 m²,小区间以作业道或小埂分隔。在小区内先按行距开沟,深度略深于根系长度,将苗木按株距排列于沟中,扶直,填土至苗木根颈处,稍镇压,向小区内浇水至水渗透根系范围。

②大苗多采用穴植法。根据设计好的行株距,拉线定点,穴的范围应大于苗木的根幅范围。挖穴时将表土与底土分开、分别放置,在穴内回填部分表土和施入适量的有机肥,

拌匀,将回填表土做成圆丘状,然后放入苗木,使苗木的根系舒展并使苗木位于穴的中心,回填细碎表土,将根系覆盖至穴深的 1/3~1/2 时,轻轻提一下苗木,进一步使其根系舒展,边填土边踩实,填土到地表为止,苗木栽植的深度应等于或略深于原土面,在穴的外围修出水埝,较大苗木栽植后应立支柱支持,浇足水。

移植裸根苗如图 5-3 所示。

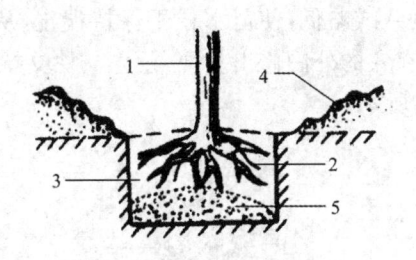

图 5-3 移植裸根苗
1—主干;2—根系;3—栽植穴;4—表土;5—土丘

2.移植带土球苗

采用带土球法移植苗木,常用于常绿树、不易成活树种、绿期的落叶大苗、落叶大树移植。

(1)挖土球 对于被选定的苗木,先根据苗木的规格确定土球的范围,乔木以干茎的 5~7 倍为半径画圆,灌木以冠幅的二分之一为直径画圆。铲除土球范围不带根系的表土,在规格范围以外垂直向下开挖,切断显露的根系。根据苗木特性和土壤特征确定是否需要包扎。只带宿土不需包扎的苗木,保留根部护心土及根毛集中处的土块;需包扎的苗木,先将土球四周挖好、修整齐,再用草绳等包扎固定,向土球底部中心铲断主根,将带土球提出坑外。苗木移植土球包扎方法如图 5-4 所示。

(a) 橘子式包扎顺序图 (b) 井字式包扎顺序图 (c) 五角星式包扎顺序图

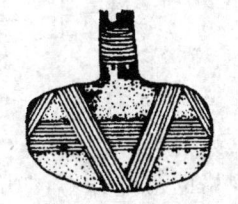

(d) 橘子式包扎后土球 (e) 井字式包扎后土球 (f) 五角星式包扎后土球

图 5-4 苗木移植土球包扎方法

(2)整理苗木 栽植前,根据苗木生长特性和气候特征,对地上部分可进行不同程度的剪叶、修枝、截干；对地下部分，剪齐土球外露大根，剪短过长须根。不能及时栽植的苗木，用湿草帘或湿土包围土球保存。

(3)移植苗木　带土球苗木栽植一般用穴植法。根据设计好的行株距，拉线定点，穴的范围应大于土球范围10 cm。挖穴时将表土与底土分开、分别放置，在穴内回填部分表土和施入适量的有机肥，拌匀，将回填表土做成圆丘状，然后放入土球，调整土球高度，使土球上表面与栽植地表面一致或略低，使苗木枝干保持端正，从四周向穴内填土，土壤要打碎填实，直到填满为止。在穴的外围修出水埝，设立支柱支持，浇足水。

移植带土球苗如图5-5所示。

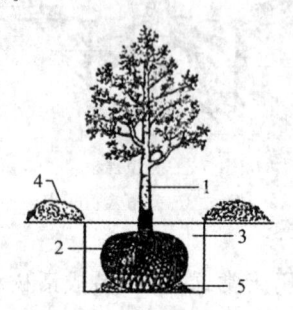

图5-5　移植带土球苗
1—苗木；2—土球；3—栽植穴；4—表土；5—土丘

3.移植反季节苗

反季节移植是指在春秋以外的季节移植，主要指夏季移植。移植反季节苗需要解决的主要问题是移植后如何让苗木尽快恢复水分平衡，正常生长。生产中多采用容器培育一定规格的根系，以利移植方便。

(1)培育大木箱苗　此法适合培育特大规格乔木，一般胸径超过20 cm。春季发芽前根据园林工程施工用苗计划，按工程要求的土球规格开挖土球，一般土球为方形，在土球外围打箱板包装，及时疏枝1/5～1/4，然后原地或异地培土囤苗，及时灌水进行养护，以保证木箱苗正常展叶，生长季可随时进入施工现场，如图5-6所示。

(a)挖掘整体效果　　(b)挖掘后带板土块状

图5-6　带土方箱移植

(2)培育软包装苗　此法主要针对较大规格的落叶乔木，如胸径20 cm以下的乔木、灌木，春季展叶前按绿化园林工程施工要求起掘土球，按规范要求打包，保证土球不散不裂，包装绑扎材料要用可溶性无纺布和聚丙烯绳，可原地或异地进行栽植囤苗，囤苗时场地略高于地面，及时进行疏剪，进行常规水肥养护。囤苗地必须方便用水、吊装、运输。反季节绿化施工时掘出即可栽植。

（3）培育软容器苗　软容器一般用可降解的材料制作，如无纺布容器、纸容器等。软容器成本低，制作材料易分解，移植时不必解除容器，不散坨，不伤根。软容器苗技术一般适用于当年，即春天制作软容器苗，囤苗后，夏、秋季进行施工。囤苗超过一年，应重新制作软容器。例如，于休眠期将花灌木栽于适宜大小的软容器中，袋中基质可用原土加入适量有机肥，将制成的容器苗栽植地下，进行正常肥、水养护。反季节绿化施工时，掘出容器苗，进入工地栽植。

相关知识

一、大苗培育的含义

大苗培育是园林苗圃区别于林业苗圃的重要特点。采用大规格苗木绿化，能更好地适应城市的复杂环境、成活率高、生态环境形成快，可以收到立竿见影的效果，很快满足绿化功能、防护功能、美化环境及改善环境的要求。

二、苗木移植的作用

移植就是将较小规格或根系不能满足定植要求的苗木从苗床挖起，在移植区内按规定的株行距进行栽植，以扩大株行距，使苗木更好地进行生长发育的操作过程。有些园林植物生长较缓慢，通常要在苗圃培育多年，才能达到园林绿化用苗的标准。这样的苗木，必须经过移植，凡是在苗圃经过移植继续培育的苗木，称为移植苗。在大苗培育的过程中，主要的工作是苗木的移植以及结合移植进行的施肥、灌排水、整形修剪等工作。苗木移植有以下好处：

1. 提高苗木栽植成活率

未经过移植的实生苗（播种苗）根系分布深、主根粗直、侧根、须根少，起掘根系范围内根量少，定植后不易成活，生长势差。苗木经移植后，由于主根和部分侧根被切断，刺激根部萌发大量的侧根、须根，而且这些新生的侧根、须根都处于根颈附近和土壤的浅层，移植时起掘根系范围内根量多，有利于栽植成活。

2. 培养高质量苗木

通过繁殖成活的苗木，小苗密度较大，苗木之间竞争激烈，导致优劣分化严重，苗木细弱，易感病虫害，甚至出现死亡。幼苗经过移植，增大了株行距，扩大了生存空间，为苗木健壮生长提供了良好的条件；由于增大了株行距，改善了苗木间的通风透光条件，从而减少了病虫害的发生；另外，在移植过程中对根系、苗冠进行必要的、合理的整形修剪，人为地调节了地上与地下生长平衡，调整了植株外形。同时，移植的过程也是一个淘汰的过程，那些生长差、达不到要求的苗木会被淘汰，从而提高了苗木品质。

3. 合理利用土地

园林苗木不同树种、不同生长时期，对土地面积、土地质量的需求不同。对于园林绿化所需的大苗，在各个苗龄期，根据苗木体量大小、树种生长特点及群体特点合理安排密度、合理安排栽植地点,这样才能最大限度地利用土地,在有限的土地上尽可能多地培育出大规格优质的绿化苗木,使土地效益最大化。

4. 利于苗木分级

苗木移植时,一般要根据苗木体量的大小、树种个体和群体特点及生长速度,分级分别栽植,合理安排密度,防止苗木大小两极分化。分级移栽后,苗木在高度、大小一致的情况下,生长较均衡、整齐,分化小,管理比较方便,有利于在有限的苗圃地上培育出品质好、批量大、规格一致的大苗。

三、苗木移植成活的关键

苗木被起掘后,苗木的根系被截断,根系与土壤的联系分离,苗木失去了由根系保持的水分与养分的平衡,面临死亡。如何在苗木移植后能保证苗木成活呢?要保证从苗木起掘、修整、运输、栽植到栽后管理各环节减少间隔、减少苗木水分的散失,尽快地恢复苗木以水分为主的营养平衡。这是苗木移植成活的关键,只有各环节抓紧、抓好,才能保证苗木移植成活。

四、苗木移植的时期

苗木移植没有固定的时间,只要不使苗木受太大的损伤,一年四季都可以进行移植。苗木移植后,根系受到一定的损伤,打破了地下和地上部分的水分供应平衡,要经历一段时间的缓苗期,使根系逐步得以继续生长,增强吸收水分的功能才能使苗木恢复正常生长。因此,为了提高苗木移植的成活率,应根据当地气候和土壤条件的季节变化以及苗木的特性,确定适宜的移植季节。

1. 春季移植

春季是苗木移植的主要时期,一般从土壤解冻后持续到苗木萌芽前。此时苗木枝芽尚未萌动,树体生命活动较微弱,树体内贮存养分和水分还没有大量消耗,移植后易于成活。春季移植应按苗木萌芽早晚来安排具体的移植时间,早萌芽者早移植,晚萌芽者晚移植。有的地方春季干旱风大,应推迟移植时间或加强保水措施。

2. 夏季移植(雨季移植)

夏季气温较高、苗木枝叶生长旺盛,水分需求紧迫,移植不易成活,很少采用。但一些园林工程项目由于工期的原因,不得不在夏季移植。为保证移植的成活率,施工中常采用以下操作:选择阴雨天、清晨或傍晚时起苗,带土球或增大土球范围,重度修剪枝叶,移植后采用遮阴、喷水、补充营养液等措施以提高成活率。

3. 秋季移植

秋季是苗木移植较常用的时期,仅次于春季。一般在苗木地上部分生长缓慢(常绿种类)或停止生长(落叶种类)时到落叶前这段时间进行。此时枝叶加长生长几近停止,树体内大部分营养积累下来,充实枝干和芽,地上部分适应性强;地温尚高,根系较活跃,移植后根系得以愈合并长出新根,恢复水分、养分供应平衡,为来年的生长做好准备。秋季移植一般在秋季温暖湿润、冬季气温较温暖的地方进行。冬季严寒和冻拔严重的地区不宜进行秋季移植。另外,秋季移植要密切关注当地当时的气候变化,宜早不宜晚,保证在入冬前苗木的根系能恢复生长,安全越冬。

4. 冬季移植

南方地区冬季较温暖,苗木没有明显的休眠期,但生长缓慢,可在冬季进行移植;北方冬季气温低,冻土层厚,也可带冻土坨移植。北方苗木冬季移植后,根系不能立刻恢复生长,相当于假植,常因早春根系迟迟不能生长而使根系伤口腐烂,造成植株死亡。

五、苗木移植的次数和密度

1. 苗木移植的次数

培育大规格的苗木要经过多年、多次移植。苗木每次移植后需培育时间的长短,决定于该苗木生长的速度和移植的密度,速生苗木培育几个月即可;生长较慢的苗木要培育1～2年;有些园林绿化大苗需培育2年以上,对这些大苗,应进行多次移植。

2. 苗木移植的密度

苗木移植的密度取决于苗木的生物学特性、培育年限、培育目标和抚育管理措施等。一般阔叶树种苗木的株行距比针叶树大;速生树种苗木的株行距比慢生树种大;苗冠开展、侧根须根发达,培育年限较长者,株行距应大些,反之应小些;以机械化进行苗期管理的苗木,株行距应大些,以人工进行苗期管理的苗木,株行距可小些。一般苗木移植的株行距可参考表5-1。

表5-1　　　　　　　　　　苗木移植的株行距

苗木类型	第一次移植		第二次移植		举 例
	株距/cm	行距/cm	株距/cm	行距/cm	
针叶树	6～15	10～30	50～80	80～100	油松、圆柏
阔叶树	12～25	30～40	100～120	150～200	国槐、法桐
花灌木	50～80	80～100			丁香、连翘
攀援类	40～50	60～80			紫藤、地锦

知识拓展

一、移植苗抚育管理

苗木移植后,为了确保移植成活率,促进苗木快速生长,生产上应做好以下管理工作:

1. 灌水和排水　灌水是保证苗木成活的关键。苗木移植后一段时期内,苗木体内的水分平衡无法恢复,要立即灌水,最好能连灌3次水。一般要求栽后24 h内灌第一次透水,使坑内或沟内水不再下渗为止,隔2～3 d再灌第二次水,再隔4～7 d灌第三次水(俗称连三水),以后视天气和苗木生长情况而定,灌水不能太频繁,否则地温太低,不利于苗木生长。灌水一般应在早晨或傍晚进行。

排水也是水分管理的重要环节。雨季来临之前,应全面清理排水沟,保证排水系统畅通。雨后应及时清沟培土,平整苗床。

2. 扶苗整床　移植苗经灌水或降雨后，因填土不够或受人为、大风等影响容易出现露根、倒伏现象，应及时将苗木扶正，并在根际培土踏实，大苗需设立支架支持，否则会影响苗木正常生长发育。苗床出现坑洼时，应及时进行平整。

3. 遮阳护苗　北方气候干旱，空气湿度偏低，对移植小苗，尤其对常绿小苗的缓苗极为不利。为了提高小苗的移植成活率，根据需要可加设遮阳网，控制日光照射强度。例如全光雾插生产的小苗，出床栽植时必须采取这个措施。确定缓苗成活后，适时撤网见光。

4. 中耕除草　在苗木生长期中，由于降雨或灌溉等原因，会造成土壤板结，通气不良，使苗木根系发育不好。加之杂草与苗木竞争养分，严重影响苗木生长，因此应及时中耕除草。中耕除草的次数，应根据土壤、气候、苗木生长状况以及杂草滋生状况而定。一般移植苗每年3～6次。中耕和除草通常结合进行，当草多而土层疏松时，可以只除草而不中耕松土。大面积除草还可采用化学除草剂，此法省时、省工、高效。当土壤板结严重时，即使无杂草也要中耕松土。中耕深度一般随苗木的生长可逐渐加深。为了不伤苗根，中耕应注意在苗根附近宜浅，行间、带间宜深。

5. 施肥　施肥是培育壮苗的一项重要措施，施肥可补充土壤中植物生长所需的各种元素的不足，满足苗木对养分的需求。不同的植物种类，不同的生长期，所需的肥料种类和数量差异很大。一般速生植物种类需肥量远大于慢生类；阔叶植物种类大于针叶类。同一植物种在不同生长期的施肥也有差异，生长初期（一般在5月中、下旬）应薄肥勤施，以氮肥为主；速生期（一般在6～8月）需加大施肥量，增加施肥次数；加粗生长期（一般在8～9月）应以磷肥为主；生长后期应以钾肥为主，磷肥为辅。此外，施肥还应考虑气候条件及苗圃地的土壤条件等，以便发挥最大肥效。

6. 病虫害防治　防治苗圃病虫害是培育壮苗的重要措施，其防治工作必须贯彻"防重于治"和"治早、治小、治了"的原则。加强苗木田间抚育管理，促使苗木生长健壮，增加抗病能力，减少病虫害的发生。一旦发现苗木病虫害，应立即采取措施，以防蔓延。

7. 防寒越冬　防寒越冬是对耐寒能力较差的园林苗木采取的一项保护措施，特别在北方，由于气候寒冷和早晚霜等不稳定因素，苗木很容易受到低温伤害，轻者枝干受损，严重时整株死亡。生产上常采取的防寒措施有：培土、覆盖、设风障、灌冻水、熏烟、涂白和喷抑制蒸腾剂等。具体内容将在任务三中介绍。

二、苗木移植应注意的事项

1. 起苗时，注意尽量少损伤苗根和枝干。

2. 在移植过程中，要保护好苗木，严防风吹日晒，尤其要尽量减少根系在空气中暴露的时间，以防根系干燥失水。

3. 裸根苗和带宿土苗移植时要避免窝根、露根和埋叶等现象，植苗深度应比原土痕深1～2 cm，并做到栽正、踏实。带土球苗移植时要轻挪轻放，避免散坨，种植深度原则上按原土面即可。

4. 土壤过湿时不应进行移植。如苗圃地土壤干燥，应在移植前3～4 d天灌水，移植后立即浇定根水。

5. 移植后，苗木要株间等距，行列整齐，床面平整，并做好管理、观察和记录工作。

实操案例

案例1 苗木移植方案

1. 施工准备

苗木移植前,对要移植树木做好标识编号,进行现场勘查,了解现场周围的施工条件,如水源、道路交通情况、苗木存放场地等。了解现场种植场地的土壤情况,如地表面有杂草、砖石块要清理干净,使场地平整、排水通畅。

2. 起苗

移植前1~2天,根据土壤干湿情况,进行适当浇水,树木进行精修剪并捆扎。苗木挖掘时,普通树木土球直径为苗木胸径的7~8倍,土球的厚度一般不小于土球直径的2/3。部分树木可根据现场施工条件而定,名贵树种应做重点保护加大土球,起挖时遇到粗大根可用锋利的锯子或铲切断,用草绳、草帘等包裹土球。

3. 修剪

对苗木修剪时,应以尽可能保留原有树形为原则。苗木修剪应将劈裂根、病根、过长根剪除,并根据根系大小、好坏对树冠进行修剪,保持地上地下部分生长平衡。具有明显主干的高大乔木应保持原有树形,适当疏枝,保持主侧枝分布均匀,对保留的主侧枝在健壮叶芽上方短截,可剪去枝条的1/5~2/3。有主梢的乔木保留主梢,只能疏枝,不得短截,只剪除病枝、枯死枝、衰弱枝、过密枝和下垂枝。修剪灌木时,丛生灌木预留枝条大于30 cm,高干型灌木适当疏枝。修剪时剪口必须平滑,不得劈裂。根部修剪在种植前进行。超过2 cm以上的剪口,涂防腐剂。修剪后的枝叶应及时清理,装车运出现场。

4. 装运、卸苗

苗木装、运、卸的各环节要求轻拿轻放,保证根系和土球完好,吊装要求轻吊轻落,严禁摔伤。苗木按顺序码放整齐,根部朝前,装车时对树干接触车厢的地方作柔软铺垫处理,以避免损伤树皮,苗木捆牢,树冠用绳拢好。土球放稳固定好,使其不在车内滚动。

卸车时按顺序进行,按品种规格码放整齐,及时种植,缩短根部暴露时间。使用机械卸苗时,吊带要拴牢固,平稳落地。

5. 苗木种植

种植穴、槽提前挖好,苗木运到现场后根据苗木根系、树木直径适当调整。深度比原土面深5~10 cm。踏实穴底松土,将土球放稳,树干直立,拆除并取出不易腐烂包装物,向种植穴内填土至合适的高度并踏实,加支撑立柱。种植后在略大于种植穴直径的周围,筑成高度为15 cm~20 cm的灌水围堰。新植苗木要及时浇第一遍透水,根据天气情况再浇第二、三遍水,浇水后出现土壤沉陷,致树木倾斜时,及时扶正、培土。浇水渗下后,及时用围堰土封住树穴。

6. 苗木的养护管理

养护期间,确保大树不会歪斜。发现土壤水分不足时要及时浇灌。在夏天,要多对地面和树冠喷洒清水,增加环境湿度,降低蒸腾作用。为了促进新根生长,可在浇灌的水中加入0.02%的生长素。雨后积水应及时排除。移植后第一年秋天,就应当施一次追肥。第二年在早春和秋季进行。肥料的成分以氮肥为主。乔木在暴风来临前夕,应做好防止吹倒的预防工作,如加固支撑、加土、打桩等工作。

案例2　白杆大苗移植技术

　　白杆属于松科云杉属植物,树高可达30 m,胸径60 cm,为中国特有树种,原产于山西、河北、内蒙古自治区。白杆四季常绿,树形优美,生长速度较快,适应性较强,广泛应用于园林绿化。白杆大苗移植再生能力较弱,为保证其成活,在移植与后期管理中应注意以下技术问题。

一、大苗移植基本原理

　　1.近似生境原理

　　移植后的生境与原植地类似,移植成功率较高。移植前,需要对大苗原植地和定植地的光、气、热等小气候条件和土壤条件进行调查,根据测定结果改善定植地的土壤条件,以提高大苗移植的成活率。

　　2.树势平衡原理

　　树势平衡是指乔木的地上部分和地下部分必须保持平衡。移植大树时,如对根系造成伤害,就必须根据其根系分布情况,对地上部分进行修剪,使地上部分和地下部分的生长速度基本保持平衡。如果地上部分所留比例超过地下部分所留比例,可通过人工养护弥补这种不平衡性,如遮阳以减少水分蒸发,叶面施肥,对树干进行包扎阻止树体水分散发等。

二、大苗移植关键环节

　　1.移植时间

　　大苗移植时间原则上要在苗木休眠期,即春季和秋季移植。春季移植多在4月中旬至5月底前,土壤解冻时为宜;秋季移植应在苗木停止生长进入休眠期时进行,一般从10月下旬开始。起苗时要在凌晨、傍晚或者夜间进行,要随起随栽。

　　2.苗木选择

　　移植苗木的标准是树冠完整、顶芽完好、无病虫害、生长健壮、高矮均衡,对合乎标准的树木做好标识,可用带颜色的线绳拴在树枝上,或者用喷漆涂抹标识。

　　3.移植方法

　　白杆绿化大苗移植多采用带土球起苗。土球的大小根据移植苗木的大小确定,一般是所移植苗木地径的8~10倍。要边挖掘、边用草绳捆绑(草绳要浸水),第一道草绳以捆紧为宜,不要太紧,以免捆破或捆伤根系;第二道草绳则应尽可能紧和密。

　　4.修剪

　　修剪就是大苗移植过程中对地上部分进行处理,是减少植物地上部分蒸腾作用从而保证树木成活的重要措施。根据园林绿化的标准要求,对白杆最下层枝条进行适量修剪,这样既便于起苗时操作,又不影响树形的美观。

　　5.包装和运输

　　移植规格较大的带土球白杆苗木(胸径在10~15 cm之间),要做好包装,保护土球及根系,确保移植成活率。一般采用草绳、草片、草袋、麻袋等软质材料包装,目前多用草绳包装。苗木运输要迅速及时,较长距离运输时,中途停车应停在阴凉处,且经常要给苗木喷水,以补充移植树体内的水分。

6. 栽植

栽植时间一般以阴天、无风天最佳,晴天宜上午11:00前或下午3:00以后进行。栽植行道树时,应在栽植前进一步按大小分级,相邻树的高度要求相差不过50 cm,干径不超过1 cm。用于园林绿化树,应根据设计规划树形栽植。在栽植时,先对坑穴四周垫少量的土,使树干稳定,然后剪开包装材料,将不易腐烂的包装材料一律取出,使土球(根系)与土壤充分接触,以免绳子霉烂发热影响根系断面愈合以及新根的生长。栽植深度比土球深5~10 cm左右即可,栽植后要夯实回填土,并浇一次透水。1~2 d后穴土下沉出现裂缝,应及时踏实或用水灌缝,使根系与土壤充分接触。7 d后再浇1次透水。15 d左右再浇第二次透水,以后应视天气情况适量浇水。移植时应注意不要窝根,尽量使根系舒展。窝根后苗木会产生假活现象,第二年还会死亡。窝根是白杆移植苗成活率低的主要原因。因此,在移植过程中要进行苗木截根,即剪去过长的根系,可以避免窝根;另一方面,通过截根促进苗木多发侧根、须根,调整苗木地上、地下部分的比例,培育优良冠形。

三、大苗移植后的养护管理

1. 加强树体保护

(1)设支撑架 新移植大苗后,应立即设支撑架固定,以正三角形桩最为稳固,支撑点应在树高的2/3处,并加保护垫层,以防擦伤树皮。

(2)防治病虫害 病虫害要坚持预防为主,根据树种特性和其发生规律,做好防范工作。新植大苗抗病虫害能力差,要根据当地病虫害的发生情况对症下药,消除隐患。树木主干和较大分枝,要用草绳、草袋等软材料严密包裹,让包裹处有一定的保温和保湿性,可避免阳光直射和干风吹袭。尤其是受到损伤的树皮,要及时进行消毒、包裹等处理,以避免病虫害的侵害。

(3)施肥 施肥有利于恢复树势。白杆大苗移植初期,根系吸肥能力低,宜采用根外追肥,一般15 d左右追1次。时间选在早晚或阴天进行叶面喷洒,如遇降雨应再喷1次。根系萌发后,可进行土壤施肥,要求薄肥勤施,谨防伤根。

(4)防日灼和防冻 夏季气温高、光照强,树木移栽后应喷水雾降温,必要时应做遮阳伞。冬季气温偏低,为确保成活,常采用草绳绕干、设置风障等方法防寒。

2. 做好苗木保湿工作

(1)及时遮阳 大苗移植初期,要搭遮阳棚降低树木周围温度,减少水分蒸发。一般遮阳度以60%~70%为宜,以后视树木生长状况和季节变化,逐步去掉遮阳棚。

(2)水分管理 树木地上部分尤其是叶片,因为蒸腾作用会散失大量水分,必须喷水保湿。最有效的办法是给树木输液(打吊针)。如果有条件,还可以用高压水枪喷雾或者用供水管安装在树冠上方,再安装一个或若干个细孔喷头进行喷雾,使树干、树叶保持湿润。同时还可以增加树周围的湿度,降低温度,减少树木体内有限的水分、养分消耗。同时要控制水量,新植大苗因根系损伤吸水能力减弱,对土壤保持湿润即可。水量过大,反而不利于大树根系生根,还会影响土壤的透气性,不利于根系呼吸,严重的还会发生沤根现象。

(3)提高土壤通气性 在及时中耕防止土壤板结的同时,要在移植大苗附近设置通气孔(要经常检查,及时清除堵塞),保持良好的土壤通气性,有利于大苗根系萌发。新移植白杆大苗的养护方法、养护重点,因其环境条件、季节、树体的差异,应因时、因地、因树灵活运用,才能达到预期的效果。

学习自测

知识自测

一、填空题

1. 苗木起掘时由于树种、移植时期和施工需要的不同常采用_____、_____、_____等移植方法。
2. 苗木栽植时常采用_____、_____的方法。
3. 起掘后的苗木在栽植前一般进行_____、_____、_____、_____等整理措施。
4. 带土球移植苗木时土球的规格一般乔木以_____确定,灌木以_____确定。
5. 苗木移植后主要的管理措施有_____、_____、_____、_____等措施。

二、名词解释

1. 大苗　　　　　　　　　　2. 移植苗
3. 苗木移植

三、简答题

1. 园林苗木移植的作用有哪些?
2. 园林苗木移植可在哪些时期进行?各时期有什么特点?
3. 园林苗木移植的次数和密度由什么决定?

技能自测

现有1000株三年生紫丁香苗需要移植养护两年,苗木株高1.5 m,冠幅1 m,有一块土地面积可满足需要,前茬作物为大豆,地势平坦,土层深厚。请制订一份从整地到栽植成活的全过程的计划,包括生产过程、人员工具管理、资金使用。

任务二　园林苗木整形修剪

实施过程

一、自然式整形

自然式整形,在园林应用中常被用做庭荫树、独赏树、行道树、片林、基础种植树等。

1. 剪整常绿乔木类

常绿乔木常被用做独赏树、行道树、片林。一般不要求主干高度,有完整丰满的树冠,枝条分布匀称,根系发达,无病虫害。枝条顶端优势明显的树种(单轴分枝类),如油松、云杉、雪松,苗期保持顶芽不被损坏,保持主轴的绝对生长优势,必要时用支架支撑,单轴向上延伸,疏除枯枝、病弱枝和少量影响株形的枝条。松树类可疏除过密、细弱的轮生枝,疏除球果不使结实,群体栽植时可适当疏除下部的轮生枝,以提高整体树冠;枝条顶端优势不明显的树种(合轴分枝类),如侧柏、圆柏等,疏除与主轴的竞争枝,保持单轴延伸,其余侧枝基本不动,疏除枯枝、病弱枝和少量影响株形的枝条。

2.剪整落叶乔木类

落叶乔木常被用做庭荫树、独赏树、行道树、片林。要求主干通直,具有一定的主干高度(庭荫树 2.0~2.5 m,行道树 2.5~3.5 m),有完整丰满的树冠,枝条分布匀称,根系发达,无病虫害。培养主干和树冠时通常有以下三种方法:

(1)逐年养干法　适用于干性强的树种(属单轴分枝类),如银杏、毛白杨、灯台树等。苗期保持主轴的绝对生长优势,单轴向上延伸,每年疏缩主干下部处于弱势的侧枝,逐渐提高干高,疏除枯枝、病弱枝、竞争枝、直立枝、徒长枝,保持完整株形。直至高度和冠幅达到工程要求。如图 5-7 所示。

(2)先养根后养干法　适于干性弱的树种(属合轴分枝类),如旱柳、刺槐、榆树等。移植时适当密植,促进主轴直立,先保留侧枝,当苗长到 1~1.5 m 以上时,有目的地交替选留优势的侧枝作为主干培育,适当疏除下部过细弱枝,注意不要急于求成。主干达到干高要求以后每年缩减树冠高度的 1/3~1/2,使整体树冠保持一致,同时有利于主干的加粗。如图 5-8 所示。

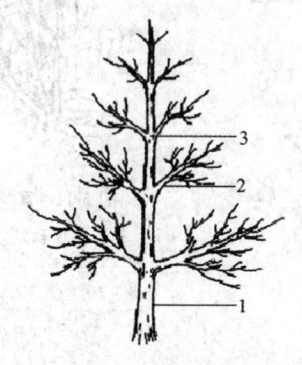

图 5-7　单轴分枝
1—主干;2—主枝;3—单轴中心干

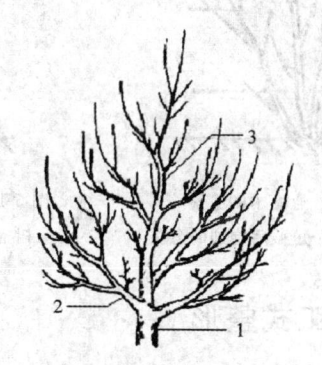

图 5-8　合轴分枝
1—主干;2—主枝;3—单轴中心干

(3)截干法　适用于干性弱,但萌芽力较强的树种(属合轴分枝类),如法国梧桐、国槐、栾树等的播种苗。一般在移植后第一年,将苗木的地上部分从根颈处截去,刺激基部潜伏芽萌发新梢,选留一个端直强旺的新梢培养成主干,主干达到干高要求后可以定干,以后每年疏缩 1/3~1/2 的树冠,以促进主干加粗生长。

3.剪整灌木类

要求 3~5 个分枝,具有一定高度、完整丰满的树冠,根系发达,无病虫害,如矮紫杉、沙地柏、铺地柏、胶东卫矛、紫丁香、连翘、珍珠梅、金银忍冬等。一年生苗长到 10~20 cm 时,顶端摘心,促发分枝,选留 3~5 个角度均衡、长势均匀的分枝作为主分枝培养,其余抹除。每年注意保持和调整各主分枝之间的平衡,直至高度和冠幅达到工程要求。也有将灌木类苗木培养成主干形的,单株只留一个分枝,设立柱支持,达到定干要求后截干,只保留分枝上部的树冠,控制生长。如图 5-9、图 5-10 所示。

4.剪整藤本类

藤本类包括常绿和落叶两大类,常被用做棚架、廊、亭、墙等的垂直绿化。要求 3~5 个分枝,粗度 1~2 cm 以上,根系发达,无病虫害,如五叶地锦、紫藤、山葡萄、凌霄、常春藤等。藤本植物在育苗时先搭设架面,苗木移植后距地面 10 cm 短截,发出新梢后选留3~5枝作为主蔓培养,按 30~50 cm 的间距均匀地分布在架面上。及时抹除多余萌蘖,每年适当回缩主蔓,以增加粗度。如图 5-11 所示。

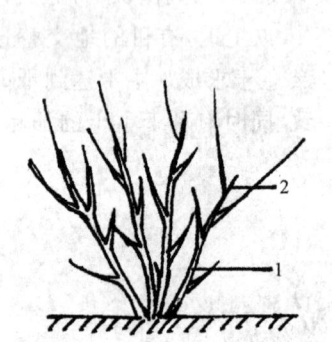

图 5-9　普通灌木的剪整
1—主分枝;2—短截后增加的分枝

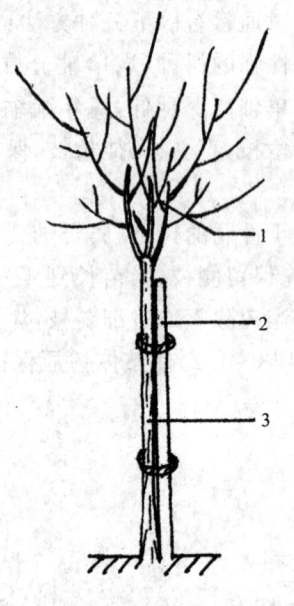

图 5-10　单干式的剪整
1—树冠;2—支架;3—主干

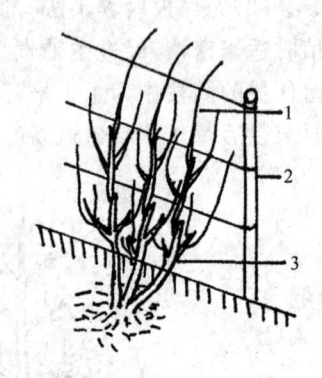

图 5-11　藤本类的剪整
1—主蔓延长枝;2—支架;3—主蔓

二、人工式整形

许多乔木、灌木、藤本植物都可采用人工式整形方式进行整形,实际应用中可分为几何式形体整形和非几何式形体整形两类。

1. 剪整几何式形体

常见的几何形体有正方形、长方形(植篱)、球形、半球形、圆锥形、圆柱形、杯状形、伞形、城堡形等,它们在整形构思时基本上遵循规则几何图形的构图规则,如有直线、弧线、固定的角度、固定的长度、相同的圆心、同一个对称轴等。

苗木移植成活后,缩剪植株促发分枝,以树冠中轴及树木的根部为核心,按照既定的几何形体修剪;新梢每长出 10~20 cm 时修剪一次,直至形成施工所需要的规格;一次剪整时先确定修剪的高度,在高度范围内要包括绝大部分的新梢,使形体完整;一次修剪要调整两边,初剪形成大致轮廓,再剪时作精细调整。如图 5-12、图 5-13 所示。

2. 剪整非几何式形体

常见的非几何形体有图形形式、建筑物形式、动物雕塑形式等。

事先设计好创作意图,苗木移植成活后,有目的地筛选枝条培养,可以通过疏缩空间、短截增加分枝、拉扭撑改变枝条方向、加设轮廓框架固定枝条等方法达成设计意图。如图 5-14 所示。

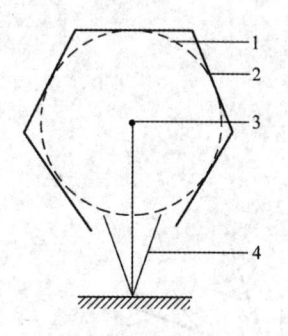

图 5-12　几何图形初剪
1—设计轮廓；2—初剪轮廓；
3—几何中心；4—主分枝

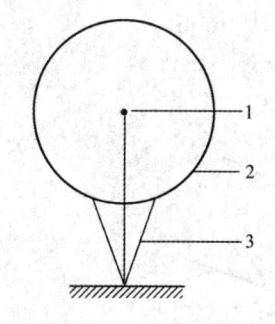

图 5-13　几何图形精剪
1—几何中心；2—精剪轮廓；3—主分枝

图 5-14　非几何式形体的剪整

三、混合式整形

多用于观花、观果类园林植物的剪整，一般为落叶乔木、灌木。

1. 剪整疏散分层形（主干形）

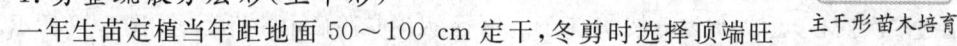

一年生苗定植当年距地面50~100 cm定干，冬剪时选择顶端旺盛直立的一年生枝作为中心干延长枝；在整形带内选择长势均衡的3~4个分枝作为第一层主枝，分枝层内距20~30 cm，水平间距90~120 cm，主枝不要朝向正南方；中心干延长枝及主枝饱满芽处短截，剪口下第一芽留外芽。第二年冬剪时选择第一层主枝先端的一年生枝为延长枝；选择主枝上距主枝基部40~60 cm的侧向分枝为第一侧枝，第一层主枝的第一侧枝处在主枝的同侧（左侧或右侧）；中心干延长枝的整形带内选择2~3个分枝作为第二层主枝，第二层主枝在垂直方向不要与第一层主枝同向，第一、二层间距80~100 cm，中心干先端的一年生枝仍为新一轮的延长枝，主、侧枝、延长枝饱满芽处短截。以此类推，最终形成有中心干、主枝分层分布在中心干上，一层主枝3~4个、侧枝2个，二层主枝2~3个、侧枝1个，三层主枝1~2个，层间距80~100 cm，层间分布辅养枝的树体结构。修剪时注意保持各骨干枝间的平衡，保持辅养枝弱或中庸生长势，疏除竞争枝、直立枝、徒长枝。如图5-15所示。

2. 剪整自然开心形

一年生苗定植当年距地面50~100 cm定干，冬剪时在整形带选择长势均衡的3~4个分枝作为主枝，剪去主枝以上枝干落头开心。主枝层内距20~30 cm，水平间距90~120 cm，主枝不要朝向正南方，主枝与垂直方向呈60°~70°的开张角度；主枝饱满芽处短截，剪口下第一芽留外芽。第二年冬剪时选择主枝上距主枝基部40~60 cm的侧向分枝为侧枝，使侧枝处在主枝的同侧（左侧或右侧）；主枝、侧枝延长枝饱满芽处短截。第三年在主枝的另一侧选出第二侧枝，骨干枝间配以辅养枝和枝组，保持各骨干枝间的平衡，疏除竞争枝、直立枝、徒长枝。如图5-16所示。

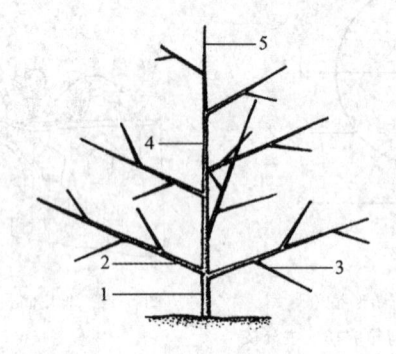

图5-15 疏散分层形
1—主干；2—主枝；3—侧枝；4—中心干；5—延长枝

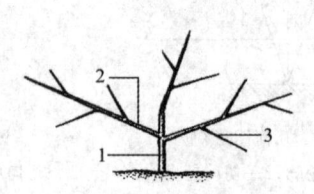

图5-16 自然开心形
1—主干；2—主枝；3—侧枝

3. 剪整嫁接苗木

嫁接繁殖多用于乔木和灌木优良品种的扩繁，园林苗木繁育时乔木类多采用高接，灌木类多采用低接，如金叶榆、金叶复叶槭、紫叶矮樱等。无论是高接还是低接，对于接穗部分都是通过多次摘心（短截）促发分枝，逐渐形成树冠，及时抹除砧木的萌蘖。如图5-17所示。

龙爪槐大苗春季修剪　　垂直海棠春季修剪

4. 剪整垂枝类苗木

园林苗木中的垂枝类苗木主要是通过嫁接来繁殖的，如龙爪槐、垂枝榆等。除及时抹除砧木的萌蘖外，主要是对嫁接的接穗进行修剪。以龙爪槐为例，嫁接后的第一年冬季修剪，疏除过密、细弱枝，以嫁接口为水平面短截所有枝条，剪口留外芽，保证树冠的完整。第二年修剪，同样以嫁接口为水平面短截所有枝条，这样经过多年的修剪，冠幅会不断扩大，形似伞盖。如图5-18所示。

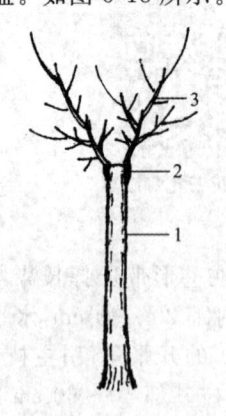

图5-17 嫁接苗的剪整
1—主干；2—嫁接口；3—树冠

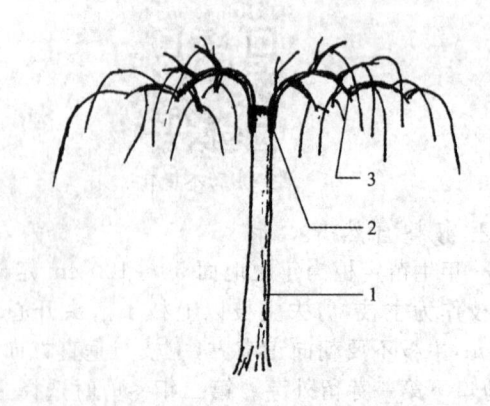

图5-18 垂枝类的剪整
1—主干；2—嫁接口；3—树冠

相关知识

一、整形修剪的概念

修剪是对植物的某些器官,如枝、芽、干、叶、花、果等进行剪截、疏除的具体操作;整形是指为提高园林植物观赏价值,根据植物生长发育规律或人为意愿对植物的外形进行调整,使之形成栽培者所需要的外观形态。修剪是手段,整形是目的,两者紧密相关,统一于一定的栽培管理条件下。

二、整形修剪的意义

根据园林植物的生长发育规律、栽培环境和栽培目的不同,需要进行适当的修剪整形,其主要有以下意义:

1. 提高移栽的成活率

苗木起运时,不可避免地会损伤部分根系,致使苗木地上与地下的水分与养分供应失衡,入不敷出。在起苗前后,适当剪除地上部的枝干,摘除部分叶片,调整根幅范围,可以减少水平和养分的散失,促进伤口的愈合,可以提高移植的成活率。

2. 调节营养生长与生殖生长的关系

通过修剪形成合理的树体结构,通过抹芽、疏枝、扭梢、疏花、疏果等措施,调节树体内的营养合理分配,使枝梢生长与开花结果达到动态平衡,更好地体现观赏植物价值。

3. 培养优美的树形

通过修剪整形,可以把园林苗木培育成符合特定要求的形态,使之成为具有一定冠形、姿态的观赏树形,如各种动物、建筑物、尖塔形、几何形等类型。

三、整形修剪的时期

整形修剪全年都可以进行,相对集中的主要在冬季和夏季。

1. 休眠期修剪(冬季修剪)

园林苗木从冬季停止生长开始至春季萌发前,树木生长停滞,树体内营养物质大都回归根部贮藏,修剪后养分损失最少,且修剪的伤口不易被病菌感染,是修剪的适宜期。

冬季修剪的具体时间应根据当地的寒冷程度和最低气温来决定。如冬季严寒的地方,修剪后伤口易受冻害,早春修剪为宜;对一些需保护越冬的花灌木,在秋季落叶后立即重剪,然后埋土或包裹枝干;在温暖的南方地区,冬季修剪时期,自落叶后到翌春萌芽前都可进行;有伤流现象的树种,一般在冬前修剪。

2. 生长期修剪(夏季修剪)

在夏季植物生长季节内进行的修剪,自春季萌芽后开始至秋季停止生长前结束。此期园林植物枝叶生长旺盛,是树体结构形成的关键时期,修剪后改善了树体内部的通风和透光条件,另外,也将无效的枝、叶、花、果及早处理,还可以大大地节省营养,所以夏季修剪是理想的修剪时期。现如今多采用冬夏结合、夏季为主的修剪策略。

四、整形修剪的依据

1. 按需修剪

在园林绿化中,园林植物都有各自的作用和不同的栽培目的。不同的整形修剪措施会形成不同的效果,不同的绿化目的各有其特殊的整形要求。因此,修剪时必须明确植物的栽培目的与要求,根据需要进行修剪。

①庭荫树、丛植的观赏树等应采用自然式整形。

②以观花为目的的植物,如梅花、樱花、夹竹桃等,应以自然式或圆球形为主,使植物上下花团锦簇,满株有花。

③主景区和规则式园林中,修剪整形应相当精细,并进行各种艺术造型,使园林景观多姿多彩、新颖别致、充满生气,吸引游人。

④绿篱类植物则应采用规则式的修剪整形,以展示植物群体组成的几何图形。

⑤在游人较少的地方,或以自然格调为主的游园和风景区中,应当采取粗剪的方式,保持植物的粗犷和自然株形,使游人有回归自然的感觉。

2. 因地制宜

园林植物与周围的环境是一个完整的整体,体现出生态园林的特色。

①种植在门厅两侧的园林树木,整形时可用规则的圆球式或悬垂式树形。

②在高楼前的园林植物,可选用自然式的冠形,以丰富建筑物的立面构图。

③道路两侧有架空线路的地方,行道树采用杯状式树形。

④在风口、空旷地区,应适当控制植物高生长,降低分枝点高度,并抽稀树冠,增加透风性,防风折、风倒。

⑤南方地区雨水多,空气湿润,易引起病虫害,应进行重剪,增强树冠的通风透光条件,保持植物健壮生长。

⑥在干燥的北方地区,降雨量少,易引起干梢或焦叶,修剪不宜过多,以保持较多的枝叶,使其相互遮阳。但冬季积雪多的地区应重剪,以防雪压。

3. 因枝修剪,随株作形

植物的生长习性(分枝方式、萌芽力、成枝力等)不同,可以形成不同的自然株形,因而应该采用不同的整形方式与修剪方法。

①很多圆柱形、尖塔形、圆锥形树冠的乔木,如钻天杨、毛白杨、圆柏、铅笔柏、银杏等,顶芽优势强,在整形时应保留中心领导干,以自然式修剪为主。

②一些顶端优势不强,但发枝力强的树种,如桂花、栀子花、榆叶梅、毛樱桃等,容易形成丛状树冠,可剪成圆球形、半球形等形状。

③喜光植物,如梅花、樱、李等,为了提高观花观果效果,可采取自然开心形的整形方式。

④具有曲垂而开张习性的树种,如龙爪槐、垂枝榆、垂枝梅等,应以疏枝和短截为主。

⑤萌芽力、成枝力强的植物可多修剪、重修剪,如悬铃木、大叶黄杨、女贞、圆柏、海桐等;反之,则应少修剪、轻修剪,如梧桐、桂花、玉兰、构骨等。

⑥同一株植物的枝条有不同的生长势、不同的生理特性,修剪时也应考虑采取不同的修剪方法。如长枝可采取圈枝、短截、疏剪等方法修剪,而短枝则一般不修剪。

4. 树龄树势

不同树龄的植物修剪方针不同：幼龄树主要体现离心生长，需扩大营养面积，以轻剪为主，保留更多的枝叶；成龄树树冠基本形成，应适当增加修剪量，维持树冠范围相对稳定；老龄树主要体现向心生长，干枝逐渐老化干枯，应以重剪为主，回缩老枝，促发新枝。不同生长势的植物修剪方法也不同：营养生长旺盛的植物，宜轻剪，以防重剪而破坏树木的平衡，影响开花；营养生长势弱的植物应进行重剪，剪口下留饱满芽，以促弱为强，恢复树势。

五、整形修剪方式

1. 自然式整形

根据植物生长发育状况特别是枝芽习性，在保持原有的自然株形的基础上适当剪整，称为自然式整形。自然式整形基本上保持原有的株形，充分表现了园林植物的自然美。修剪时，只对枯枝、病弱枝和少量影响株形的枝条进行调整。

（1）尖塔形　有明显的主干，属单轴分枝，顶端优势明显。如雪松、南洋杉等。

（2）圆柱形　上、下主枝长度相差较小，形成上下几乎一样宽的树冠，属单轴分枝。如北京桧、钻天杨等。

（3）圆锥形　形似圆锥，介于尖塔形与圆柱形之间，属单轴分枝。如云杉、西安桧等。

（4）椭圆形　主干和顶端优势明显，基部枝条生长较慢。大多数阔叶树属于此冠形，如加杨、山桃等。

（5）垂枝形　有一段明显的主干，但枝条下垂，如垂柳、龙爪槐、垂枝桃等。

（6）伞形　一般也是合轴分枝形成的冠形，有主干，枝条分布成伞状，如合欢、鸡爪槭等。还有些只有主干、没有分枝的，如山皂荚等。

（7）匍匐形　植物枝条匍地而生，如沙地柏、偃柏等。

（8）圆球形　属合轴分枝，如樱花、元宝枫等。

2. 人工式整形

根据观赏的需要，将植物强制修剪成各种特定的形状，称为整形式修剪。整形式修剪几乎不考虑植物生长发育的特性，彻底改变了园林植物的自然株形，按照人们的构思要求修剪整成各种几何体或非规则式的动物形体。一般用于枝叶繁茂、枝条细软、不易折损、不易秃裸、萌芽力强、耐修剪的植物种类，如圆柏、黄杨、罗汉松、六月雪、水蜡树、暴马丁香等。人工式整形修剪形成的冠形，经过一定时期自然生长后会被破坏，需要经常不断地剪整才能得以保持。

秋子梨大苗磨盘树冠造型修剪

（1）几何形体式整形　按照几何形体构成标准进行修剪整形，如正方形、长方形、球形、半球形、圆锥形、圆柱形、杯状形、城堡形等。

（2）非几何体式整形　根据整形者的意图，创造出各种各样的形体。线条不宜过于繁琐，以轮廓鲜明简练为佳。修剪时事先做好轮廓样式，借助于棕绳、铁丝等进行整形。

①图形式：在庭院及建筑物附近为达到垂直绿化墙壁的目的而进行的整形。如U形、文字形、肋骨形等。

②建筑物形式：亭、楼、台等。

③动物雕塑式：龙、凤、狮、马、鹤、鹿、鸡等。

3. 混合式整形

混合式整形指以园林植物原有的自然形态为基础，加上人工改造的整形方式。多用在观花观果及藤本类植物的整形上。这类整形方式很多，比较常见的有：

(1) 疏散分层形　有强大的中央领导干，主枝在中心干上分三层，第一层3～4个主枝，第二层2～3个主枝，第三层1～2个主枝，层间距80～10 cm，主枝开张角度60°～80°，多呈半圆形树冠。

(2) 自然开心形　无中心干，有三大主枝。主枝向三个方向伸展，主枝与主干的夹角约45°，三主枝间夹角约120°。这种树形受光面积较大，通风透光，利于开花结果。园林中桃、梅、石榴等观花树木整形修剪时采用这种方式。

六、整形修剪的方法

1. 截

截又称短截，即剪去一年生枝条的一部分，对剪口下侧芽有刺激作用，是修剪最常用的方法。根据短截程度可以分为以下几种：

(1) 轻短截　只剪去一年生枝梢的1/4～1/3。剪留的枝芽量多，截后易形成较多的中、短枝，单枝生长较弱，起到缓和生长势，促进花芽分化的作用。

(2) 中短截　剪去一年生枝条的1/3～1/2。剪留的枝芽量适中，剪口下有大量的饱满芽，可萌发几个较旺的枝和部分短枝，生长势强，枝条加粗生长快，一般用于延长枝和骨干枝修剪。

(3) 重短截　剪去一年生枝条的2/3～3/4。剪留的枝芽量少且芽的质量差，剪截后萌发的侧枝少，枝条生长势旺，不易形成花芽。但要注意，过重修剪后会削弱植物整体的生长量。

(4) 极重短截　剪留基部1～3个不饱满芽，剪后只能抽生1～3个较弱枝条，一般多用于竞争枝处理或降低枝位。

(5) 回缩　剪掉多年生枝条的一部分。修剪量大，刺激较重，有更新复壮的作用。

(6) 摘心　剪除新梢一部分，这是最早的短截，作用相同，可以节省营养。

2. 疏

疏又称疏剪，即将枝条从分枝点剪除。一般用于疏除枯枝、病虫枝、过密枝、徒长枝、竞争枝、衰弱枝、下垂枝、过密的交叉枝、重叠枝、并生枝等，是减少树冠内部枝条数量的修剪方法。疏剪可使枝条分布趋向合理、匀称，并改善通风透光条件，使枝叶生长健壮，有利于花芽分化和开花。按疏剪的强度可分为以下几种：轻疏(疏枝量占全株枝数的10%以下)、中疏(疏枝量占全株枝数的10%～20%)、重疏(疏枝量占全株枝数的20%以上)。

疏剪强度因植物种类、生长势和年龄而定。一般萌芽力强、成枝力弱的或萌芽力、成枝力都弱的树种，少疏枝；萌芽力、成枝力均强的树种，可多疏。幼年树为促进树冠迅速扩大，一般轻疏或不疏，花灌木类宜轻疏以提早形成花芽开花；成年树的生长和开花进入盛期，枝条多，为调节营养生长与生殖生长的关系，适当中疏；衰老期的植物，萌发新枝的能力弱，只能轻疏。

3. 伤

用各种方法损伤枝条，以达到缓和枝势、调节营养分配的目的。常见的有以下几种：

(1)环剥　在发育期,用刀在树木的枝干上适当部位环状剥去一定宽度的树皮,称为环剥。环剥深达木质部,宽度以1个月内剥皮伤口能愈合为限,一般为2～5 mm,有利于环剥上方枝条营养物质的积累和花芽的形成。环剥后的枝条虽然可以恢复生长,但对长期发育影响较大,一般不在主干、主枝上采用。

(2)刻伤　用刀在芽的上方切口,深达木质部。一般在春季萌芽前进行,可阻止根部贮存的养分向上运输,使位于刻伤口下方的芽获得较多养分,有利于芽的萌发和抽新枝。

(3)扭梢和折梢　在生长季内,将生长过旺的枝条,特别是着生在枝背上的旺枝,在中上部将其扭曲下垂,称为扭梢,或只将其折伤但不折断(只折断木质部),称为折梢。扭梢与折梢是伤骨不伤皮,其阻止了水分、养分向生长点输送,削弱枝条生长势,利于短花枝的形成。

4. 变

改变枝条生长方向,调节枝条生长势的方法称为变。如用曲枝、拉枝、抬枝等方法,将位置不理想的枝条,引向其他方向,可以加大枝条开张角度,使顶端优势转位、加强或削弱。

5. 放

放又称缓放、甩放或长放,即对一年生枝条不做任何短截,任其自然生长。缓放后的单枝生长势逐年减弱。

七、剪口的处理与保护

1. 剪口及剪口芽

修剪后的伤口称剪口,剪口的形状可以是平剪口或斜切口,采用平剪口较多。剪口下第一个芽称剪口芽。剪口芽决定了其所在枝条的长势和发展。剪口距其下芽1～2 cm,对剪口芽起到保护作用,称为保护橛,防止剪口在不愈合的情况下过分失水对芽带来影响。

2. 剪口的保护

剪口是人为在树体上造成的伤口,需要通过树体切断营养供应、形成愈合组织修复。当伤口较大时,则短时间内无法修复,水分、养分大量散失、病菌滋生入侵、暴露的木材部分腐烂。小的剪口可不用处理;大的剪锯口先用刀削平伤口,用杀菌剂等消毒,再涂上铅油、保护蜡等保护,特别是形成层部分。

八、修剪新技术

手工修剪劳动强度大,效率低,耗费大量的劳力和物力。因此,一些修剪效率高、成本低的修剪方法不断被采用。目前,应用较广的有机械修剪和化学修剪。

1. 机械修剪

机械修剪采用的机械主要有电动式手锯、油锯、气动高枝剪、绿篱修剪机等。机械的使用大大提高了修剪效率,省工省力。

2. 化学修剪

化学修剪即利用某些化学试剂处理枝条,抑制枝梢生长,达到修剪的效果。如使用生长延缓剂、调节磷、矮壮素等。

知识拓展

一、整形修剪中的常用术语

1. 主干　通常指根颈（地面）以上到第一分枝之间的树干部分。

2. 树冠　树体主干以上部分的总称。

3. 骨干枝　在树冠内起骨架作用的永久性分枝。其数量和分布排列状况决定树体形态和结构，而树体结构的好坏与园林苗木的受光量和光合作用效率密切相关，是决定园林植物观赏效果的关键。骨干枝一般分为三级：中心干、主枝和侧枝。

4. 中心干　处于树冠中心的骨干枝，是主干向上垂直延伸的部分，亦称中央领导干或零级骨干枝，与主干合称为树干。

5. 主枝　着生在树干（或者中心干）上的骨干枝（永久性分枝），亦称一级骨干枝。

6. 侧枝　着生在主枝上的骨干枝（永久性分枝），亦称二级骨干枝。

7. 辅养枝　着生在中心干上的临时性分枝，主要起到补充空间、分散营养和前期结果的作用，在其影响骨干枝生长时要及时疏缩。

8. 枝组　着生在骨干枝上的具有两级以上分枝的枝群，是叶、花、果着生位置，是树体的基本生产单位。

9. 竞争枝　与骨干枝及其延长枝存在竞争关系的枝，一般与骨干枝具有相似的芽质量、相近的位置，对骨干枝的发展构成威胁。

10. 徒长枝　多由潜伏芽萌发形成的枝，生长速度快，组织不充实，多影响树体结构，或形成竞争。

11. 顶端优势　枝条顶端或近顶端的芽萌发后形成的枝生长势强，角度直立，而其下的芽萌发后形成的枝生长势逐渐减弱，角度逐渐开张的现象，主要受芽的质量和内源激素水平影响。

12. 定干　一年生苗木栽植后中心干上的第一剪，称为定干。剪截后基本确定了主干的高度。

13. 整形带　中心干延长枝剪口下 20～40 cm 范围内的枝干部分，称为整形带。这一范围内的芽眼饱满，整齐度一致，萌发后可培养出一级骨干枝。

14. 单轴分枝　枝条的顶芽优势明显，树体的中心干基本上由顶芽多年连续萌发形成。

15. 合轴分枝　枝条的顶芽优势不明显，每年由顶芽以下的优势侧芽代替顶芽交替向上生长，树体的中心干基本上由多芽多年连续萌发形成。

16. 伤流现象　有些树种根压较大，如葡萄，根系处于活动时期时枝皮破伤会有大量组织液渗出，长期不止，形成伤流。伤流大的树种，修剪时易在冬前。

17. 独赏树　又称孤植树、独植树、标本树或赏形树，指自然式整形树木孤立种植，也有用同一品种的 2～3 株树合栽成整体树冠的。主要表现树木的个性特点和个体美，可以独立成为景物供观赏用。

18. 庭荫树　又称绿荫树，主要以能形成绿荫供游人纳凉避免日光曝晒和装饰用，以观赏效果为主结合遮阴。许多具有观花、观果、观叶的乔木均可作为庭荫树,但不宜选用易污染衣物、易遭病虫害的种类。

19. 行道树　为了美化、遮阴和防护等目的,在道路旁栽植的树木。要求对城市环境有较高的抗性;干性强、树冠大、发芽早、落叶迟而集中、花果不污染街道、耐修剪、树皮不怕强光曝晒、不易发生根蘖、病虫害少、寿命长、根系深等。

20. 观花树　凡具有美丽的花朵或花序,其花形、花色或芳香有观赏价值的乔木、灌木及藤本植物均称为观花树或花木。要求花形、花色、芳香等方面有特色。

21. 树丛与片林　树丛是由两株到十几株同种或异种乔木,或乔、灌木组合而成的种植类型。片林是由多数乔灌木混合成群、成片栽植而成的种植类型,主要考虑水土保持性、休疗养性、生产性。

二、园林苗木物候期

园林苗木年周期生命活动是园林苗木在系统发育过程中所形成的,在一年中随着季节的变化而发生的外部形态及内部生理、生化等方面的规律性变化称为园林苗木气候学时期,简称物候期。落叶园林苗木在一年中的生命活动,明显有两个阶段,即生长期及休眠期。在生长期中,可看出明显的形态变化,萌芽、开花、枝叶生长、芽的形成、果实发育和成熟、落叶及休眠。而常绿园林苗木则无集中的落叶期,大多数也无明显的休眠期。

三、园林苗木的营养生长

(一)根系的生长发育

1. 分布特点　依根系在土壤中分布的状况分为水平根和垂直根。水平根是指与地面近于平行生长的根系,其分布范围总是大于树冠,通常从栽植的第二年起就超出树冠范围,一般为树冠冠幅的1~3倍,其中以树冠外缘附近较为集中,是施肥的主要部位。垂直根指与地面近于垂直生长的根系,其分布深度一般都小于树高。

2. 年生长动态　根系无自然休眠现象,只要条件适宜,可以随时由停止生长状态迅速过渡到生长状态。在年周期中,根系生长动态取决于外因(土壤温度、肥水、通气等)及内因(树种、当年生长状况等)。但在某一时期有不同的限制因子,如高温、低温、干旱、有机营养供应情况、内源激素变化等。在年生长周期中,根系生长与地上部器官的相互关系是复杂的,但其生长高峰总是与地上部器官相互交错发生。发根的高潮多在枝梢缓慢生长、叶片大量形成后,与花果生长高峰期交错发生,这是树体内部营养物质调节的结果。

3. 影响根系生长的因素

(1)树体营养状况　根系生长量取决于地上部所供应的光合产物(有机物质)的数量。贮藏和当年回流的有机养分多,则根系生长旺、发生新根多、延续时间长。

(2)根际环境条件　包括土壤温度、水分、通气状况、理化性质等。土壤温度是制约根系生长发育的决定性因素,根系生长要求的温度因树种不同而异。土壤水分是影响温度、通气、微生物活动和养分状况的重要因素。土壤含水量达到田间持水量的60%~80%最适宜根系生长。土壤通气良好,既可保证根系和土壤微生物呼吸所需要的氧气,又能防止二氧化碳积累而使根系中毒。一般认为土壤中二氧化碳含量达10%以上时,根系的正常代谢活动即遭到破坏。

(二)新梢生长发育

1. 新梢生长机理、动态　新梢的生长分为加长生长和加粗生长两方面。加长生长是由顶端生长点的细胞分裂和分化实现的,春季萌芽标志新梢加长生长的开始。加长生长一年中可多次进行,加长生长的次数和强度受树种和环境条件的影响。新梢的加粗生长是由形成层的细胞分裂和分化实现的。加粗生长开始稍落后于加长生长,基本与加长生长相伴进行,秋后加长生长基本停止而加粗生长仍在继续,多年生枝表现尤其明显,即加粗生长比加长生长停止晚。

2. 影响新梢生长的因素　影响新梢生长的因素很多,首先是自身营养状况,母枝粗度大,可供营养多,新梢生长旺盛,表现为"枝粗优势";着生位置高、分枝角度小、直立生长则新梢长势强;枝位低、分枝角度大则新梢生长弱;内源激素中生长素、赤霉素(GA)、细胞分裂素促进新梢生长;脱落酸、乙烯抑制枝梢生长。在生产上可以利用植物生长调节剂,如比久(B9)、矮壮素(CCC)、多效唑(PP333)、乙烯利、GA 等来调节新梢生长强度。环境条件是影响新梢生长的又一重要因素,其中水、肥条件和温度起主要作用。在保证土壤通气的前提下,水分供应充足能促进新梢迅速伸长,但水多肥少则新梢生长纤弱,过分干旱则会显著削弱新梢的生长;在矿质元素中,氮素对萌芽和新梢加长生长有明显促进作用,钾肥使用多,可促使新梢健壮充实;新梢生长对温度的要求因树种而异,过高、过低对新梢生长都不利;光照也影响新梢生长,一般认为,光照强度大、短光波比例高,有利抑制徒长,新梢生长健壮;光照强度弱则枝梢易徒长,不充实。

四、园林苗木的休眠

园林苗木的休眠分自然休眠和被迫休眠。自然休眠由树种、品种遗传因素决定,必须满足一定的低温量(即需冷量)才能通过,在此期间即使给予生长必需的环境条件,也不能正常生长发育;被迫休眠是指园林苗木已经通过自然休眠,只是由于环境条件不适宜而继续处于休眠状态,一旦条件适宜随时可开始生长。落叶后园林苗木即进入休眠期,外观上生长活动停止,但树体的生命活动仍在进行,主要是体内的生理、生化活动(如营养物质转化、激素和酶的变化等),从而为翌年的生长发育奠定基础。

实操案例

案例1　绿篱整形修剪技术

绿篱是在花坛周围和墙壁、道路旁边,由草本植物和木本植物密植而成的围墙,其形式一般为自然式和规划式两种。自然式是种植后不加以人工修剪,任其自然生长而成,具有天然景色的视觉。规划式是指在栽植后,为了保持美观整齐,需要人工进行不断地修剪整形。常用的整形修剪方法如下:

一、高绿篱的修剪

高绿篱的高度在 1.6 m 以上,一般是单行栽植,也有双行三角形配置。在我国北方地区,用做高绿篱的树种主要为裸子植物,如桧柏、侧柏等。实践中发现,由于沿围墙种植高篱,距围墙太近,常使靠墙一面的树条干枯死亡。因此在沿墙种植高篱时,离墙不得少于 2 m,株间距初植 1 m,待 2～3 年后再隔株去掉 1 株,即将株距扩大为 2 m 左右。高篱种植完毕后,须用长剪将顶部剪平,同时将侧枝一律剪短,使整个树体优势部位降离中心干较近的枝干部位上。这样有利于养分向全树各部均匀分配,使全部枝叶萌发力大致相同,有望克服大枝光秃的现象。全年中的每个生长季节,都要对绿篱进行 1 次修剪,修剪时大多数可在初春和秋后进行。如若培养规划式高篱,则应借高梯进行,方法同上。

二、低绿篱的修剪

低绿篱的高度在 0.5～1.6 m,常用的树种有大叶黄杨、瓜子黄杨、女贞、侧柏、黄刺玫、木槿、九里香等。定植时,无论采用多大苗木,株距一定要按生物学要求来确定。如果采用球形作绿篱,株距一般 1 m 内种 2～3 株;如果扦插北方的瓜子黄杨条,1 m 内不要超过 20～30 株。南方的大叶黄杨条 1 m 内最多 10 株,分两行交叉种植。定植后的绿篱,要依苗木大小情况分别短截苗高的 1/2～1/3,使苗木分枝高度尽量降低。为使绿篱尽量早郁闭、多发分枝,还可结合整枝扦插,于生长期内对所有新梢再进行 2～3 次修剪,直到绿篱下部长得均匀稠密为止。如此反复进行 2～3 年的修剪,绿篱的树冠彼此会密接成形。绿篱成形后,其修剪方法多种多样。操作工人可以根据具体情况将绿篱修剪成各种几何形体、动物形体以及云形图案,但其修剪原则万变不离其宗,即修剪后使绿篱内部和基部保持通风透光。从目前的实际情况看,绿篱修剪的断面往往有梯形、倒梯形和方形 3 种形状,据此基本可以判断修剪得正确与否。正确的修剪方法,是应用长剪先剪其两侧,上部重剪,下部轻剪,使侧面成一斜面,两侧剪完,再剪平顶部,整个断面呈梯形。因为这样的修剪,可以使绿篱植株上、下各部枝条的顶端优势受损,刺激上、下部枝条再长新侧枝,使这些枝的位置距主干相对变近,有利于获得充足养分,同时上小下大的斜面有利于绿篱下部枝条获得充足阳光,从而使全树枝叶茂盛。如果对绿篱两侧的修剪强度完全一致,则其断面形成上下垂直的长方形,那么下部枝叶会因处于树荫下、阳光不足而逐渐发黄枯死脱落,最终造成下部光秃裸露。当前园林绿化实践中,许多地方修剪绿篱只剪平顶部,很少修剪或根本不剪两侧枝条,这样下部侧枝就终年得不到光照,也没有外来刺激,致使下部枝叶生长衰弱,逐年干枯死亡,形成基部光秃,从断面看绿篱为上大下小的倒梯形。

三、绿篱的更新修剪

目前,城市绿篱修剪通常存在两大问题:一是修剪不当,只剪顶部而不剪两侧,形成下部光秃;二是虽进行定期修剪,甚至进行强度修剪,它的高度也会逐年增长,超过规定要求,因此都需要更新。

绿篱更新 1 次,一般需要 3 年,一是疏除绿篱中过多的衰老主干。因为经过多年的生长,绿篱植株受修剪刺激,往往从基部萌生许多新主干,从而使主干密度加大,使枝多叶密,造成整个绿篱内部不通风透光,处于里层干下部的叶片枯萎脱落,所以必须按原定密度要求,疏除过多的老主干,保留较幼嫩主干,使内部具备良好的通风透光条件,为以后新的绿篱生长创造条件。二是短截主干侧枝。将保留下来的主干,逐个进行回缩修剪,一般应截去小枝密生的顶端,将主干保留五分之三,对主干下部所保留的侧枝,先行疏除过密枝,然后回缩修剪保留枝,一般每枝保留 10～15 cm 长即可。三是第 2 年对新生枝进行多次修剪,以促使多生分枝。四是第 3 年再将顶部剪至略低于所需要的高度,以后每年要进行重修剪,尤其是绿篱的顶部修剪更需如此,以便延长更新周期。

为了克服更新过程中一次重剪造成光秃的现象,也可根据绿篱习性选择时机,对绿篱两侧分年更新。如果是常绿植物,更新期可选择在 5 月下旬至 6 月底进行,这时植物生长旺盛,只要肥、水管理得当,光秃现象很快就会被绿叶所覆盖;落叶性植物,适宜在秋末冬初进行修剪。

案例 2　碧桃整形修剪技术

碧桃等桃类植物以其优美的形、花、果在园林应用中有着不可替代的作用。

一、整形种类

嫁接苗成活后第二年或第三年,结合定植进行整形,休眠季根据环境条件和品种特性决定树干高度,在此高度内选留足够数量、长势均衡的主枝,并对其短截,夏季进行摘心,促其分枝,增加分枝级次,使之在短期内形成完美的树体结构。

1. 自然杯状形

树冠开张中空,呈杯状形,定干高度为 20~50 cm,主枝 3 个,均匀分布在主干周围,最好不要轮生,基角 45°~60°,主枝截留长度为 30~50 cm,侧枝留背斜侧,背上无大枝组。

2. 自然开心形

树冠圆满,呈圆头形,定干高度为 40~100 cm,主枝 3~5 个,在主干上呈放射状斜生,主枝长粗后近于轮生,基角 30°~45°,主枝截留长度为 40~60 cm,同级侧枝在同方向选留,侧枝多,背上有大枝组。

3. 悬崖式整形

选留两个相反方向生长的主枝,朝向水平面的或低处的主枝,剪在饱满芽处促长势,主枝基角要尽量大,具体角度随地势而定,在主枝的背侧培养大枝组,背上培养一些造型优美的中、小型枝组。对于另一个主枝采用重截,基角要尽量小或将其培养成一个大枝组,形成向水平面或低处倾斜的树形。

二、不同年龄阶段的整形

碧桃生长 10 年后中、短枝比率随树龄相对增加,因而我们认为碧桃在不同年龄阶段其生长特点不同,为了使整形修剪做到科学、合理,首先对各年龄阶段的划分及修剪特点进行探讨。

1. 观赏初期(4~6 年)

从嫁接成活到主枝和一级侧枝基本形成,要 4~6 年。此期营养充足,生长旺盛,易发枝,分枝角度小,根据碧桃干性弱、又为强阳性树种的特点,则应在冬季进行定干、选留主枝等工作,同时,夏季进行摘心或盘扎,疏除过密枝,增加分枝级次,使之在短期内形成完美的树形。若夏季不进行修剪,不但有碍通风透光,而且树形紊乱,不易整枝,又易感染病虫害。

2. 最佳观赏期(6~25 年)

树冠基本形成到树体开始衰老。此期树冠逐渐扩大,生长旺盛,开花繁茂,对土、肥、水要求迫切,要注意枝组的更新,防止衰老。

三、不同生境条件下的修剪

碧桃是强阳性树种,对光照相当敏感,同样的修剪,处于不同光照条件下的枝则反映出不同的情况。

栽植在建筑物前的树,由于南北光照差异较大,造成南和北树枝生长状况的不同。所以修剪时,南面要适当进行疏枝,开张角度以通透阳光,同时缓和枝势;北面由于光照不足,枝条多,细弱,所以短截截在饱芽处,且少疏枝,以促枝势。

四、不同园林配置中的整形

为了提高园艺水平,必须注意,在不同的园林配置中应采用不同的整形修剪。配置于大草坪的碧桃应形成比较大的树体,以使其与环境取得均衡,修剪量不可过重,以维持其自然姿态,采用的树形以自然开心形为好,也可整成低矮的近于丛状的树形。

孤植于假山石旁时,修剪要注意树体姿态,线条必须与透漏生奇的山石调和,使树体的大小与假山石的大小成比例,这时多整成自然杯状形和桩景式。

丛植树的修剪应将其作为一个统一的群体进行,修剪时要注意树冠线既要统一、又要有变化。要考虑树体内的通风透光效果。

五、不同季节的修剪

春天花后按不同的环境类型重剪。在其他的生长季节也经常将一些徒长枝、病枝、影响冠形的枝条及时剪去,以免养分流失。秋末,碧桃落叶后是修剪的重要时节,按照环境类型整形,使之在较短的时期内形成理想冠形。

总之,在树木的生长发育过程中,修剪只是起了调节作用,同时,修剪是实现园林艺术的一种手段,而土、肥、水的管理是基本的,所以修剪只有在好的土、肥、水的管理基础上才能起到良好的效果。

学习自测

知识自测

一、填空题

1. 园林苗木的整形方式一般分为_____、_____、_____三类。
2. 针对不同的落叶乔木种类,培养主干和树冠时通常采用_____、_____、_____方法。
3. 园林苗木人工式整形包括_____、_____整形。
4. 园林苗木混合式整形包括_____、_____整形。
5. 园林苗木周年的生产中,整形修剪的时期分为_____、_____修剪。

二、名词解释

1. 整形 2. 修剪
3. 定干 4. 整形带
5. 顶端优势 6. 单轴分枝
7. 合轴分枝

三、简答题

1. 园林苗木不同整形方式的主要区别是什么？
2. 园林苗木整形修剪的意义是什么？
3. 园林苗木整形修剪的依据是什么？

技能自测

独立完成小乔木自然开心形的整形修剪过程。

任务三　园林苗木防寒防暑

实施过程

动画　　　　短视频　　　　微课视频

涂白防寒原理　　涂白防寒　　园林苗木涂白防寒

一、园林苗木防寒

园林苗木常用的防寒措施有埋土（图 5-19）、涂白、灌水、设覆盖物、熏烟、设防风障、假植、喷布蒸腾抑制剂防寒等。

1. 埋土防寒

（1）全埋土防寒　适用于规格较小且茎干有弹性的苗木。在土壤封冻前顺行向将小苗放倒并固定，先用无纺布或秸秆等覆盖，从两侧培土将苗木盖严，培土厚度为当地冻土层厚度，厚度为 30～50 cm。如土壤干燥，应提前一星期进行灌水。

（2）培土防寒　适于较大规格或茎秆不易弯曲的苗木，在土壤封冻前向苗木根际四周培土，培土高 30～50 cm。

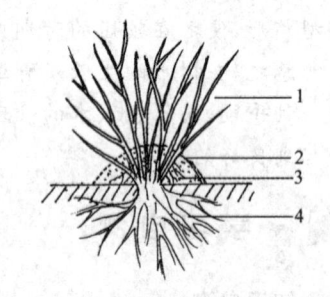

图 5-19　埋土防寒
1—树冠；2—土堆；3—根际；4—根系

2. 涂白防寒

涂白防寒应在土壤封冻前或翌年早春进行。涂白剂随用随配，配方为：石灰 10 kg，硫黄 1 kg，水 40 kg。用涂白剂涂刷枝干，原则是涂刷冬季树冠遮挡不住的主干，分枝点低的涂刷主干至分枝点，分枝点高的涂刷自地面 1～1.5 m 的主干。涂刷均匀，不留间隙。

3. 灌水防寒

在土壤封冻前，沿行向全园漫灌大水，水渗透深度达 30～50 cm。树木浇灌冻水有三个作用，一是可以增加土壤湿度，使树苗在过冬前吸足水分，可相对增加抗风、抗干旱能力，减少抽条的可能性；二是增加土壤的热容量，地温最低时灌水的地块地温相对较高，可以保护根系不受冻害；三是早春气温回暖时，灌封冻水的地块地温相对较低，园林苗木生长发育推迟，防止倒春寒造成冻害。应掌握浇灌冻水的时机，过早、过晚效果都不好，灌水后立刻封冻最好，冻水量要大。

4. 设覆盖物防寒

覆盖物的作用是阻挡冷空气的侵袭，保持土壤的温度和湿度，减少冻层的厚度，从而起到保护树苗安全越冬的目的。覆盖物的材料和形式多样，主要有以下几种：

(1) 缠绕包扎树干　乔木类用草绳缠绕树干或保温材料包裹树干，从苗木的根颈起直到主干上第一分枝点止。如图 5-20 所示。

(2) 包裹树体　对于树体紧凑的乔灌木类，先用草绳等将树冠拢起，缩小冠幅，再用草帘等保温材料包裹树体。

(3) 搭设框架覆盖　对于密集、矮小的苗木，可在苗木栽植范围的四周搭设框架，外围覆盖草帘、无纺布等材料保温。如图 5-21 所示。

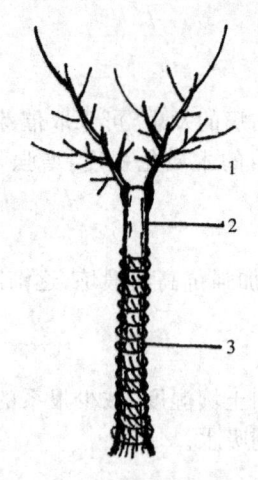

图 5-20　缠绕包扎树干防寒
1—树冠；2—主干；3—包扎材料

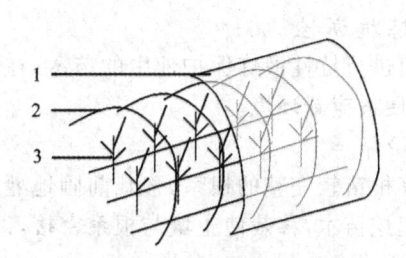

图 5-21　搭设框架覆盖防寒
1—覆盖材料；2—支架；3—苗木

5. 熏烟防寒

熏烟防寒（图 5-22）主要用于防御晚霜冻害。地势低洼、背风处的苗木在早春易受晚霜冻害。在早霜来临前一天的傍晚，在苗圃内每隔 50 m 设一个发烟堆，发烟堆的核心堆放干柴，用于形成内膛的高温，发烟堆的外面覆盖稍潮湿的柴草用于发烟，发烟堆点燃后发生的烟尘在苗圃的上空形成一层烟雾层，可有效地阻止冷空气的下沉，降低晚霜冻害。

6. 设防风障防寒

设防风障的目的是营造局部背风向阳的小环境，降低风速，增加局部环境温、湿度，防止冬、春季干风直吹树冠造成失水。防风障应架设在苗区冬季的主风方向，材料可用玉米秸、高粱秸，现在大多使用聚丙烯彩条编织布，成本较高。架设高度以保护对象高度进行设计，有效控制距离为防风障高的 10 倍。

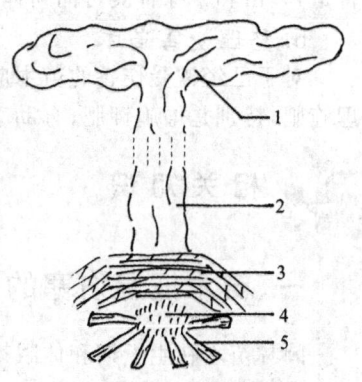

图 5-22　熏烟防寒
1—烟层；2—烟气；3—湿软材料
4—热源；5—干硬材料

7. 假植防寒

假植防寒多用于幼苗期抗寒性较差的一些树种，如悬铃木、紫薇、紫荆、大叶黄杨、雪松小苗等。结合翌年春季移植，入冬前掘苗、分级入沟、入窖进行假植。这种方法安全可靠，又为翌年春季施工提前做好了准备工作。

8.喷布蒸腾抑制剂防寒

喷布蒸腾抑制剂防寒一般选在冬末、春初阶段应用,可有效地预防生理干旱的发生。利用喷雾器喷布原粉(液)的200倍稀释液,高脂膜可附着枝、叶表面10天左右,可连续喷两三次。遇雨雪天气过后应重喷。新移植的、抗寒性较差的常绿树雪松、龙柏,冬季容易抽条的紫薇、法国梧桐、金叶女贞等落叶树可用此法。

二、园林苗木防暑

1.调整播种期

有些树种,为了使其初生幼苗安全度夏,预防立枯病的发生,可采取催芽措施,提早播种出土。这样,在盛夏高温到来之前,已经提高了幼苗的木质化程度,增强了幼苗的抗热性及抗病能力,如白皮松、华山松、油松等。

2.锻炼抗逆性

移植前进行抗性锻炼保护地中的苗木,在移栽前加强抗高温锻炼,逐渐疏开树冠和增加光照,以便适应新环境。

3.保护根系

保持移植苗较完整的根系,移栽前圃地灌水,增加土壤湿度,减少根系的损伤,按根幅规格要求起挖苗木,移栽使土壤与根系密接,以便顺利吸水。

4.保护树体

移植苗上方或侧方遮阴,降低树体温度,一般用苇帘、遮阳网等。将易日灼的苗木栽植于大苗行间,可减轻日灼危害,促进苗木生长。移植后圃地灌水1~3次,提高土壤水分含量,大苗和常绿种类可向树体淋水,降低苗木体的温度,增加空气湿度。

5.整理受害苗木

对于已经遭受伤害的苗木应进行适当的修剪,去掉受害枯死的枝叶。适时灌溉和合理施肥,特别是增施钾肥,有助于苗木生活力的恢复。

相关知识

一、苗木低温伤寒的类型

园林苗木在生长期和休眠期,都可能受到低温的危害。在一年中,根据低温伤害发生的季节,可分为冬害、春害和秋害。冬害是植物在冬季休眠期受到的伤害,主要是绝对低温造成的;春害和秋害是植物在生长初期和末期,因寒潮突然入侵和夜间地面辐射冷却所引起的低温伤害。低温可伤害植物各组织和器官,致使植物落叶、枯梢,甚至死亡。根据低温对植物伤害的机理,可以分为冻旱(生理干旱)、冻害、寒害、伤根四种基本类型。

1.冻旱

冻旱又称干化,是一种因土壤冻结而发生的生理干旱。寒冷地区,冬季土壤冻结,根系很难从土壤中吸收水分,而地上部分仍进行蒸腾作用,不断散失水分,最终破坏水分平衡导致细胞死亡,枝条干枯,直至整株死亡。常绿植物遭受冻旱可能性大,如杜鹃、月桂、冬青、松树等。

动画

冻旱的原理

2. 冻害

冻害是指 0 ℃以下低温对苗木造成的伤害。不同的园林植物对 0 ℃以下低温的抵御能力是不同的,当低温值超过植物承受的极限后,低温导致活性物质失活,新陈代谢紊乱,细胞内和细胞间隙的水分结冰,冰晶刺破细胞,造成细胞破裂死亡,组织器官坏死,严重时植株死亡。

冻害的原理

3. 寒害

寒害又称冷害,是指 0 ℃以上低温对植物造成的伤害。多发生在热带和亚热带植物上,这些植物由于遗传和原产地因素,生理零度点较高(5~12 ℃),当温度低于生理零度时,细胞内核酸、蛋白质等变性失活,新陈代谢紊乱,植株出现生长缓慢、黄化、死亡现象。

4. 伤根

伤根是根部因低温导致的机械损伤,俗称冻拔,和树木本身的抗寒性无关。伤根现象常发生在特别寒冷的年份,且土壤黏重、潮湿的地区,因冰冻使土壤表面抬高、产生裂缝,造成苗木根系上移、被拉断,土壤解冻后则根系暴露在外,经风吹日晒失水枯死。小苗因伤根损失比较严重。北方高寒地区常有发生。

二、苗木高温伤害的类型

高温对苗木的影响,一方面表现为组织和器官的直接伤害——日灼;另一方面表现为生命活动加剧、水分平衡失调的间接伤害——代谢干扰。

1. 日灼

夏秋季由于气温高,水分不足,蒸腾作用减弱,致使苗木体温度难以自我调节,造成叶、枝、干的皮层或其他器官表面的局部温度过高,伤害细胞生物膜,使蛋白质失活或变性,导致皮层组织或器官受伤、干枯。

2. 代谢干扰

苗木在受到临界高温影响以后,光合作用开始迅速降低,呼吸作用继续增加,消耗了本来就可以用于生长的大量碳水化合物,使生长下降。高温引起蒸腾速率的提高,也间接降低了苗木的生长和加重了对苗木的伤害。

知识拓展

一、防寒的策略

防寒是保护苗木安全低温时期的一项措施,特别在北方,由于气候寒冷和早晚霜等不稳定因素,苗木很容易受到冻害而死亡。苗木防寒应从提高幼苗抗寒能力和减少霜冻危害这两方面入手。

二、防寒措施的意义

1. 埋土防寒 通过埋土增加了土层的厚度,增加了保护范围内的温度和湿度,在低温条件下保护根干低温伤害。

2. 涂白　就是在苗木的树干涂上白色涂白剂,形成一种保护膜。初冬或早春季节,树体处于休眠阶段,阳面裸露的树干在白天阳光的照射下温度升高,皮下组织恢复生长,而到了夜间气温降低时这部分组织很容易受到低温伤害,形成坏死斑,俗称日灼。树干涂白后可有效地降低树体温度,减少日灼的发生,另外,涂白剂中的油脂可以减少树干皮部水分蒸腾,加入的杀虫剂及生石灰可防治病虫害。

3. 灌封冻水防寒　树木浇灌冻水有三个作用,一是可以增加土壤湿度,使树苗在过冬前吸足水分,可相对增加抗风、抗干旱能力,减少抽条的可能性;二是增加土壤的热容量,地温最低时灌水的地块地温相对较高,可以保护根系不受冻害;三是早春气温回暖时,灌封冻水的地块地温相对较低,园林苗木生长发育推迟,防止倒春寒造成冻害。应掌握浇灌冻水的时机,过早、过晚效果都不好,灌水后立刻封冻最好,冻水量要大。

实操案例

案例1　北方苗木越冬防寒技术

在北方有的树种苗木越冬后,出现死苗现象,其原因是在早春因干旱风的吹袭,使苗木地上部分失水太多,而根系因土地冻结不能供应地上所需的水分,苗木体内因失去水分平衡而致死。因此,必须采取相应措施,以保证苗木安全越冬。现介绍几种经过长期实践证明有效的防寒方法。

一、埋土防寒

这种方法是防止苗木生理干旱较好的方法,既能使苗床土壤保持较稳定的温度,又可以防止和减少土壤水分的大量蒸发。此法适用于云杉、油松、樟子松等1年生针叶树幼苗和板栗、核桃等抗寒力较弱的阔叶树幼苗的越冬防寒。埋土的时间一般在苗木停止生长落叶后、土壤结冻前进行。过早,苗木易腐烂;过晚,取土困难,也影响效果。埋土时应从苗木侧方进行,要防止损伤苗木。埋土厚度要超过苗梢5 cm以上,埋土后的床面要搂平,四周要埋严,迎风面埋土要适当加厚,以防透风,避免冻害。翌春撤土的时间很重要。早撤仍易患生理干旱,晚撤易捂坏甚至使苗木腐烂。要在苗木开始生长之前,分两次撤除覆土为好,撤土后要立即将苗床灌一次透水,以满足早春苗木所需水分,这是防止早春生理干旱的有效措施。

二、灌水防寒

灌水防寒即在土壤结冻前,将苗床进行大水漫灌,以满足苗木在越冬期间对水分的大量消耗,避免产生生理干旱,为苗木安全越冬创造良好的环境条件,一般落叶松、油松多用此法。

三、夹障防寒

在秋季土壤结冻前,用高粱秆、玉米秆或树枝立防风障,一般每隔2~3排床立一道障,防风障的方向应与主风方向垂直设立,梢端向顺风方向稍倾斜。

四、盖草防寒

盖草防寒即用麦秆、稻草或其他杂草将苗木进行覆盖。要在秋冬土壤结冻前进行。覆草厚度要超过苗梢5 cm以上。为了防止草被风吹走,可以用拴草绳的方法固定住覆草。在早春苗木开始生长前,分两次将覆草撤除,撤草时防止损伤苗木。

五、涂白防寒

此法多用于果树等阔叶树苗木。一般在苗木落叶后,用生石灰水涂刷苗木,既防寒又灭菌,有利苗木安全越冬。

案例2 法桐小苗越冬防寒措施

河北衡水园林管理局,曾经在2000年和2003年春季的时候引进了两批法桐,都是同样规格(地径1 cm、高1.5 m~2 m)的小苗。第一批种植之后,没有及时进行越冬保护,成活率在35%左右,因此损失很大。在第二批种植后,相关负责人对此非常重视。从挖坑、种植、埋土到浇水,检查封坑情况,认真指导、检查,做到处处不疏忽、不漏掉一个细节。在生长后期多施磷、钾肥减少灌水。按照3 m宽、7 m长打畦。按照株距30 cm、行距35 cm的模式种植,定植后连续浇水3遍。浇水后及时检查封坑情况,对裸露的根系进行埋土,不正的小苗及时扶正,以免影响以后生长。到了秋末冬初,土壤封冻前,间隔一行起一行苗,移栽到别的空地中(对于土地充足的地区可以直接设成行距70 cm、株距30 cm)。把法桐的树梢部分顺着主风的方向弯下来,埋入起苗后留下的空地中,尽量弯到最深,大约苗高的2/3。埋土约10 cm,所有的法桐一致,朝一个方向埋入土中。在苗木小时候密植,既可以节约土地,又对小苗的直立生长很有好处。这是一举两得的好办法。

第二年早春土壤封冻时除掉覆土,小心清理,以防伤害树体。除掉覆土后的管理措施为:适当施入有机肥,亩施肥量在5 m³左右。雨季适量施入复合肥,每亩40 kg,但是施肥浇水不易超过8月,否则会造成苗木徒长,树梢不能木质化,降低抗寒性。夏季对小苗进行整形修剪,提高苗木的越冬抗寒性。树体落叶至土壤封冻前,照上一年的方法掩埋树体的三分之二,第三年春季土壤解冻时把枝条清理出来。照此方法种植的法桐苗成活率在95%以上。苗圃创造了可观的效益。

学习自测

知识自测

一、填空题

1.园林苗木常用的防寒措施有_____、_____、_____、_____、_____、_____、_____等。

二、名词解释

1. 冻旱　　　　　　　　　2. 冻害

3. 寒害　　　　　　　　　4. 伤根

三、简答题

1. 冻害的机理是什么？

2. 日灼会对苗木造成哪些影响？

3. 园林苗木防暑的措施有哪些？

技能自测

独立完成苗木涂白防寒，并概括防寒措施。

职场点心五　打造精品的故事

故事1　苗子养得细致，说话才硬气

一个苗圃，把苗子养得细致，说话才硬气，底气十足。

"我的苗子不还价。"您敢说这样的话吗？北京环美绿源苗木有限公司王光明就敢说一不二。他在世时，几次去他的苗圃，都赶上他跟客户说类似的话。

他为什么那么牛？因为他有"金刚钻"，才敢"揽这瓷器活"。他的"金刚钻"就四个字：精细养植。

"老王管理苗圃，绝对是一把好手！"业界也是这样评价王光明的。

"你这是低头拉车，不抬头看路。"有一次我逗他。

王光明的回答是："只要苗子好，自会有人买。"

因为，王光明对自己苗木的品质特有信心，他还说："搞大工程园林绿化的，转几圈后，还得来我这里买苗。我最不怕的就是货比三家。"

早在10年前，他在北京建苗圃之初，就确立了标准化种植管理的模式，株行距、苗木套种、水肥管理等环节，均严格按照科学育苗的方式操作。

在他心里，苗木质量始终放在苗圃经营的第一位。平日里，有事没事，他一天到晚总在苗圃里转，琢磨着怎么把苗圃管好，怎么把苗木育好。即使是炎热的三伏天，在办公室里也见不到他。

"老王呢？"问他妻子。

"在地里呢。"他妻子说。

记得有一年早春去他的苗圃参观，只见苗圃内的油松在他的精心管护下被育成各种姿态的迎客松，充分展示出植物造型艺术带来的美妙。最值得称道的是，那些因运输损伤或病虫致残的苗木，尽管长得七扭八歪的，却被他当做宝贝似的重新定位培育。

他常说："苗木没有残废品，关键是怎么用？这些树做行道树是不合适，但在小区绿化中与假山石搭配却是难得的好苗子,不容易找到。"

"苗木遇到他是幸运的。"每每谈到王光明,我们的记者骆会欣总是这样激动地说。

苗木遇到您,也应该是幸运的。

故事 2　精品苗木是扩大销售的源泉

东泰安汇源园林张斌广的经营之路是一条精品苗木发展之路。

对此,我与张斌广曾有过一番对话。

"从1998年开始从事苗木生产,到2002年,你的生产基地已经发展500亩,苗木有什么特点吗?"我问。

"我的苗木,要说特点,就是大树多,造型泰山松多,还有,就是各种海棠多。针对这几年绿化工程讲究苗木品质的情况,从2002年开始,我就开始注重培育精品苗木。不这样,就跟不上趟,缺少竞争力了。"

"有这种意识很好。那么,你是怎么注重培育精品苗木的?下了哪些工夫?"

"首先是稀植。2002年定植的西府海棠、垂丝海棠、樱花时,我就栽得很稀。给植物一个宽松的生长环境,植株的冠径才丰满。紧跟着,定植白皮松、红叶碧桃、菊花桃、榆叶梅、紫薇、玉兰时,采取的也是稀植。此外,植株在生长的过程中要及时修剪,少一个剪子不行,多一个剪子也不行。必须要恰到好处。还有两条也很重要。一条是按季节给植株喷药,以预防为主。不然,等植株有了病,再喷药就晚了。"

"别看你原来不是学植物的,但掌握的植物科学知识不少,你是请专家指导过,还是自学的?"

"都有。干这行,吃这碗饭,不钻研怎么能行?"

"销售上有什么高招没有?"

"没什么高招,以诚为本。诚是扩大销售的高招。在数量、规格、土球、包装和发货时间方面,必须听客户的。我这些年,一直是这么做的。加上苗木品种多,质量好,客户就像滚雪球似的,越滚越多。退一步说,你发货时不认真不行。现在的苗木,基本上都是发到园林绿化工地的。工地都有监理的,验收都很严格,哪一方面做得不好,不精细,你都有可能失去一个客户。"

"在大公司门口,我看还挂有一个泰山茂源花卉苗木种植专业合作社的牌子。你是这个合作社的社长了?"

"是。我这个合作社已经有好几十个会员,去年开春成立的,是我们泰安成立的第一个花卉苗木合作社。合作社是个法人团体,可以联合起来办贷款,可以互通信息,联合起来搞苗木销售,政府非常支持。但我还是那句话,只有苗木养得精致、漂亮,做事细心,才是扩大销售的源泉。"

他的经验,无须我多评说,您自己咂摸滋味。

读后感:读一读、想一想、品一品、论一论。

学习情境 六

园林苗木种质资源引种驯化

任务一　种质资源引种驯化

实施过程

一、鉴定引种种类、收集有关材料

1. 鉴定引种种类

我国园林植物种类繁多，其中不少种类存在"同名异物"或"同物异名"情况，在分类上出现许多混乱。因此在引种前必须进行详细的调查研究，对植物种类加以准确鉴定。将收集的引种材料分类species，根据生殖器官和营养器官的特征，利用植物检索表和植物志准确确定引种植物的科、属、种(亚种)、品种学名，记录种类、品种名称、繁殖材料种类、材料来源和数量、采集日期和采集地点。

2. 调查引种植物的分布和种内变异

实地考察周边乡镇和野外山区，调查引种植物的自然分布、栽培分布及分布范围内的变异类型(生态型)，分析引种植物所处的生态条件和分布状况，原产地与拟引进地区的生态环境变化，根据引种植物的生物学与生态学特性，从中寻找影响引种的主要限制因素，并创造条件使之适应于新的环境。

3. 分析引种植物的经济性状

分析引种植物的观赏价值、经济价值、抗性及环境保护等方面，筛选出各方面均表现优良，或至少在某一些方面胜过当地乡土物种的植物。

4. 制订引种计划

根据调查所掌握的材料和引种过程中可能出现的主要问题来制订引种计划，并提出解决上述问题的具体步骤和途径。

二、检疫引种种类

对引入的植物材料(包括种子和苗木)进行全面的检疫。对有疑问的材料应放在专门

的检疫苗圃中观察、鉴定,并登记编号,对带有国家明令禁止传播的病菌的种类应就地销毁,未经检疫的种子和苗木,不得引种。

三、实施小面积定点隔离试验

通过小面积定点隔离试验,对引入植物种的各种表现深入细致地观察记载。要善于发现问题和制定相应的技术措施。除可采用一些栽培措施外,为了丰富和改造其遗传性,也可以有计划地用人工杂交的方法导入新的(抗性)基因等,以利于植物种适应当地的自然生态环境。

四、实施引种试验

对引进的植物材料必须在引进地区的种植条件进行系统的比较观察鉴定,以确定其优劣和适应性。试验应以当地具有代表性的良种植物作为对照。试验的一般程序如下:

1. 实施种源试验

种源试验是指对同一种植物分布区中不同地理种源提供的种子或苗木进行的对比栽培试验。通过种源试验可以了解植物不同生态型在引进地区的适应情况,以便从中选出参加进一步引种试验的植物。一般对有性繁殖的植物,种源选择不应少于 5 个,并选择接近植物种分布极限的边缘地带,每个种源采种母株一般不少于 10 株,从抗性最强的单株上采种,每一母株后代不少于 50 株;对营养繁殖的植物,一般只选抗性较强,观赏性状、经济性状符合要求的若干无性系,每个无性系采种后获得的实生苗不少于 100 株。种源试验的特点是规模小,同一圃地试验的植物种类多,圃地要求多样化。

2. 实施品种比较试验

通过种源试验后,对表现优良的生态型繁殖一定的数量,再进行品种比较试验。可在植物的分布区中,分产地进行引种,甚至还可注意到单株的变异,这时主要了解掌握引种植物的生长情况、经济性状和保存率等。试验时应以当地有代表性的良种作对照。比较试验地的土壤条件必须均匀一致,耕作水平适度偏高,管理措施力求一致,试验应采用完全随机排列。时间根据植物的类型而定,一般木本植物需 2~5 年。

3. 实施区域化试验

区域化试验在完成或基本完成品种比较试验后进行,选择极少数最有希望的植物做大面积的栽培试验,并研究其繁殖技术。区域化试验的目的是查明该植物的推广范围,试验内容应包括试验地点、试验面积、引种数量。试验设计及完成试验计划的措施等。

五、实施推广应用

引种试验成功后,可在当地适宜的范围内推广应用。经过专家评审鉴定有推广应用价值的引入植物要遵循良种繁殖制度,采取各种措施加速繁殖,建立示范基地,应用单位及有关苗圃提供的优良合格种苗,使引种试验成果产生经济效益、社会效益和环境效益。

相关知识

一、引种驯化的概念

引种驯化就是将野生或外地（含国外）的栽培植物种从其自然分布区域或栽培区域引至本地栽培。其中，野生植物种引入栽培是其重要的组成部分。如果引入地区与原产地自然条件差异不大或引入植物本身适应范围较广，或需采取简单的措施即能适应新环境，并能达到正常的生长发育，达到预期效果的称为引种。当两地之间的自然生态环境差异较大，或引入物种本身适应范围较窄，引入的植物种不适应当地的自然生态环境时，可经过人为的干预（如采用必需的农业措施）或通过其遗传性的改变使其产生新的生理适应性，进而逐渐适应当地的自然生态环境，这种方式称为引种驯化。

二、引种驯化的应用

通过引种驯化常可使种或品种在新的地区得到比原产地更好的发展，表现也更为突出。引种驯化是迅速而经济地丰富城市园林绿化植物种类的一种有效方法，与创造新品种相比，有简单易行和见效快的优点。野生植物一旦繁殖成功，管理可较粗放，自行繁衍能力较强，可大面积栽培，群体效果好，且适应性强。有的植物种（品种）引入后，甚至可以直接用于园林绿化，有的植物种则需要经过栽培试验。

三、引种驯化的基本理论

1. 种质资源的类型

种质资源又称遗传资源、基因资源，是指决定生物体遗传性状，并能将遗传信息从亲代传递给子代的遗传物质的资源的总称。在遗传育种领域内，也把一切具有一定种质或基因的生物类型统称为种质资源。它包括植株、种子、块根、块茎、球茎、鳞茎以及组织培养中的愈伤组织、分生组织、花粉、合子、细胞、原生质体、染色体和核酸片段等。种质资源是千百年的自然演化被保存下来的可转移更新的植物资源。我国幅员辽阔，地跨寒、温、亚热带气候，形成了极为丰富的自然资源，种类繁多，根据来源可分为以下几类：

（1）本地种质资源　在当地的自然和栽培条件下，经长期的培育与选择而得到的植物种类和类型。它的特点是取材方便，能直接用于生产，对当地自然和栽培条件有高度的适应性、抗逆性，是育种最基本的原始材料。本地种质资源通过评选，好的可直接利用，有的可作为杂交的亲本。

（2）外地种质资源　由国内不同气候区域或其他国家引进到本地的植物品种和类型。外地种质资源反映了各自原产地的自然和栽培条件，具有不同的遗传性状、生物学特性和经济性状，一般不能全面适应本地区的自然及栽培条件。正确选择和利用外地种质资源，可大大丰富本地园林植物的品种和类型，从而扩大育种材料的范围和数量。

（3）野生种质资源　指未经人工栽培的自然野生植物。野生植物是长期自然选择的结果,因此具有高度的适应性和抗逆性,通过合理选择,往往具有直接利用的价值,而且经常是培育抗性新品种的优良亲本,管理要求一般较低。

(4)人工创造的种质资源　指经人工杂交和诱变产生的变异类型。有些变异类型虽未用于栽培,但往往具有特殊基因,其优良的生物学特性往往具有可逆性,易接受定向培育,可作为进一步育种的种质资源。其数量因育种工作的不断发展会日益增加,从而大大丰富种质资源的遗传多样性。

2. 种质资源的调查与搜集

(1)调查种质资源　种质资源调查应该在物种分布的大区范围内全面进行,使它能反映植物群体分布上的整体性、变异的多样性及丰富的基因资源。调查的对象包括品种、类型、近缘种和野生种、半野生种。其主要内容有:

①调查地区概况　包括自然条件和社会经济条件。其中,自然条件指地形、气象、土壤和植被等。

②调查植物概况　包括植物的来源或栽培历史、分布、生长的立地条件、经营管理特点、繁殖方式、抗逆能力及经济价值等。

③采集图案标本　按要求填写调查表,并制作蜡叶或浸汁标本,附上图片和照片。

④整理与总结资料　资源概况的调查有:调查地区范围、自然条件及经济概况、分布特点、栽培历史、栽培技术及对该地区资源利用发展建议等;品种类型的调查有:记载表及说明材料,同时要附上图片和照片,最后绘制成该植物的分布图。

(2)搜集种质资源　为了有效地利用种质资源,充分保持育种材料的变异,必须采取正确的搜集方法。

①直接搜集　在调查的基础上直接搜集有关物种资源。搜集的材料有苗木、穗条或种子等。搜集的数量,以充分保持育种材料的广泛性为原则,如每个地方(每一群体)以搜集 50～100 个植株为宜,每个植株采集 50 粒种子;对于无性繁殖的植物,栽培种在一个采集区里应搜集 50～200 份材料;对于野生种,$1\ km^2$ 的群体里,至少要随机采集 10～20 份材料。对于具有鳞茎、球茎、块茎等植物的采集时间,最好在植株刚枯死,地面还可见到残留物时进行。搜集的材料要及时加以整理、分类、编号登记,包括搜集时间、地点、搜集者姓名、调查记录等。

②交换或购买　可到各地植物园、花木公司等地方了解有关名录,可通过信函交换或购买。

3. 种质资源的保存

运用现代科学方法,通过有效途径,保证种质的延续和安全工作。这是长期保持种质资源生活力和遗传特性、防止丢失、变异和退化的有效途径。保存的材料应包括:对育种有特殊价值的种、变种、栽培品种或品系等,生产上重要的品种、品系及一些特殊的芽变,可能有潜在利用价值的野生种。植物种质保存的方式方法多种多样,根据保存的地点可分就地保存、易地保存和离体保存,按保存的时间长短又可分为短期保存和长期保存,按采取的措施不同可分为自然保存和人工保存。

(1)自然保存　选择基因最丰富的地段,利用自然生态环境,尽一切力量保持种质资源处于最佳状态。自然保存在选址时还应考虑人类活动较少,便于管理,不易发生旱涝等灾害的地区,以保证种质资源的安全。如设立自然保护区的主要目的就是使自然资源得到较长期的保护。此法的优点是保存原有的生态环境和生物多样性,保存费用较低,缺点是易受自然灾害影响。

(2)人工保存

①种植保存　建立种质保存基地,把整株植物迁出自然生长区,种植在保存基地上。保存基地可分级分类建立。国家级、省级以综合种质资源保存为主,地方以专类种质资源为主,当前首先要做好传统名花的种质资源保存工作。保存株数原则上乔木植物种每种(品种)至少5株,灌木和藤本10~20株,草本20~25株,重点种类保存数量可适当增加。

②室内保存　将种子保存在低温、干燥的条件下。研究表明,低温、干燥、缺氧能抑制种子的呼吸作用,延长种子的寿命。如种子含水率在4%~14%的范围内,每下降1%,种子寿命可延长1倍。在贮藏温度为0~30℃的范围内,每降低5℃,种子寿命可延长1倍。目前我国许多地方建立了种子资源贮藏库,如为了保证种质资源在保存上的安全性,20世纪90年代初我国建成库容量达40万份以上的青海国家复份种质库,该库是目前世界上库容量最大的节能型国家级复份种质库,并在世界上首次安全转移了30多万份种质,至此,中国在作物种质资源搜集保存的数量、质量以及进展速度等方面均跃居世界领先地位。

③组织培养保存　植物的每一个细胞,在遗传上都是全能的,它含有发育所必需的全部遗传信息。所以,在国内外开展了用试管保存组织细胞培养物的方法,来有效地保存种质资源材料。目前,作为保存种质资源的细胞或组织培养物有愈伤组织、悬浮组织、幼芽生长点、花粉、花药、体细胞、原生质体和幼胚等。利用这种方法保存种质资源,可以解决常规种子贮藏方法所不易保存的某些资源材料,可以大大缩小种质资源保存的空间,节省土地和劳力。用这种方法保存的种质,繁殖速率快,还可避免病虫危害等。

4. 影响引种成败的因素

引种驯化是植物本身适应了新环境条件和改变对生存条件要求的结果。从根本上说,引种驯化就是研究和解决植物遗传性要求与引种地区生态因素之间的矛盾问题。因此,引种成功的关键在于正确掌握植物与环境关系的客观规律,全面分析和比较原产地和引种地的生态条件,了解植物本身的生物学特性和系统发育历史,初步估计引种成功的可能性,并找出可能影响引种成功的主要因素,制定切实措施。

(1)限制植物引种现实的主导生态因素　对园林植物影响较大的生态因素有温度、日照、降水和湿度、土壤的理化性质等。对主导生态因素进行分析和确定,对园林植物的引种驯化成败常起到关键作用。

①温度　温度因素最显著的作用是支配植物的生长发育,限制植物的分布。其中主要是年平均温度、最高温度、最低温度、季节交替特点等。

年平均温度:各园林植物都需要一定的气温,生长期平均气温是植物种分布带划分的主要依据。因此,在植物引种工作中,首先应考虑原产地与引种地的年平均温度。若年平均温度相差大,引种就很难成功,所以引种必须考虑自然的地理分布带并采取相应的措施,不同植物对气温的变化适应能力不一样,一般适应能力强的分布较宽,适应能力弱的分布较窄。以我国为例,根据月平均气温>10℃的稳定期积温为热量标准,将全国划成六个气候带。不同的气候带,植物生长发育规律有不同的特点,见表6-1。

表6-1　　　　　　　　　气候与植物生长和休眠的关系

气候带	积温/℃	平均气温或极端温度	季节变化	适生植物及其反应	北界地点
赤道季风气候带	9000左右	平均26℃	四季不明显,局部有明显旱季	分布着热带常绿植物,如椰子、菠萝、木瓜等。植物全年生长,旱季休眠	
热带季风气候带	>8000	极端最低年均温5℃以上	终年无霜	以樟科植物为主,橡胶、咖啡全年都能生长,旱季休眠	湛江
亚热带季风气候带	4500～8000	极端最低温0～15℃	1～4月气温较低	樟科、山毛榉科、马尾松、杉木、茶和毛竹等常绿植物种。植物有休眠期,夏季热带植物生长,冬季温带植物生长。	秦岭淮海一线
暖温带季风气候带	3400～4500	极端最低温0～10℃	四季明显,冬寒夏热	无常绿阔叶树,植物有明显的休眠期,植物只在夏季生长	北京,沈阳之间
寒温带季风气候带	<1600	极端最低温−30～−10℃	四季明显,冬寒夏暖	针叶树和落叶阔叶树。植物夏季生长,休眠期较长	
高原气候带	<2000	极端最高温低于5～0℃	冬夏分明,日温差较大,年温差较小,光照充足	高山植物和草地。植物休眠期长,只能在夏季生长,很多地方不适于植物生长	

注:此表摘自魏岩主编的《园林植物栽培与养护》

最高、最低温度:植物能忍受最高和最低温度的极限称为临界温度。有的植物种从原产地与引种地的平均温度来看是有希望引种成功的,但是最高、最低温度有时就成为限制因素。如引种时超过临界温度会造成对植物的严重伤害,甚至导致死亡,尤其是低温和绝对低温,是植物引种的限制因素。除考虑低温外,低温的持续时间也很重要。例如蓝桉具有一定的抗寒能力,可忍受−7.3℃的短暂低温,但不能忍受持续低温。以种植蓝桉较多的云南省陆良县为例,1975年12月持续低温5 d,日平均温度−4.6℃,蓝桉遭受了严重的冻害。高温对植物种的损害不如低温显著,高温加干旱则会加重对植物的危害。

季节交替:1、7月平均温度、季节交替特点、高低温度变化幅度和频度、无霜期长短、积温多少等也往往是限制因素之一。中纬度地区的植物种类,通常具有较长的冬季休眠期,这是对该地区初春气温反复变化的一种特殊适应性,而且不会因气温暂时转暖而萌动。高纬度地区的植物种类,虽有对更低气温的适应性,但如果引种到中纬度地区,初春气候不稳定转暖,经常会引起冬眠的中断而开始萌动,一旦寒流袭来就会造成冻害。有些植物种要求一定的低温,否则第二年不能正常生长,如油松需15℃以下的低温90～120 d,毛白杨需75 d。

温度因素与经度的变化关系不明显,因此如纬度相同,海拔相近,从东西之间引种较易获得成功。

②光照　光照是一切绿色植物光合作用的能源,对植物的萌芽、抽梢、开花和结实等

都有直接的影响。

由于地理纬度和海拔不同,光的性质、强度和昼夜交替的光周期也不相同。植物的生长和发育需要一定比例的昼夜交替,即光周期现象。不同植物的光周期是不同的。当低纬度地区的植物引种到高纬度地区后,由于受长日照影响,秋季生长期延长,延时封顶,减少了养分积累,妨碍了组织木质化,冬季来临时,无休眠准备而冻死。例如,江西省的香椿引种到山东省泰安,广西香椿种子引种到湖北潜江也有类似的现象,南方的苦楝、乌桕引种到北方,由于不能适时停止生长,而导致不能安全越冬。

植物从高纬度向低纬度引种,即北树南移,情况则恰恰相反,由于日照由长变短,会出现两种情况:一是枝条提前封顶,生长期缩短,生长缓慢。如杭州植物园引种红松就表现出封顶早,生长缓慢,形如灌木,易遭病虫危害;另一种情况是出现二次生长,延长生长期。

有些植物需要一定的光照时间,才能正常生长发育。例如油橄榄对光照十分敏感,它需要较长的光照,要求年光照量在 1500 h 以上,如满足不了这个要求,生长就受影响。根据植物对光量的需要程度分阳性树(松属、桉属、杨属、柳属和银杏等)、阴性树(常春藤属、罗汉松属、黄杨属和山茶属等)、中性树(桧柏、侧柏、槐树和七叶树等)。引种时应掌握以上规律或在引种后采取相应的措施。

不同的海拔高度之间引种,存在着光质及光强影响不同的问题。高山植物能利用丰富的紫外线,所以低山植物往高山引种难以忍受。

③降水和湿度　水分是维持植物生存的必要条件,是决定自然界植被类型及植物种分布的重要因素,有时降水和湿度比温度和光照更为重要。

降水量:降水对植物的影响,首先是降水量。我国降水分布很不均匀,规律是年降水量自东南向西北逐渐减少,自沿海地区向内陆地区逐渐减少。在降水量稀少的地方,不宜引种湿生植物;在降水量多的地方,又不宜引种旱生植物。南方的植物种类不能抵抗北方冬季尤其是春季的干旱,水分成为南树北移的一个限制因素。我国的珙桐又称中国鸽子树,在欧洲引种获得成功,而在北京则因冬季干旱而难以成活。如北京引种的梅花,不是在最冷时冻死,而是在初春干风袭击下因生理干旱脱水而死。在降水多的地方,引种旱生植物类型也会生长不良。如新疆的巴旦杏引种到华北及华南地区,由于夏季雨水过多,空气湿度过大而不能适应。

四季的降水分布:降水量在不同季节的分配称为雨型,也影响植物生长。如我国东部的亚热带地区,特别是华南属夏雨型,引种地中海沿岸和美国西海岸的冬雨型植物,如油橄榄、月桂和西蒙得木等,往往难以成功。又如,广东省湛江地区引种原产热带、亚热带的夏雨型加勒比松、湿地松生长良好,而引种冬雨型的辐射松、海岸松则生长不良。

湿度(包括空气湿度和土壤湿度):根据生态环境中的水湿条件,陆生植物可划分为湿生、旱生、中生三类,引种时必须加以注意。如近年来黄河流域各省大量引种毛竹,凡湿度比较大的地方,又注意采取引灌溉措施,都获得成功,大气湿度小的地方都落叶枯死。

④土壤　土壤是植物生长发育的基础,有些种类对日照、湿度等因素要求幅度都很

广,唯独对土壤的性质要求很严格。

土壤性质:影响植物引种成功的重要的土壤因素有物理性质、肥力、土壤的酸碱度(pH)和含盐量。其中,最主要的是土壤的酸碱度。引种时,当土壤的酸碱度不适合引种植物的生物学特性时,植物常生长不良,甚至死亡。如庐山植物园土壤的pH为4.8～5.0,酸性较强,建园初期对土壤酸碱度未加改良,引种了大批喜中性和偏碱性的植物种如白皮松、日本黑松和华北赤松等,经过10多年,这些树逐渐死亡。

土壤微生物:在植物根群的范围内生活着许多微生物,形成特定的根际微生物群,对植物的生长发育起着有益或有害的作用。许多植物的根系常与土壤中的真菌共生,常见的有杨属、樱属、桦属和栗属等。引种植物时,由于改变了环境,破坏了微生物的地理分布,植物根系失去了与微生物的共生条件,严重时还可影响植物的生长发育。

(2)引种植物的生态型 同一种植物长期处于不同的生态环境条件下,分化成为不同的种群类型就是生态型。一般情况下,地理分布广泛的植物,所产生的生态型较多,分布范围小的植物,产生的生态型就少,每个生态型都能适应一定的生态环境。不要轻易认为一种植物引种到任何地方都可以驯化成功,它受到植物遗传基础适应范围的限制,超过此范围,引种就可能失败。

同一个植物种的不同群体间也存在着变异,但有些植物种类变异性大些,有些植物种类的变异性小些。一般来说,分布区范围大的植物种,存在的变异性较大。所以在引种时,要根据不同引种地的气候条件,引种不同的地理型和生态型。如将一种植物许多生态型同时引种到一个地点进行栽培和选择,从中选出适宜的生态型,那么这一植物在引种地区就有更多的机会互相杂交,形成更多的生态型,以适应环境。一般来讲,地理上距离较近,生态条件的总体差异也较小。所以,在引种时常采用"近区采种"的方法,即从离引种地最近的分布边缘区采种。如杭州植物园引种竹柏、云锦杜鹃时发现,竹柏在浙江原产于南部,而天台山有栽培,从引种驯化的观点出发,天台山产的竹柏种子肯定比南部的耐寒,引种成功的可能性大;云锦杜鹃一般分布在海拔800 m以上的山地,而在天台山方广寺海拔450 m的山地也有生长。显然,低海拔的种子更能适应低海拔的环境,所以引种时要选择合适的种源。

(3)引种植物的历史生态因素 植物适应性大小不仅与现代分布区的生态因素有关,而且与系统发育过程中历史上的生态条件有关。前苏联学者据此提出了引种驯化的历史生态条件的分析方法,认为植物的现代分布不能说明它们在古代的分布情况。古植物学的研究证明地质史上的许多植物的现代分布区是被迫形成的。现代植物自然分布区域只是在一定地质时期,特别是最近一次冰川时期造成的结果。因此将这类植物引种到系统发育过程中曾经习惯了最适地区时,也即重新满足历史生态条件时,可能生长和发育得更好,并可能取得更好的经济效益。而且,生态历史愈复杂,植物的适应性愈广泛。如,水杉在冰川期以前广泛分布在北美洲和欧洲。由于冰川的袭击,那里的水杉因受寒害而灭绝了。到20世纪40年代,在我国四川和湖北交界处人们又发现了幸存的水杉,它的分布范围很小。当我国发现这一活化石植物后,先后被欧洲、亚洲、非洲和美洲50多个国家和地区引种,大都获得成功。与此相反,华北地区广泛分布的油松,因历史上分布范围狭窄,引种到欧洲各国却屡遭失败。

此外,进化程度较高的植物较之原始的植物的适应性潜力也更大。乔木类型比灌木类型更为原始,木本植物比草本植物更为原始,针叶树比阔叶树更为原始,所以前者较后者适应性狭窄,一般引种也较难成功。

四、引种驯化的管理技术

1. 种子处理

一般认为种子最容易接受驯化,特别是杂种种子。在种子萌动的时候给予一定的处理,可以增强对环境条件的适应性,如干燥处理有利于增强抗旱和抗寒能力,盐水处理能增强抗盐碱性能。

2. 适时播种

除了不耐寒的植物,或引种地区纬度过高外,一般以秋播为好。上海市园林管理处于1971年对引进的赤桉、广叶桉和直干蓝桉做秋播春移和春播夏移的试验,结果前者不仅幼苗提前生长,有利于培育壮苗,同时也利于抗寒,提高了成活率。但有些植物适合于春播,要根据植物的生物学特性、试验的具体情况而定。

3. 适当的水肥管理

南树北移时,施肥宜早不宜迟。生长后期一般不宜施肥,尽量少浇水,上海园林处的桉树北移育苗中,前期用氮肥,后期用磷肥,10月下旬用硫酸锌混在焦泥中施在苗木根部周围,对控制苗木后期生长,促进幼苗木质化,提高越冬抗寒力有较好的效果。浙江乐清县桉树良种繁育场用0.5%的硼酸水溶液在霜期前每隔一周喷洒桉树苗木枝叶一次,连续4次,据认为对桉树苗越冬有良好效果。

4. 遮阳防寒

南树北移或低海拔植物往高海拔地区引种时,多属于防寒越冬问题。反之,则属于遮阳度夏问题,遮阳度夏一般用竹帘搭荫棚、喷雾等降温措施,从夏末起逐步缩短时间,以达到逐步适应的目的。

5. 充分利用地形土壤条件的差异

充分利用良好的区域土壤和小气候在植物引种驯化工作中是十分重要的。据有关文献报告,栽培在安徽农业大学不同小区的1年生细叶桉,经过严冬的考验,证明在"U"形建筑南边林荫和避风南坡的越冬保存率最高(20%),西坡次之(17.2%),北坡1.1%,东坡0.8%,林荫下0.7%,空旷地全部冻死。不同气候条件对2~3年生桉树苗的作用更为显著。几种在避风向阳处的,均有较高的越冬能力。从以上例子中可以看出选择良好的小气候条件,在植物引种驯化工作中具有显著的现实意义。

6. 有性杂交

当外来植物种不适于在新地区生长,或虽然能生长,但经济性状或观赏性状等较差时,通常可采取杂交育种的方法培育新品种。

五、引种成功的标准

1. 能在本地区自然生态环境条件下正常地生长、开花和结实。
2. 保持原种(品种)的观赏品质和经济实用价值。
3. 能用常规的方法进行繁殖。
4. 无严重的病、虫害。

六、引种驯化中应注意的事项

1. 应进行严格的检疫工作

引种是传播病虫害和杂草的一个重要途径。随着引种交换和园林苗木、花卉贸易的发展,病虫害及其他有害生物不再受到天然屏障的阻隔,一些危险的病虫害、杂草或其他有害生物随之侵入,致使在无天敌制约的情况下泛滥成灾。这一点,我国已有沉痛的教训。松材线虫枯萎病是发生于日本的一种毁灭性病害。我国于1982年在南京发现,6年间已迅速传播到附近的12个县(区),病死松树60多万株,是我国有史以来森林和风景林特大的毁灭性病害。

2. 应处理好引种植物和当地物种的关系

近些年来,国内许多部门纷纷从国外引入园林植物种类,起到了一定的作用,但是,如何处理好当地物种与引进物种的关系,是每个园林工作者时刻不能忘记的问题。一方面,外来物种的过分引进,不利于发展民族园林植物产业,使一些萌芽待发的民族花卉企业惨遭厄运;另一方面,某些物种或品种引进后,可能对当地物种形成威胁,甚至使当地物种退缩,外来种不断蔓延而成为"杂草"严重影响当地的生态多样性。

3. 处理好多样性和稳定性的关系

植物是生态园林的主体和基础,单调的植物种类建立起来的园林失去人类的维护是不稳定的。要保护多样性,必须先丰富园林植物物种数量,要做到这一点,在注意引种种类的多样性的基础上,要保证引种植物生长的稳定性。

4. 注意生物安全

20世纪80年代以后,我国园林和花卉行业掀起了植物引种的高潮,为我国城市绿化和相关绿色产业的发展起到了重要的促进作用。但同时也在我国部分地区引起了严重的生态灾难。例如,凤眼莲,也称水葫芦,原产南美,1901年作为一种花卉引入我国,是目前我国危害最严重的多年生恶性水生杂草之一,尤以南方诸省危害最为严重。因此,我们应在肯定园林植物引种工作取得巨大成绩的同时,辨证地分析园林植物引种后可能引发的生物入侵的后果及预防措施,不断提高今后我国园林植物引种工作的科学水平。

5. 注意引种材料的选择及繁殖方式

种质资源引种驯化时，首先应注重野生的种质资源。因为野生的种质资源生态适应性较强，引种容易成功。同时种子繁殖的苗木，一般认为阶段发育较轻，容易适应新地区的环境条件，因此，在引种时，一般采用种子繁殖法，但若播种育苗较难成功，可采用营养繁殖育苗。

七、引种驯化在实践中的应用

园林绿化工作的好坏反映着一个国家或一个地区经济社会发展综合水平。要想使园林植物达到人们预期的要求，必须重视良种育苗。这包括：充分发掘现有的园林植物种质资源（包括野生种质资源），重视引种驯化工作，在栽培养护过程中，保持并不断提高良种的种性和生活力。其中，野生种质资源的引种驯化也是提高园林绿化种质资源质量的重要途径。

知识拓展

一、我国园林植物种质资源

我国园林植物种质资源十分丰富，其拥有数量排在巴西和印度尼西亚之后，位居世界第三位，被称为世界"园林之母"。原产我国的乔灌木约有7500种，许多珍贵稀有的植物，如银杉、水杉、银杏、金钱松、楠木、台湾杉、香檀、水松、云杉、珙桐和一些竹类等，都是举世闻名的。我国的种质资源在世界园林植物中占有较大的比重，在亚洲居首位（表6-2）。追本溯源，从根本上讲，所有栽培植物种均源于自然界的野生植物种，它们经过人类有计划地引种、栽培、选育逐渐演化发展成了当前具有各种用途的栽培植物种类。人类赖以生活的栽培植物共有约2000种，都是引种驯化的成果。但是我国没有被利用的野生种质资源还浩如烟海，因此开展野生种质资源的开发和利用对丰富园林植物种质资源、为园林育种和优良苗木生产奠定了坚实的物质基础，对我国园林事业的发展是至关重要的，引种驯化工作有极其广阔的前景。长期以来，我国在植物的引种驯化方面，进行了大量的工作，并取得了许多重要成果。据统计，北京市近30年引进的外来园林植物已超过100种，其中的一些优良种类，已经在我国城市园林建设中发挥了重要的作用。但由于种种原因，我国在园林植物的开发利用上远远不及欧美国家，比较成功的栽培品种也比较少，许多园林植物的种质资源遭受破坏和外流相当严重，很多优良的种质资源还处于野生状态，自生自灭，同时，相当一部分的品种严重退化。随着科学技术的不断进步，通过对野生种质资源进行调查、收集、保存研究和开发利用，使原有的、落后的、不适应环境条件要求的种质资源（品种）逐步被淘汰，更多具有生命力的，能在环境保护、园林绿化美化及景观建造等方面发挥更大作用的优良种质资源得到发展。这除了育种工作外，引种驯化工作也发挥了重要的作用。

表 6-2　　　　　　　　　我国园林植物占世界植物种数的情况

属名	世界大致种数	我国大致种数	占世界总种数的比例/%
紫菀	200	100	50
蔷薇	150	65	43
乌头	370	160	43
忍冬	200	84	42
飞燕草	300	113	38
铁线莲	300	110	37
栎	300	110	37
银莲花	150	54	36
百合	80	40	50
芍药	135	40	30
凤仙花	600	80	13
冬青	400	118	30
兰	40	25	63
日照花	12	9	75
泡桐	9	9	100
紫藤	10	7	70
金粟兰	15	15	100
山茶	220	195	89
猕猴桃	60	53	88
丁香	32	27	84
卫矛	150	125	83
石楠	55	45	82
油杉	12	10	83
绿绒蒿	45	37	82
木兰	90	73	81
杜鹃花	900	530	59
溲疏	50	40	80
刚竹	50	5	90
蚊母树	15	12	80
报春花	500	294	58
荚蒾	120	90	75
萱草	15	11	73
花椒	85	60	71
蜡瓣花	30	21	70
紫堇	200	150	75
含笑	60	35	58
椴树	50	35	70
落新妇	25	15	60
腊梅	61	61	100
爬山虎	15	10	67
马先蒿	600	329	55
李	200	140	70
菊花	50	35	70
金莲花	25	16	64
木樨	30	26	87
绣球菊	105	65	62
南蛇藤	50	30	60
龙胆	400	230	58
虎耳草	400	200	50

二、引种基本方法

引种时必须根据环境条件的差异程度,并与各种措施密切配合,只有实行适宜的技术措施,才会收到良好的引种效果。根据原产地与引种地环境条件的差异程度,引种方法主要分为简单引种法和复杂引种法。

1. 简单引种法　在相同的气候带或环境条件差异不大的地区之间进行相互引种。包括以下几个方面:

(1)不需要经过驯化,但需创造一定条件的植物引种。在引种后只经过简单包扎或覆盖防寒即可过冬;或第一、二年在室内或地窖假植防寒,第三、四年即可露地栽培。采用秋季遮蔽植物体的方法,使南方植物提早做好越冬准备。此外,还有秋季增施磷钾肥,增强植物抗寒能力的方法等。

(2)通过控制生长、发育便能适应引种地区环境条件的植物引种。如一些南方的木本植物可通过控制生长变为矮化型或灌木型,以适应北方较寒冷的气候条件。

(3)南部高山或中山地区生长的园林植物向北部低海拔地区的引种,或从北部低海拔地区向南部高海拔地区的引种。

(4)亚热带、热带的某些园林植物向北方温带地区的引种,变多年生植物为一年生栽培。

(5)亚热带、热带的某些根茎类植物向北方温带地区的引种,从热带地区向亚热带地区的引种。

上述一些简单引种法,不需要使植物经过驯化阶段,但并不是说植物本身不发生任何变异了。事实上,在引种实践中,很多种类的植物引种到一个新的地区后,植物的变异不仅表现在生理上,而且明显地表现在外部形态上,草本植物在这一点上尤其突出。

2. 复杂引种法　复杂引种法是指在气候差异较大的两个地区之间,或在不同气候带之间进行相互引种,也称地理阶段法。如把热带和南亚热带地区植物引种到中亚热带等。

(1)进行实生苗(由播种得到的苗木)多世代的选择　在两地条件差别不大或差别稍稍超出植物所适应范围的地区,多采用此法。即在引种地区进行连续播种,从实生苗后代中选出抗寒性强的植株进行引种繁殖,一代代延续不断积累变异,以加强对当地生态环境的适应性。

(2)逐步驯化法　当两地生态条件相差较大时,一次引种不易成功,可将所要引种的园林植物,在一定路线上分阶段逐步移到所要引种的地区。如南种北移,可在分布区的最北界引种;北种南移,可在分布区的最南端引种。这个方法需要时间较长,一般较少采用。

(3)结合有性杂交　两地生态条件差异过大,植物在引进地往往很难生长,或虽然可生长但却失去经济价值。如果把它作为杂交亲本,与当地植物杂交,可以从中选择培育出具有经济价值、又能很好适应当地生态条件的类型,使引种成功。

实操案例

榕树的引种驯化及栽培

榕树属桑科榕属常绿乔木,在我国主要分布于华南,如广东、广西、福建、台湾、云南等省区和江西赣南。以吉安为界,吉安以北就不见了,于是有了"榕不过吉"的文字记载。宜春与吉安接壤,江西省宜春市森工局宜春市林科所2002年4月5日,从赣南野外引进5株一年生实生榕树苗,栽植于宜春市中心城区,目前长势良好。

引种后采取了一系列栽培管理措施:

第一,科学选材料

根据米丘林风土驯化学说原理,一年生实生苗的可塑性最大,也具有最大的可能性适应新的环境。因此,我们选取生长在1株百年榕树下枝条粗壮、根系发达的一年生实生苗作为试验材料。

第二,择地栽植

充分利用小地形小气候的作用,选取背风、湿润及阳光充足的地方栽植。

第三,小苗保护

在干旱季节注意浇水保湿,防止久旱干枯死亡;冬季注意覆土埋根,防止根系表面被冻坏;冰雪过后及时除冰去雪,防止秋季萌发的幼枝嫩叶被压断冻死。

第四,扦插繁殖

要选择2~3年生发育苗壮的带节枝条,使其成活率更高,并保持插床土壤潮湿,尽量选用肥沃的酸性土,生长更好、更快。

引种驯化及栽培的结果分析:

在生物因素、湿度水分、土壤及光照等引种驯化主导因素方面,宜春与种源地赣州、种植传统分界地吉安相差不大,其主要差异在冬季低温上。而此次引种驯化和栽培试验的榕树自2000年引种到宜春中心城区后,经历了当地多年来的冬季低温考验,特别是2008年宜春市严重的低温雨雪冰冻灾害,有的树木死亡、有的树木受到影响,试验的榕树则全部成活,且长势良好,说明通过引种驯化后,榕树可以适应当地的气候条件。

因榕树引种年限较短,没有达到开花、结果的生殖阶段,使得榕树的驯化试验工作还需进一步进行。此次引种的榕树数量较少,且种植在宜春中心城区内,范围过窄,取得数据不能完全反映榕树在引种地区的具体生长情况及榕树目前的最大适生范围,还有待深入研究。

学习自测

知识自测

一、填空题

1.引种驯化的程序包括 _____、_____、_____、_____、_____ 五个步骤。

2.种质资源的保存分为 _____、_____。

3.引种的基本方法有_____、_____。

二、名词解释

1.引种　　　　　　　　　　　　2.驯化

3.种质资源

三、简答题

1.种质资源调查包括哪些内容？

2.影响引种成败的因素有哪些？

3.引种成功的标准是什么？

4.引种驯化中应注意的事项有哪些？

技能自测

走访本地或外地乡镇，调查某种园林植物，进行种类鉴定，调查引种植物的分布和种内变异，分析引种植物的经济性状并制订引种计划书。

任务二　园林植物的良种繁育

实施过程

1.选择适宜的栽培环境

良种栽培或进行优良品种的种子生产应充分考虑自然条件，尤其是气候因素。设立专门的种子生产基地，加强田间管理，及时拔除病株，消灭害虫，避免连作，进行土壤消毒，除草施肥，创造性状发育的良好环境条件。

2.选择采种母株

优良性状的植株作为采种母株栽培，及时淘汰劣种，并在植物的全生长期内进行多次选择。在采种母株群体中选择典型性突出的单株或品种典型性突出的花序（或花）作留种植株，选择留种植株上先开的、较大的花采种。选择典型性突出的单株或枝条进行营养繁殖，使用无性繁殖方法扩大繁殖。

3.防止混杂

易杂交的品种间采用空间隔离或时间隔离法播种；播种应选无风天气；为避免上一年落地种子萌发造成混杂，播种苗床和定植苗床应合理轮作；为避免昆虫和风力传粉，必要时可进行人工授粉；专人负责采种；种子采收后必须干净，晒种时注意各品种应间隔一定的距离，防止种子被风吹乱；从移苗开始，在移苗、定植、初花期、盛花期和末花期应分别进行一次去杂工作。

相关知识

一、良种繁育的概念及任务

1.良种繁育的概念

良种繁育是指对通过审定的植物品种，按照一定的繁育规程扩大繁殖良种群体，使生产的种苗保持一定的纯度和原有种性的一整套生产技术。良种繁育不仅是发展园林植物品种的一个重要组成部分，同时也是良种选育工作的继续和扩大。没有良种繁育，选种成果便不能在园林中迅速发挥应有的作用。但是良种繁育绝非单纯的种苗繁殖，它是运用遗传育种学的理论与技术，在保持不断提高良种种性生活力的前提下，迅速扩大良种数量、提高良种品质的一整套科学的种苗生产技术。

2. 良种繁育的任务

(1) 在保证质量的前提下迅速扩大良种数量。优良品种的选育是一项艰巨的任务，初期的品种的数量往往满足不了园林绿化的需要，所以，必须通过良种繁育工作进行大量繁殖，通过品种比较试验确定优良品种苗。

(2) 保持并不断提高良种性状，恢复已退化的优良品种。原为表现优良的品种，在缺乏良种繁育制度的前提下，往往不能长时间地保持其优良的种性。所以良种繁育就是要经常保持并不断提高良种的优良种性，使这些具有优良性状的植物能在园林绿化事业中长时间地发挥作用。对于已退化的良种，特别是一些名贵品种和类型，必须通过一定的措施，恢复其良种的种性。

(3) 保持并不断提高良种的生活力。许多自花授粉和营养繁殖的良种中，常常发生抗性和产量降低等生活力衰退的现象，这是导致良种退化的重要原因，因此对已经发生生活力衰退的优良品种必须采取一定措施，经常保持并不断提高良种的生活力，以使其种性复壮。

二、良种退化的概念及原因

1. 良种退化的概念

狭义的良种退化（品种退化）是指原优良品种的基因和基因型的频率发生改变；广义的良种退化（品种退化）是指园林植物在长期栽培过程中，由于人为或其他因素的影响，其优良性状（形态学、细胞学、化学）变劣或生活力逐步降低的现象。主要表现出形态畸形、生长衰退、花色紊乱、花径变小、花期不一、抗性差等现象。

2. 良种退化的原因

(1) 机械混杂与生物混杂引起退化。机械混杂是在播种、采种、脱粒、晒种、贮藏、调运和育苗等过程中，混入了其他品种，人为地造成品种混杂，从而降低了品种的纯度。由于纯度的降低，其丰产性、物候期的一致性以及观赏性都降低了，同时又不便于栽培管理，所以失去了栽培的价值。随着机械混杂的发生，将会发生生物混杂，使品种间或种间产生一定程度的天然杂交，造成一个品种中渗入另一个品种的遗传因素，从而影响后代遗传品质，降低品种纯度和典型性，产生严重的退化现象。

(2) 生活条件与栽培方法不适合品种种性要求，引起遗传性分离与变异。优良品种是长期培育形成的，如果生长条件、栽培方法长期不适应品种的要求，其优良种性就会被潜伏的野生性状代替，隐性性状会代替原来的显性性状，品种特性便会因此而退化。另外，在缺乏选择的栽培条件下，某些花卉品种美丽的花色将逐渐减少，以至最后消失，而不良花色的比重却逐步增加。许多园林花木品种具有复色花、叶，在缺乏良种繁殖的栽培条件下，往往单一花色的枝条在全株中所占的比重越来越大，最后可能完全丧失了品种的特点。

(3) 生活力衰退引起良种的品质退化。长期营养繁殖和自花授粉会造成生活力衰退，此外，长期在同一条件下栽培也会引起长势衰退，因此需要进行地区间的品种交流。

另外，许多优良品种退化是由病毒传播感染引起的，如大丽花、菊花、郁金香、仙客来和香石竹等，常因病毒感染，造成植株矮小、叶片皱缩、花朵畸形或不开花等。

三、提高良种繁殖系数的技术措施

在种苗繁育的初级阶段，由于良好的繁殖材料数量少，必须充分利用现有的繁殖材料提高良种的繁殖系数。适当扩大营养面积，使植株营养体充分生长，这样就可以发挥每一粒种子的作用或每株种苗的生产潜力，生产更多的种子。

(1)对植物预先进行无性分割和摘心处理，可以增加采种母株，促进侧枝分生，提高单株的采种量。

(2)对于抗寒性较强的一年生植物，可以适当早播，以延长营养生长时期，提高单株产量。对于一些春化阶段要求条件严格的植物，可以控制延迟其春化阶段的时间，在充分增加营养生长期以后，再使其通过春化阶段，从而以少量的种子获得大量的后代。

(3)对异花授粉植物可进行人工授粉，这样可以显著增加种子产量。对落花、落果严重的植物，可控制水、肥，以避免落花、落果，这也是提高繁殖系数的一个方面。

(4)利用植物营养器官的再生能力，扩大繁殖系数。

①充分利用植物较强的再生能力，采用营养繁殖方法生产大量的子株。对再生能力不强的植物利用生长素处理增加其繁殖能力。

②尽量创造适宜的环境条件，延长营养繁殖的时间，增加繁殖系数。

③在原种数量较少的情况下，在保证正常营养繁殖的前提下，尽量节约繁殖材料，可利用单芽扦插或芽接等方法进行营养繁殖。

四、良种繁育应注意的事项

(1)良种退化后，难以恢复，应以预防为主。

(2)经常按一定的标准进行选择，留优去劣，并注意加强管理。

(3)定期通过组织培养技术培养脱毒苗，进行良种复壮。

知识拓展

一、良种繁育的程序

1. 品种登录与审定

通过各种育种手段培育出来的新品种要经过登录、审定。

(1)品种登录　为了保证品种的专一性及通用性，国际园艺学会(ISHS)及所属的国际命名与登录委员会建立了各种栽培植物的品种登录系统，并负责某个种类登录权威(IRA)的审批。品种登录的程序主要有：

①由育种者向品种登录权威机构提交要登录品种的文字、图片说明，育种亲本、育种过程等有关材料。

②由品种登录权威机构根据申报材料和已登录品种，对其进行书面审查，在特殊情况下要对实物进行审查。

③对符合登录条件的品种,给申请者颁发登录证书,并收集在登录年报中,同时在正式刊物发表。

(2)品种审定 对新品种的各种性状进行鉴定。

①审定的程序 符合申报条件的品种,可向全国品种审定委员会或专业委员会提交申报材料,各专业委员会根据审定标准进行品种审定,由全国品种审定委员会颁发合格证书。

②申报条件 符合以下条件之一的品种,可申报品种审定:主要遗传性状稳定一致,经连续三年左右国家作物品种区域试验和2年左右生产试验,并达到审定标准的;经两个或两个以上省级品种审定委员会通过的品种;具有全国品种审定委员会授权单位进行的性状鉴定和多点品种比较试验结果,并具有一定应用价值的某些特有植物品种。

③申报材料 内容包括:育种单位或个人名称、植物种类、类型和品种名称,品种选育过程,品种的园艺性状、抗逆性、品质、产量及生理特征和形态特征的详细说明,使用范围和栽培技术要点,保持品种种性和种子生产的技术要点。

④审定标准 与同类品种相比,具有明显的性状差异,并具有较好的观赏性;主要遗传性状稳定,具有连续2年或2年以上的观察材料;具有一定的抗病虫害能力,尤其是对主要的病虫害有较强的抗性。

2. 繁育程序 审定后的品种进行扩大繁殖以满足生产需要所必需的环节。

(1)原种(苗)生产 提供繁殖生产用种所需种苗的生产过程。繁殖原种所需的种苗称超级原种,超级原种是指经审定的新的品种或原有良种提纯复壮后,符合品种标准的用做第一批繁殖的种苗。原种的种子应充实饱满,有较高的纯度、净度、发芽率高、无检疫性病虫害,苗木应健壮、充实。原种生产地应具备严格的隔离条件,防止种性退化,且要求肥力均匀,种植密度合理,提供适合品种种性要求的有关技术。

(2)生产用种(苗)生产 以原种为繁殖材料,提供生产用种苗的繁殖过程。

对于繁殖系数高的通常在良种圃内进行繁殖。而对于繁殖系数低的,应采取各种措施扩大繁殖系数。尤其原苗的生产,常需在初期采取组织培养技术,使新品种的数量迅速扩大。在良种繁殖的具体过程中,由于很多因素的影响,会造成良种种性的衰退。要注意保持和提高良种的种性。

二、优良品种及杂种优势的利用

当今园林苗木的育苗技术已经有很大的发展,在栽培技术方面已经规范化了,所以优良品种,尤其是突破性的品种及品种的更新,成为其主要竞争内容。竞争取胜的主要途径,就是抓好植物的育种。

杂交育种是指在保持品种性状一致性的条件下,利用有性杂交能增加植物内部矛盾,提高生活力。杂种优势是指两个遗传组成不同的亲本杂交所产生的杂种一代(F1),在生长势、生活力、繁殖力、抗逆性、品质和产量等方面,优于其双亲的现象。在品种间选择具有杂种优势者进行组合,通过品种间杂交,可利用杂种一代的优势提早开花期,提高生活力,增进品质和抗性。植物品种间杂交可促使植物产生变异,从中选择新品种,代替或更换退化了的旧品种,这是防止品种退化、提高种性的最根本、最有效的方法。

所谓杂种优势利用,是指生产上只利用杂种一代(F1),它具有生长旺盛、性状一致等优点,杂种一代的生产具有极大的经济效益,其后代(杂种第二代、第三代……)由于性状分离,生长势减退,就不能再利用了。目前已有很多园林苗木种子是杂种一代,如四季秋海棠、矮牵牛、三色堇和天竺葵等,市场上都以杂种一代的种子出售。制造杂种一代的步骤为:

(1)通过自交创造纯化的自交系。
(2)通过不同自交系间的相互杂交取得各杂交种。
(3)通过各杂交种的相互比较,确定优良杂交组合。
(4)将选定的亲本自交系分别在隔离区上制造杂种一代(F1)供商品出售。

实操案例

案例1 中华金叶榆的引种与推广

昌吉回族自治州于2003年引进中华金叶榆2年生实生当年新苗10株和少量接穗,2006年引进中华金叶榆接穗6000个,培育嫁接苗2.2万株。通过多年引种栽培与推广,该品种已基本引种成功,并在城镇园林绿化中取得了显著成效。

一、生物特性

中华金叶榆,榆科榆属,由河北密枝白榆母本选育而成。叶片金黄色,有自然光泽,叶脉清晰,叶卵圆形,叶缘具锯齿,叶尖渐尖,长3~5 cm,宽2~3 cm,比普通的白榆叶片短,互生枝条;一般当枝条上长出大约十几个叶片时,腋芽便萌发长出新枝。中华金叶榆的叶片一般在生长季节大部分都能保持金黄色,其最佳观赏期在4月初~8月初,此后树冠下部部分叶片泛绿,但整体上是以金黄色为主。

二、引种技术

1. 实生苗中试

2003年引进中华金叶榆2年生实生苗定植于呼图壁县甘河子林场,第2年成活率为80%,新梢平均生长量0.65 m,平均发枝3.5个,年灌水8次,施基肥1次。第3年保存率为87.5%,新梢平均生长量1.14米,平均冠幅1.45米,年灌水6次,追肥1次。安全度过了两个越冬期,生长状况良好。

2. 嫁接繁殖

嫁接是培育大苗及特用型苗的快繁手段,也是保持中华金叶榆基因特性的重要方法。在每年的3月初,选取原生地中华金叶榆当年生健壮枝条作穗材,修去短小侧枝和规格小于0.37 cm的顶梢,将穗材的中上段剪成8~10 cm左右接穗,剪好后,将接穗放进120 ℃的石蜡中速蘸,迅速投进冷水中,使表皮蘸上一层薄蜡,捞起后装进纸箱或纺织袋放入冷藏库中,在2~3 ℃温度下保藏。砧木选用本地生长的钻天榆和白榆两个品种。

①高接 以培育乔木中华金叶榆为目的,以胸径2~3 cm定植榆树为砧木。嫁接时间在4月初,即砧木苗尚未发芽前树液将开始流动时最为适宜。嫁接方法为插皮接,每株1穗。嫁接高度在1.8 m,15天左右接穗开始萌发,及时抹去砧木上萌发的芽。7月中旬以后松绑,全年浇水8次,追肥1次。当年生新梢平均生长量1.33 m、平均冠幅1.13 m、平均侧枝数4个。第2年平均生长量1.47 m、平均冠幅1.15 m。2004年春季嫁接500株,嫁接成活率100%。2006年春季嫁接21 000株,嫁接成活率99.8%。

②中接 以培育球型及其他特异造型中华金叶榆为目的,以地径1.0~1.5 cm的定植榆树为砧木,嫁接高度1.0 m。嫁接方法、时间、管理措施同高接。前三个月新梢平均生长量0.63 m、平均冠幅0.54 m、平均侧枝数2枝;全年平均生长量1.13 m、平均冠幅0.84 m、平均侧枝数2个。2007年嫁接3000株,嫁接成活率99.6%。

③矮接 以培育灌丛型、绿篱型中华金叶榆为目的,以地径 0.8 cm 以上的播种榆树苗为砧木。嫁接高度 0.10 m,嫁接方法为切接,1 株 1 穗。嫁接时间、管理措施同高接。前三个月新梢平均生长量 0.87 m、平均冠幅 0.50 m、平均侧枝数 2 个。全年平均生长量 1.15 m、平均冠幅 0.8 m、平均侧枝数 2 个。2006 年春季嫁接 1000 株,嫁接成活率 100%;2007 年春季嫁接 55 000 株,嫁接成活率 99.9%。

三、结论

(1)通过对中华金叶榆适应性、抗逆性的多年观测,发现其生长状况良好,生物学性状基本保持了原有特性,为本区生态景观、生态文明建设填补了黄色乔木树种的空白。

(2)通过不同嫁接高度的对比试验,中、矮接生长势明显优于高接,对今后按不同用途培育中华金叶榆苗木提供了借鉴。同时亦可通过不同高度的嫁接方式,培育不同用途的中华金叶榆苗木。

(3)2006~2007 年,通过在乌鲁木齐、克拉玛依、独山子、五家渠、昌吉、奇台等地的推广应用,共栽植中华金叶榆各类苗木 24 840 株,效果良好,可大面积应用于生态及生态景观建设中。

(4)由于中华金叶榆是由白榆杂交选育而来的,因此其播种苗会出现子代分离现象,即有 40%的苗为普通白榆,60%的苗为金叶榆。2006 年试播了 25 m 的金叶榆种子,出苗率不理想。因此,建议在中华金叶榆的应用推广中,应以嫁接扩繁为主。

四、推广建议

作为园林绿化植物景观色彩搭配的彩叶树种,中华金叶榆的应用范围有一定的局限性。其一,不宜作为大型道路或防护林的主栽树种;其二,该树种的应用应集中体现在园林植物景观配置中,突出表现其金黄色,借以展示植物景观的多彩性;其三,该树种林下植被不宜配置草坪,应控制灌水量,否则亦引起其叶色不鲜亮、杂色,甚至引起树木死亡;其四,在园林景观树种搭配中,无论乔木型、灌木型,均以簇(片)状栽培为宜,形成片状色彩优势,突出整体效果。

案例 2 牡丹良种繁育技术

牡丹的繁殖方法分两大类:一为有性繁殖,也称种子繁殖;二为无性繁殖,包括分株、嫁接、扦插、压条和组织培养法。

一、播种繁殖

单瓣花牡丹结籽多而成实,半重瓣和重瓣花因雄蕊和雌蕊多退化或瓣化,结籽少或不实,可采用人工辅助授粉的办法提高结籽率。

1. 种子的采集与处理

种子繁殖的牡丹五年以上结籽实,出苗率高。分株繁殖的二年开花结籽。一般在 7 月下旬(大暑)至 8 月上旬(立秋),当角果呈蟹黄色时进行采收。收后放在室内阴凉处,让种子在果壳内完成后熟,并不断翻动,以防里边的发霉,外面的变硬。待 10~15 天,绝大多数果皮渐渐自裂后在原处备用。严防曝晒使种皮变硬。待下种前 5 天左右,再将种子拣出播种。播种前可用水选法选种。

2. 播种育苗

播种于 8 月下旬(处暑)至 9 月上旬(白露)进行最好,过晚出苗率低,年前发根少而短,年后苗弱而不旺。播种前用50 ℃的温水浸种24～48 h,使种皮脱胶变软,吸水膨胀后播种。播种后用土覆盖1～2 cm。为防旱保墒,覆盖后盖上地膜,地膜上再加土6～8 cm。

3.苗圃管理

翌年2月下旬(雨水)到3月中旬(春分)期间,地温上升到4～5 ℃,种子幼芽开始萌动,地下根也开始生长。此时应去掉地膜以上的覆土并揭去地膜,随之浅松一下表土,以利小苗出土。适时追肥浇水、松土保墒、防治病虫害。

4.移栽

栽植行株距一般为60 cm×50 cm,每亩栽植2200余穴,一年生苗每穴栽两棵,两年生苗一穴一棵,栽后覆土。翌年3月上旬(惊蛰)前后,待土地解冻时,应将牡丹枝上的浮土去掉,以利幼芽生长。牡丹苗生长1～2年后,如市场需求种苗,可于秋分前后隔一株挖一株卖苗,也可一直生长3年刨收加工丹皮或作嫁接砧木及从中选育新品种。

二、分株繁殖

1.分株时间

分株与收获时间相同,在9月下旬(秋分)到10月上旬(寒露)。分株过早易秋发,过晚不利越冬。

2.分株方法

将生长4～5年的牡丹挖出,去掉覆土,顺其自然生长之势,从根茎(俗称"五花头")处分成数株,每株至少保留2～3个萌蘖芽,并带有部分根系。剪去根茎上部老枝,再剪去大根和中等根加工成丹皮,小根全部保留。在修剪时,发现有黑根(紫纹羽病)要全部剪去,并用1‰浓度的硫酸铜消毒。如病害严重,致使根部位发黑,应将此苗烧掉,防止传染。

3.栽植

在施足底肥、深反翻整平的地块内,按行株距皆为80 cm挖穴栽植,每亩可栽1000株。挖穴深浅依苗大小而定,一般深为30～40 cm,穴口直径为18～24 cm,穴底略小于穴口直径。栽植时,一手将苗垂直放入穴中,另一手将根向四周分开,使其均匀舒展,勿使根部弯曲。然后一手提苗,一手填土,待土填到坑的一半深时,用手将苗的根茎位置稍低于地面2 cm左右,并轻轻左右摇动一下,使细土与根密接,栽植不得过深或过浅,否则会影响根部生长发育。栽后用松土将地上部的枝条全部埋住,封土一般高出地面15 cm即可安全越冬。

三、嫁接繁殖

牡丹嫁接繁殖是良种繁育的一种主要方法,它具有成本低速度快的优点。

1.嫁接时间

嫁接时间自8月下旬(处暑)至10月上旬(寒露)期间均可。

2.砧木的选择

砧木主要采用芍药根、牡丹根及实生苗。

①芍药根 粗度至少2 cm,长度15～20 cm以上,须根越多越好。嫁接前1～2日将芍药根挖出,稍加晾晒变软后即可进行嫁接。这样切口不易劈裂,便于操作,有利于切口与切面的结合,还可增强吸水作用,接后容易成活。

②牡丹根 宜选用须根多、无病虫害、生长3～4年的粗壮根,长度为25～30 cm。

③实生苗 选用2～3年生、根茎粗为1 cm以上的实生苗作砧木。

3. 接穗的选择

接穗要选生长健壮的、无病虫害牡丹植株上靠近地面的一年生粗壮萌蘖枝(俗称土芽),上部当年生新枝也可作接穗。接穗长度一般为 6~10 cm,并带有一个顶芽和一个或几个小侧芽。接穗要随剪随用,存放不可过久。

4. 嫁接的方法

嫁接时,若砧木直径较粗,可采用切接;若二者粗细相近,可采用劈接。无论采用哪种方式,皆应使接穗与砧木皮部的形成层对齐,结合得越紧密越好。接好后即可进行栽植。深度以接口处低于地面 3 cm 为宜。翌年幼苗萌发,当花蕾长到直径 2 cm 左右时,将花蕾去除,加强管理。

5. 移植大田

植株生长茂盛的,两年即可出土移栽。于 9 月下旬(秋分)前后,用芍药根作砧木的,移栽时如牡丹萌蘖根较少,可剪去芍药根的二分之一或三分之一。用牡丹根作砧木的,可原棵移栽。

四、扦插繁殖

牡丹扦插比较容易生根,在 9 月上旬(白露)到 9 月下旬(秋分),选取 1~2 年生粗壮无病牡丹枝,切下 10 cm 左右扦插地中,只要保持土壤湿润,插后 15 天下部切口处就可发出新根 1~3 条。如采取地膜覆盖或插在大棚内,可提高其成活率。另外,在扦插前对牡丹枝进行培土育根处理,然后带根切下扦插则成活率更高,第二年 9 月下旬(秋分)前后进行移苗。

五、其他方法

压条繁殖是最古老的一种繁殖方法,在牡丹的繁殖上应用也较早,主要有原株压条法、分株苗斜栽压条法和高位吊包压条法。一些科研单位运用组织培养法繁殖牡丹名贵品种试管苗移栽已成活,但因繁殖量很小,还未用于大田生产。但组织培养法是牡丹主要产区今后快速繁殖名贵稀有品种或培养优良单株的一个有效方法。

学习自测

知识自测

一、填空题

1. 良种选育分为_____、_____、_____三个环节。
2. 良种选育时为防止品种混杂,常采用_____隔离法和_____隔离法。

二、名词解释

1. 良种繁育　　　　　　　　2. 良种退化
3. 杂交育种　　　　　　　　4. 杂种优势

三、简答题

1. 良种繁育的任务是什么?
2. 良种退化的主要表现有哪些?
3. 良种退化的原因是什么?

技能自测

制订一套从种子播种到种子采收的良种繁育计划。

职场点心六 发掘新种的故事

故事1 发展乡土植物的四种途径

前几天在长春,我去了吉林农业大学,给园艺学院的学生们做了一场报告。500多人的梯形教室,座无虚席。学生们刚开学,正在军训。他们穿着迷彩服,一身戎装,真是精神抖擞,活力四射。在他们的感染下,我也格外兴奋。讲完中国花木产业发展最新状况和年轻人如何走上成功之路后,掌声四起。借着这股浓浓的气氛,我让同学们提问,互动一下,效果更好。有一个男研究生问道:"听了您的介绍,加上我自己的感触,我们东北地区受寒冷气候的影响,园林绿化使用的乡土植物不是很多,品种还比较单一。这就表明,我们东北地区利用乡土植物的潜力还很大,您认为,在东北地区,应该怎样尽快发展乡土植物,才能满足园林绿化的需要?"

我说:"园林绿化的使用的乡土植物比较少,这个问题不仅东北存在,在全国也是普遍存在的。这种情况,与我们是世界园林之母的地位极不相符。如何缩小这个差距,让资源优势变为产业优势,我提出四种途径。"

哪四种途径呢?

我向同学们逐一道来。

"第一种途径,是继续发展现有在绿化中普遍应用的品种。比如,我在东北许多地方看到的杨树、柳树、榆树、山桃、丁香、蒙古栎、槭树类以及松柏类植物等。这些常规品种,虽然面孔比较老,种植的比较多,但今后的园林绿化,仍然离不开这些乡土植物。它们之所以大量存在,就是因为它们早已适应了这片黑土地。好繁殖,不畏严寒酷暑,易成活,管理粗放,是他们共有的特征。我想,任何时候,这些植物都是我们园林绿化的主力军,任何时候都是苗木生产不可忽视的品种。我所在的北京也是一样。你出了门,走在大街上,你就可以看到国槐、栾树、银杏、柳树、杨树、桃树、白蜡什么的。现在,他们是园林绿化的主力军,今后依然改变不了这种情况。我想,即使再过100年也是如此。"

"第二种途径呢,是大量发展孤植品种。所谓孤植品种,就是在绿化上早已应用,而且还有上百年大树存在的植物。这些植物,由于繁殖有一定的难度,或者缺少种子来源,我们的苗圃还没有批量生产,有的甚至连少量的生产苗都没有。这方面,我们要千方百计把它做大做强。长城以南地区在这方面有成功的例子。比如七叶树,比如灯台树,比如密枝红叶李,七八年前还极少见,现在一些苗圃已经实现规模化生产了。大量挖掘、发展这些乡土植物,是需要克服不少困难的。我想,我们的同学们毕业之后,你自己当老板也好,你到公司打工也好,一定要树立战胜这些困难的信心。我们今天的学习,就是为了明天解决困难,战胜困难,向科学技术高峰攀登。"

"第三种途径,就是引进、驯化还在山野里'睡大觉'的乡土植物。我们有很多非常好的植物品种,在山里,在野外,在大自然,都还在默默地生长着,园林绿化中,找不到它们的影子,藏在深闺无人问。这不禁让人喟叹。前几年,我在河南郑州,看见河南四季春园林绿化有限公司从豫西的大山里,把一种叫巨紫荆的乔木引进了苗圃,并且成功进行了选育和繁殖。这就很好。让资源变成了绿化材料,就是大功臣!"

"还有一种途径,就是撩亮眼睛,用心发现大自然中发生变异的乡土植物。河北的金叶榆,山东的金枝国槐、彩叶椿,浙江的红运玉兰,成都的日香桂,河南的红叶杨等,都是经营者发现的变异品种。现在,它们都成了园林绿化的主力军。自然,这些新品种,也为经营者赚了大钱。"

我想,我把这些记录下来,既是对同学们说的,更是对我们的经营者说的。

什么是摇钱树?上面说的这些只要做到了一点点,你就等于找到了一棵摇钱树。

故事2 发现新品种,要做有心人

采访完山东临清苗农肖进奎发现椿树芽变的消息后,很是兴奋。因为是肖进奎的细心,使得我国苗木品种这个大家族又增添了新的一员。著名树木学家董保华老先生得知这个消息后,连说过两个"好"字。

众所周知,中国是园林之母,这是国际上公认的。但目前在园林绿化应用上的植物却并不是很多。一个城市大体上不超过100多种。

绿化水平要不断提高,离不开植物品种的不断丰富。记得年前浙江大学包志毅教授在杭州的植物研讨会上感叹道:我国有8000多种木本植物,而杭州地区绿化使用的不过100多种,估计全国也就1000多种,与国外差距甚大。英国每年出一本黄页,上面记录的植物就有7万到8万个品种。那么,我们等的绿化需要更多的植物品种,从哪里来?如何缩小同国外的差距呢?

这些矛盾的解决,我看无外乎三种途径:一是大量引种驯化未商品化的乡土树种;二是从国外引进树种;三是像肖进奎那样,从现有的苗木品种中发现变异新品种。

就后一点而言,各地已经取得了一些进展。比如椿树,在此之前山东还发现了红叶椿,其他地区新发现的植物也有,现在不少都已经用到了园林绿化上。

但这些与我们的需要还相差甚远,还需要继续努力。

苗圃的经营者,一定要做个有心人,特别留意在自然界所目及的植物。因为变异的植物,多数是因为雷击、电闪、辐射后产生的。

有一位老专家感慨:"让新品种来得更猛烈些吧!"

这话,真的很给力!但这离不开有心人的努力。加油!兄弟们,姐妹们。

读后感:读一读、想一想、品一品、论一论。

学习情境七

园林苗木出圃与经营

任务一　园林苗木出圃

实施过程

一、调查苗木

苗木出圃前,为了作好出圃计划和下一阶段生产计划,掌握欲出圃苗木的质量和数量,必须进行苗木调查。

苗木调查的时间一般在出圃前进行,春季出圃在秋末苗木停止生长后进行,取得调查结果后,可制订生产计划和销售计划。

苗木调查方法有标准行法、标准地法、计数统计法等。

（一）标准行法

1. 抽标准行（垄）

在育苗区内,采用机械抽样办法,每隔几行抽取一行。隔的行数视这种苗木面积确定,面积小的隔的行数少一些,面积大的隔的行数多一些,一般是5的倍数。

2. 抽标准段

在抽出的标准行上,隔一定距离,机械地抽取一定长度的标准段。一般标准段长 1 m 或 2 m,大苗可长一些,样本数量要符合统计抽样要求。

3. 统计、测量

在标准段中统计苗木的数量,测量每株苗木的苗高和地径(大苗如杨、柳、国槐、杜仲、白蜡、栗等测量胸径),记录在苗木调查统计表中。

4. 计算

根据标准段计算每米平均的苗木数量。统计所有标准段的每株苗木的苗高和地径,根据规格范围,统计各种规格的数量。最后推算出每公顷和整个育苗区苗木的数量和各种规格苗木的数量。

(二)标准地法

标准地法与标准行法的统计方法、步骤相似,本方法适用于苗床育苗,以面积为标准计算。以 1 m×1 m 为标准样方,在育苗地上机械地抽取若干个样方,样方数量应符合统计要求,数量越多,结果越准确。统计每个样方上的苗木数量,测量每株苗木的高度和地径,记录在苗木调查统计表中。采用标准行法的统计方法,计算出每公顷和整个育苗区苗木的数量和各种规格苗木的数量。

(三)计数统计法

计数统计法是逐一统计法,适用于珍贵苗木和数量比较少的苗木。逐一统计,测量高度、地径和冠幅,填入苗木调查统计表,根据规格要求分级。根据育苗地的面积,计算出单位面积的产苗量和各种规格苗木的数量。

二、苗木出圃

(一)起苗

1. 起苗季节

起苗原则上应在苗木休眠期进行,生产上常分秋季起苗和春季起苗,但常绿植物种在雨季栽植时,也可在雨季起苗。

(1)秋季起苗　苗木地上部分生长虽已停止,但起苗移栽后根系还可以生长一段时间。若随起随栽,翌春能较早开始生长,且利于秋耕制,能减轻春季的工作量。

(2)春季起苗　大多数苗木的起苗在早春进行,起苗后立即移栽,成活率高。常绿植物种及根系含水量较高,不适于长期假植的植物种,如泡桐、枫杨等可在春季起苗。

2. 起苗规格

苗木根系好坏是苗木质量等级的重要指标,直接影响苗木栽后的成活及生长。因此,应确定合理的起苗规格。起苗规格过大,耗费工时多,挖掘、搬运困难;过小,伤到根系,影响苗木的质量。起苗规格主要根据苗高或苗木胸径的大小来确定。如带土球苗木起苗的土球直径应为其基径的 8~10 倍,土球厚度应为土球直径的三分之二以上。

3. 起苗方法

(1)人工起苗

①裸根起苗　在生产上应用较多,方法简单。大多数落叶植物种和常绿植物种小苗可裸根起苗。方法是:沿苗行方向按照起苗规格要求在距苗木规定距离处挖一道沟,沟深略深于起苗深度,在沟壁苗方一侧挖一斜槽,根据要求的长度截断根系,再从苗的另一侧垂直下锹,截断过长的根系,将苗木推到沟中即可取苗。应待根系完全截断再取苗,不可硬拔,否则易损伤根系。大苗裸根起苗方法与小苗基本相同,只是由于大苗根系较大,所以挖槽的幅度和深度加大,沟要围着苗干,截断多余的根,然后从一旁斜着下锹,按要求截断主根,把苗木取出(图 7-1)。

②带土球起苗　为了少伤根系、缩短缓苗期、提高栽植成活率,对于较大的常绿树苗、珍贵植物种和大的灌木,须采用带土球起苗方法。起苗前,可先将树冠捆扎好,防止施工时损伤树冠,同时也便于作业。起苗时,根据事先确定的土球横径、纵径,从外围向下挖,

沟宽以便于作业为度，沟深比规定的土球高度稍深一点，遇到粗根，用枝剪剪断或用手锯锯断，并修好土球，后用蒲包将土球包裹，打上腰箍，打腰箍主要有井字包、五角包和橘子包三种方法（图7-2）。对较大苗木的带土球起苗，可提前一年在树干周围按规定的尺寸挖槽断根，于两年内起苗移植。

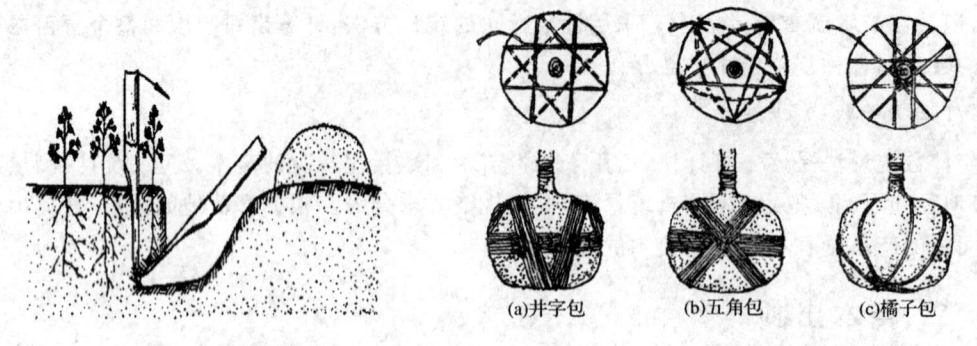

图7-1 裸根起苗

图7-2 带垛苗木土球打包示意图
(a)井字包　(b)五角包　(c)橘子包

（2）机械起苗　在北方地区苗圃较多采用机械起苗方法，常用弓形起苗犁、床式起苗犁、震动式起苗犁等，目前主要使用拖拉机牵引起苗犁起裸根苗。这种方法效率高，质量好，成本低。

4. 起苗的注意事项

（1）不论人工还是机械起苗，必须保证苗木质量，保持一定深度和幅度，防止苗根劈裂，并注意勿伤顶芽和树皮。

（2）为了避免根系损伤和失水，圃地土壤干燥时，应在起苗前 3 d 左右适当灌溉，使土壤湿润。

（3）适当修剪过长根系，阔叶树还应修剪地上部的枝叶，最好选择无风阴天起苗。此外，还应做好组织工作，使起出苗木能得到及时分级和假植。

（二）分级和统计

为了使出圃苗达到国家规定的标准，保证采用优良苗木绿化，栽植后减少苗木分化现象，提高栽植成活率，起苗后应立即进行苗木分级和统计工作。

1. 分级指标

目前我国苗木分级主要依据苗木质量的形态指标和生理指标两个方面。形态指标包括地径、苗高和根系状态（根系长度、根幅、大于 5 cm 长侧根数量）及综合控制条件等，生理指标包括苗木颜色、木质化程度、苗木水势和根系生长潜力等。综合控制条件为：无检疫对象病虫害，苗干通直，色泽正常，萌芽力弱的针叶树顶芽发育饱满、健壮，充分木质化，无机械损伤。综合控制条件达不到的为不合格苗。例如，优质壮苗应苗茎（干）粗壮，有一定高度，充分木质化，根系发达，顶芽饱满，无病虫害和机械损伤。为保证苗木活力，将生理指标作为分级控制条件，凡生理指标不能达标者均作为废苗处理。

2. 分级、统计方法

依据国家标准，对一批合格苗木进行分级和统计。一批苗木是指同一植物种在同一苗圃，用同一批种子或种条，采用基本相同的育苗技术措施，并用同一质量标准分级的同龄苗木。合格苗木是在控制条件指标的前提下以地径、根系、苗高的质量指标来确定的。目前我国采用2级制,即将合格苗分为1级苗和2级苗,等外苗不得出圃,作为废苗处理。在分级的同时,计数统计各级苗木的数量和总产苗量,计算合格苗的产量占总产苗量的比例。

3. 分级、统计的注意事项

(1)分级、统计要选在背风处进行。

(2)分级、统计速度要快,尽量缩短苗木暴露时间,以防失水,根系损伤,活力降低。

(3)分级、统计以后,要立即假植,保护好根系,以备包装或贮藏。

(三)包装与运输

1. 苗木的包装

苗木分级以后,通常是按级别,以25株、50株或100株等数量捆扎、包装。包装是苗木出圃的重要环节。许多一年生播种苗春季在阳光下裸晒60 min时绝大多数苗木死亡,而且经过日晒的苗木即使成活,生长也受影响。苗木运输时间较长时,要进行细致包装,常用的包装材料有:草包、蒲包、聚乙烯袋、涂沥青不透水的麻袋和纸袋、集运箱等。

(1)栽植容易成活或运输距离较近的苗木,在休眠期间可露根出圃。出圃时先将苗木运到靠近圃场干道或便于运输的地方,按照苗木的植物种、品种、规格和级别分别用湿土将根部埋好,进行临时假植,以便出圃时装车运输。

对于大苗如落叶阔叶植物种,大部分起裸根苗。包装时先将湿润物放在包装材料上,然后将苗木根对根放在上面,并在根间加些湿润物,如湿苔藓、湿稻草、湿麦秸等,或者将苗木的根部蘸满泥浆。这样放苗到适宜的重量,将苗木卷成捆,用绳子捆住。

(2)凡运输时间长、距离远的苗木或有特殊要求或易失水的植物种,必须先浆根或浸保湿剂并根据苗木的不同类型采取适当的包装。

①卷包包装　把规格较小的裸根苗运送到较远的地方时,使用此种方法包装比较适宜。具体做法是把包装材料如蒲包片或草席等铺好,将出圃的苗木枝梢向外,苗根向内互相略行重叠摆好,再在根系周围填充一些湿苔藓、湿稻草等,照此法把苗木和湿苔藓、湿稻草一层层地垛好,直至一定数量(以搬运方便为度),每包重量一般不超过30 kg,即可用包裹材料将苗木卷好捆好,再用冷水浸渍卷包,以增加包内水分。

②装箱包装　运输较远,运输条件较差,运出的苗木规格较小,树体需要保护的裸根苗木,使用此种包装方法较为适宜。具体操作方法是在已经制作好的木箱内,先铺好一层湿苔藓或湿锯末,再把苗木分层摆好,在摆好的每一层苗木根部中间,都需放好湿苔藓或湿锯末以保持苗木体内水分,在最后一层苗木放好后,再在上面覆以一层湿苔藓或湿锯末即可封箱。对穴盘也可用硬纸箱装好,可一层层堆放,装入硬纸箱中,但注意不要压苗。

③带土球包装　针叶和大部分常绿阔叶植物种因有大量枝叶,蒸腾量较大,而且起苗时损伤了较多的根系,故起苗后和定植初期,苗木容易失去水分,影响苗木体内的水分平衡,以致死亡。因此这类树木的大苗起苗时要求带上土球,为了防止土球碎散,以减少根系水分损失,挖出土球后要立即用塑料膜、蒲包、草包和草绳等进行包装。对特殊需要的珍贵植物种的包装有时要用木箱,包装时一定注意在外面附上标签,在标签上注明植物种的苗龄、苗木数量、等级和苗圃名称等。

④双料包装　适用于运距较远,植物种珍贵,规格较大的带土球苗木。具体做法是将已包装好的带土球苗,再稳固地放入已经备好的筐中或木箱中,然后用草绳将苗干和筐沿固定在一起,土球与筐中的空隙,要用细湿土压实,使土球在筐中不摇不晃,稳固平衡。

2. 苗木的运输

叉车装大型容器苗　　机械吊装乔木　　银杏苗起吊卸车栽植

(1)装车　裸根苗装车不宜过高过重,压得不宜太紧,以免压伤树枝和树根;树梢不准拖地,必要时用绳子围拴吊拢起来,绳子与树身接触部分,要用蒲包垫好,以防损伤树皮。卡车后厢板上应铺垫草袋、蒲包等物,以免擦伤树皮,碰坏树根;装裸根乔木应树根朝前,树梢向后,顺序排码。长途运苗最好用苫布将树根盖严捆好,这样可以减少树根失水。

带土球装车 2 m 以下(树高)的苗木,可以直立装车,高 2 m 以上的苗木,则应斜放,或完全放倒,土球朝前,树梢向后,并立支架将树冠支稳,以免行车时树冠摇晃,造成散坨。土球规格较大,直径超过 60 cm 的苗木只能码一层;小土球则可码放 2~3 层,土球之间要码紧,还须用木块、砖头支垫,以防止土球晃动。土球上不准站人或压放重物,以防压伤土球。

(2)运输　城市交通情况复杂,而苗木往往超高、超长、超宽,应事先办好必要的手续。运输途中押运人员要和司机配合好,尽量保证行车平稳。运苗途中提倡迅速及时,短途运苗中不应停车休息,要一直运至施工现场。长途运苗应经常给苗木根部洒水,中途停车应停于阴凉场所,发现刹车绳松散、苫布不严、树梢拖地等情况应及时停车处理。

(3)注意事项

①无论是长距离还是短距离运输,均要经常检查包内的湿度和温度,在运输过程中,要采取保湿、喷淋、降温、适当通风透气等措施,严防风吹、日晒、发热、霉烂等。

②运苗时应选用速度快的运输工具,以便缩短运输时间,有条件的还可用特制的冷藏车来运输。苗木运到目的地后,要立即卸车,开包通风,并在背风、阴凉、湿润处假植,以待栽植。

③如果是短距离运输,苗木可散在筐中,在筐底放一层湿润物,筐装满后在苗木上面再盖上一层湿润物即可。以苗根不失水为原则。

④如果长距离运输,则裸根苗苗根一定要蘸泥浆,带土球的苗要在枝叶上喷水,再用湿苫布将苗木盖上。

⑤装卸苗木时要轻拿轻放,不可碰伤苗木,车装好后绑扎时不可用绳物磨损树皮。

(四)检疫与消毒

1. 苗木的检疫

为了防止危险性的病虫害随着苗木的调运传播蔓延,把危险性病虫害限制在最小范围内,对于出圃的苗木,特别是调往不同地区的苗木,要按有关规定进行检疫,以防止病虫害及有毒物质传播。苗木检疫应由国家植物检疫部门进行,检疫地点限在苗木出圃地。一般可按批量的 10% 左右随机抽样进行检疫,对珍贵、大规格苗木和有特殊规格、质量要求的苗木要逐株进行检疫。如需外运或进行国际交换,涉及出圃苗木产品进出国境检验时,应事先与国家口岸植物检疫主管部门和其他有关主管部门联系,按照有关规定,履行植物进出境检验手续。通过检验取得有关合格证明并经批准,方可调运苗木。

2. 苗木的消毒

苗木除在生长阶段用农药进行杀虫灭菌外,苗木出圃时最好对苗木进行消毒。消毒方法有药剂浸渍、喷洒、熏蒸等。药剂消毒可用石硫合剂、波尔多液等,对地上部喷洒消毒和对根系浸根处理,浸根20 min后,用清水冲洗干净。消毒可在起苗后立即进行,消毒完毕,苗木可做后续处理,如对根系蘸泥浆、包装、假植等。用氰酸钾熏蒸,能有效地杀死各种害虫。熏蒸时先将硫酸倒入水中,再倒入氰酸钾后,人应立即离开熏蒸室,并密闭所有门窗,严防漏气,以免中毒。熏蒸后要穿戴防护用品打开门窗,等毒气散尽后,方能入室。熏蒸的时间依植物种的不同而异(表7-1)。

表7-1　用氰酸钾熏蒸苗木的药剂用量及时间(熏蒸面积100 m²)

植物种类 \ 药剂处理	氰酸钾/g	硫酸/g	水/mL	熏蒸时间/min
落叶植物种	300	450	900	60
常绿植物种	250	450	700	45

(五)假植和贮藏

1. 苗木的假植

苗木起苗后,如不及时栽植,应进行假植或采取相应措施进行贮藏。假植就是将苗木根系用湿润土壤进行临时性埋植,目的在于防止根系干燥或遭受其他损害。当苗木分级后,如果不能立即栽植,则需要进行假植。根据假植时间长短,分为临时假植(短期假植)和越冬假植(长期假植)。

(1)临时假植　临时假植指起苗后若不能马上进行栽植,临时采取保护苗木的措施。假植时间短,也称短期假植。方法是选择地势较高、排水良好、避风的地方,人工挖一条浅沟,沟一侧用土培成斜坡,将苗木沿斜坡逐个放置,树干靠在斜坡上,把根系放在沟内,用土埋实。

(2)越冬假植　如果秋季起苗,春季栽植,需要越冬假植,时间长,也称长期假植。方法是选择背风向阳、排水良好、土壤湿润的地方挖假植沟。沟的方向与当地冬季主风方向垂直,沟深一般是苗木高度的一半,长度视苗木数量而定。沟的形状与短期假植相同,沟挖好后将苗木逐个整齐排列靠在斜坡上,排一排苗木盖一层土,把根系全部埋入土中,盖土要实,并用草袋覆盖假植苗的地上部分。假植要做到"疏排、深埋、实踩",使根土密接。

2. 苗木的贮藏

贮藏是指将苗木置于低温下保存,主要目的是为了保证苗木安全越冬,不致因长期贮藏而降低苗木质量,并能推迟苗木萌发期,延长栽植时间。低温贮藏的条件:温度控制在0~3 ℃,以适于苗木休眠,而不利于腐烂菌的繁殖。空气相对湿度为85%~90%,并有通风设备。可利用冷藏库、冰窖以及能够保护低温的地下室和地窖等进行贮藏。

3. 假植和贮藏应注意的事项

(1)假植时放苗不可过密,埋土要严实。

(2)出圃的灌木已经成丛,根部不易埋严,在埋土操作时,一定要细致,务必把根部全部用土埋好;对易干梢的植物种,如花椒、紫薇、木槿等,假植后还应进行灌水,灌水后再用湿土把裸露的根埋严。

(3)为了有利于苗木栽植成活,同时也易于假植工作,对苗木要进行修剪,主要以短截为主。对要求有轴的植物种,要注意保护主尖,先粗剪,待苗木栽植后再细剪。

相关知识

一、苗木出圃的质量要求

苗木质量指苗木的生长发育能力和对环境的适应能力以及由此产生的在同一苗龄、相同培育方式、相同培育条件下的生物量和树姿树形。苗木规格是指根据绿化需要,人为制定的各种苗木的形态大小和形状。同样规格的苗木,苗龄小的长势好,苗木质量高。在苗木生产中,苗木质量直接影响着苗木的成活和生长。合格苗木应具备下列条件:

(一)苗木形态良好

苗木生长健壮,树形完整美观,色泽正常,树体结构合理,苗高、胸径(或地径)等符合园林绿化要求。

(二)苗木根系发育良好

主根短而直,侧根、须根多且有一定长度。具体要求应根据苗龄、规格而定。

(三)苗木茎根比小、高径比适宜、苗木质量高

茎根比小,反映出根系较大,一般表明苗木生长强壮。高径比反映苗木高度与苗木粗度之间的关系。高径比适宜的苗木,生长匀称、干形好、质量高。苗木质量反映苗木的生物量,同样条件下生长的苗木,生物量大的,表明苗木质量高。

(四)无病虫害和机械损伤

顶端优势明显的树种,如针叶树,树梢、顶芽不能损伤,这些树种的苗木树梢、顶芽一旦受损,则不能形成良好完整的树冠,影响造林和绿化效果。

(五)经过移植

一般使用的苗木应经过移植培育。5年生以下的移植培育至少1次;5年生以上(含5年生)的移植培育至少2次。野生苗和山地苗应经本地苗圃养护培育3年以上,在适应当地环境且生长发育正常后才能应用。

二、苗木质量指标的相关概念

1. 地径:指播种苗、移植苗的苗干基部土痕处、插条苗和插根苗的萌发主干基部或嫁接苗的接口以上正常粗度处的直径。
2. 干径:指乔木苗自地表面起1.3 m处的主干的直径,也称为胸径。
3. 基径:指苗木主干离地表面0.3 m处的直径。
4. 冠径:指乔木树冠垂直投影面的直径。
5. 蓬径:指灌木、灌丛垂直投影面的直径。
6. 树高:指从地表面至乔木正常生长顶端的垂直高度。

7. 分枝点高：指从地表面到乔木树冠的最下分枝点的垂直高度，也称为干高。

8. 灌高：指从地表面至灌木正常生长顶端的垂直高度。

三、苗龄及其表示方法

苗龄是指从播种、插条、嫁接或埋根等到出圃，苗木的实际生长的年龄。每年从开始生长到生长结束作为一个年生长周期，一个年生长周期为1个苗龄单位。

苗龄用阿拉伯数字表示，第一个数字表示播种苗或营养繁殖苗在原地的年龄，第二个数字表示第一次移植后培育的年数，第三个数字表示第二次移植后培育的年数，数字间用短横线间隔，各数字之和为苗龄，称几年生。例如：

1—0 表示1年生播种苗，未经移植；

2—0 表示2年生播种苗，未经移植；

2—2 表示4年生移植苗，移植一次，移植后继续培养2年；

0.2—0.8 表示1年生移植苗，移植一次，0.2年生长周期移植后培育0.8年生长周期；

0.5—0 表示半年生播种苗，未经移植，完成0.5年生长周期；

1(2)—0 表示1年生苗干2年生苗根未经移植的插条苗、插根苗或嫁接苗；

1(2)—1 表示2年生苗干3年生苗根移植一次的插条苗、插根苗或嫁接苗。

注：括号内的数字表示插条苗、插根苗或嫁接苗在原地（床、垄）根的年龄。

知识拓展

苗木出圃七注意

一、苗木标准

苗木出圃时应达到地上部枝条健壮、成熟度好、芽饱满、根系健全、须根多、无病虫害等标准。

二、起苗时间

一般在苗木的休眠期起苗。落叶树种从秋季落叶开始到翌年春季树液开始流动以前都可起苗。常绿树种除上述时间外，也可在雨季起苗。春季起苗宜早，要在苗木开始萌动之前起苗，春季起苗可减少假植程序。秋季起苗应在苗木地上部停止生长后进行，此时根系正在生长，起苗后若能及时栽植，到春季能较早开始生长。

三、起苗深度

起苗深度要根据树种的根系分布规律，宜深不宜浅，过浅易伤根。若起出的苗木根系少，宜导致栽后成活率低或生长势弱，所以应尽量减少伤根。果树起苗一般在苗木旁边20 cm处深刨，苗木主侧根长度至少保留20 cm，不要损伤苗木的皮层和芽眼。对于过长的主根和侧根，因不便据起可以切断。

四、圃地浇水

起苗前圃地要浇水。因冬、春季干旱，圃地土壤容易板结，起苗比较困难。最好在起苗前4天给圃地浇水，使苗木在圃地内吸足肥水，有比较充足的营养储备，且能保证苗木根系完整，增强苗木抗御干旱的能力。

五、根部带土球

挖取苗木时根部要带土球，避免根部暴露在空气中失去水分。珍贵树种或大树还可用草绳缠裹，以防土球散落，同时栽后要与土壤紧密接合，使根系快速恢复吸收功能，有利于提高成活率。

六、搞好分级

为了保证苗木栽后林相整齐及生长的均势，起苗后应立即在背风的地方进行分级，标记品种、名称，严防混杂。苗木分级的原则：品种纯正，砧木类型一致，地上部枝条充实，芽体饱满，具有一定的高度和粗度，根系要发达，须根多、断根少，无严重病虫害及机械损伤，嫁接口愈合良好。将分级后的各级苗木，分别按20株、50株或100株捆成捆，便于统计、运输、出售。

七、苗木假植

出圃后的苗木如不能及时定植或外运，应先进行假植。应选择地势平坦、背风阴凉、排水良好的地方。挖宽1米、深60 cm东西走向的假植沟，苗木向北倾斜，摆一层苗木填一层混沙土，忌整捆排放，假植好后浇透水，再培土。假植苗木均怕渍水、怕风干，应及时检查。

实操案例

速生杨树苗木出圃

1. 无性系纯度

速生杨树工业用材林的集约栽培首先要求苗木无性系化，即只用纯一的某一个无性系苗木造林。用无性系混杂的苗木造林，容易引起林分分化，增加抚育管理的难度，降低林分产量和质量。因此，在苗圃中必须能够非常清楚地识别出不同的栽培种。由于品种之间的形态特征有时非常接近，常常只有专门的技术人员才能区分，所以必须把它们分开放置，并在起苗或移植后立即将位置记在苗木登记簿和现场图上。对苗木要定期核对，发现混放必须纠正。为避免混放，1年生苗可涂上各种识别颜色。另外，使用采穗圃提供的插穗育苗，是保证无性系纯度的最可靠手段。在尚未建立采穗圃的地区，应由苗圃技术员在选条制备插穗时严格把关，在苗木生长过程中注意观察，尽力把混杂的无性系挖除或作出明显标记，起苗时把这些混入的无性系挑出另用，以保证出圃苗木的无性系纯度。

2. 苗木健康状况

许多速生杨树的病虫害应在苗期得到有效控制，以减少造林后的防治费用，在出圃的苗木分级调查中，必须对病株加以清查，发现病株应立即挑出，集中处理。如果苗床里有一定数量的感病苗木，则该床苗不准出售。最严重的病害是造成成熟前落叶的病害，它使苗木提前1个月落叶，造成木质化程度不够、健康发育必需的养分和水分的积累不足，这是移栽后不能生根的重要原因。

3.苗木的外形和规格

苗木的正常外形是其正常生长发育的基础。出圃苗木要求苗干通直,上下均匀,顶芽发育正常,梢部木质化良好,根系完整,无劈裂现象。畸形苗木和机械损伤严重的苗木不允许出圃造林。苗木规格大小也是影响丰产林生长的重要条件之一。应按照当地的苗木标准进行苗木分级。中国目前执行的杨树苗木标准(GB 6000—1999)和国际上使用的标准还相差甚远,并且分级方法也不如西欧国家简便、科学。建议速生杨树分级标准采用苗高 1.3 m 处的直径或干围为唯一指标。这种方法既方便,又科学。因为正常发育的苗木,苗高和直径都维持一定比例,同时使用苗高和直径两个指标就有些重复。另外,在苗高和直径两者之间,直径大小是壮苗的重要指标。在速生杨树育苗过程中,育苗密度,即苗木的单株营养面积,是决定苗木直径生长的重要条件,而苗高生长受育苗密度的影响较小,所以对于干形正常的苗木,决定其是否为壮苗的指标只取一个直径是科学的,另外,选择 1.3 m 高处直径作为测量点也比选择根径要优越。一是操作方便,测量时不必弯腰或蹲下;二是速生杨树扦插苗的根径是苗干基部包裹原插穗上切口之处,随插穗露出地面的高度不同,根际直径可以有相当大的差别。对于2年生根1年生干苗来说,由于平茬高低不同,所以对根径的影响就更大。测量根径可比测量 1.3 m 高处直径造成更多的误差。

4.起苗

速生杨树苗木正常落叶后即可起苗。起苗方法可根据苗木大小、土壤的种类和苗床的面积而定。小型苗圃一般用犁在苗行两边开沟,再用铁锹把根切断,把苗小心起出。大型苗圃提倡用"U"形起苗犁,切断苗木两边和底部的根,这样苗木根系完整,无劈裂,质量高。手工起苗劳动强度大,质量不易控制,容易损伤苗根。起苗时,无论手工或机械起苗,遇有机械损伤严重的苗木,应及时别出。起苗前先在苗木上标上分级标志,起苗时按标志分级堆放。苗起出后运往造林地的时间应尽可能缩短,如不能及时运出,则应就地分层假植在沟里,根要全部用土埋上或将苗木根系浸入水中保存。

5.运苗

速生杨树苗木不应长途运输。其运输距离(如用汽车运输)一般不应超过 200 km。在运输过程中,必须防止风吹日晒使苗木干枯,还必须特别注意保护苗根和顶芽,防止苗木机械损伤。

学习自测

知识自测

一、名词解释

1.地径　　　　　2.干径

3.基径　　　　　4.冠径

5.蓬径　　　　　6.分枝点高

二、填空题

1. 常用的苗木质量评价指标有_____、_____、_____、_____等。
2. 常用的苗木调查方法有_____、_____、_____。
3. 常用的苗木包装材料有_____、_____、_____、_____等。
4. 临时假植一般不超过_____天,长期假植又叫_____。
5. 室内低温贮藏苗木温度应控制在_____,相对湿度以_____为宜。
6. 苗木出圃土球包裹的方法有_____、_____、_____。

三、简答题

1. 简述各类苗木出圃的规格要求。
2. 苗木出圃的质量要求是什么?
3. 为什么要进行苗木分级?一般按什么标准分级?
4. 常用的苗木调查方法有哪些?如何调查?
5. 常用的起苗方法有哪些?如何操作?
6. 苗木调查的目的和要求是什么?
7. 苗木运输时应注意哪些方面的问题?
8. 苗木为什么要进行检疫?如何防治病虫害蔓延?

技能自测

1. 简述苗木移植的操作过程。
2. 简述临时假植和越冬假植的操作方法。
3. 以红瑞木为例,简要说明其出圃的操作过程。

任务二 园林苗圃经营

实施过程

一、苗圃生产管理

苗圃生产管理是苗木生产经营管理的基础。要把"苗圃"当做"企业"来经营,把"苗木"视为"产品"来生产,提高苗圃的生产管理水平,要做好苗木的生产计划管理、生产技术管理、质量管理以及生产成本管理等工作。

(一)制订苗木生产计划

苗木生产计划是苗木生产经营计划中的重要组成部分,通常是对园林苗圃在计划期内的生产任务作出统筹安排,规定计划期内生产的苗木品种、规格、质量及数量等指标,是苗木日常生产管理工作的依据。

园林苗圃通常有年度计划、季度计划和月份计划,对苗木每年、季、月的生产及管理做好计划安排,并作好跨年度苗木的培养计划。生产计划的内容包括苗木的种子采购计划、播种计划、种植计划、移植计划、技术措施计划、用工计划、生产物资的供应计划及苗木销售计划等。其具体内容为生产苗木的种类、数量、规格、出圃时间、工人工资、生产所需材料、种苗、肥料、农药、维修及产品收入和利润等。季度和月份计划主要是确保年度计划的实施。在生产计划实施过程中,要经常督促和检查计划的执行情况,以保证生产计划的落实完成。

园林苗圃的苗木生产是以营利为目的的,生产者要根据每年的销售情况、市场变化情况、生产设施等,及时对生产计划作出相应调整,以适应市场经济的发展变化。

(二)管理苗木生产技术

管理苗木生产技术是指在苗木生产过程中对各项技术活动过程和技术工作的各种要素进行科学管理,是苗木质量管理的基础和保证。主要包括:技术人才、技术装备、技术信息、技术文件、技术资料、技术档案、技术标准规程和技术责任制等。加强技术管理,有利于建立良好的生产秩序,提高技术水平,提高产品质量,扩大品种,降低消耗,提高劳动生产率和降低苗木培育成本等,尤其是大规模的园林苗圃的苗木生产,对技术的组织、运用工作要求更为严格,技术管理尤其显得重要。但技术管理主要是对技术工作的管理,而不是技术本身。苗圃苗木培育的效果决定于技术水平,但在相同的技术水平条件下,如何发挥技术,则取决于对技术工作的科学组织和管理。

(三)监督苗木生产质量

监督苗木生产质量是苗圃生产管理的重要内容,实生苗从种子生产(或采购)经播种、施肥、灌溉、养护到成苗,再到出圃,甚至包装、运输的各个生产环节都会影响苗木的质量。营养繁殖苗从扦插、嫁接(或其他方式)开始到成苗销售的各个生产作业也同样影响苗木的质量。因此,苗木质量管理与苗木技术管理是相辅相成的。

(四)核算苗木生产成本

苗木种类繁多,生产形式多种多样,其生产成本核算也不尽相同,通常在苗木生产成本核算中采用单株、大面积种植苗木成本核算两种方式。

1. 单株成本核算

单株成本核算采用的方法是单件成本法,核算过程是将单株的苗木生产所消耗的一切费用,全归集到该苗木成本核算单上。单株苗木的成本费用一般包括种子购买成本(或插穗、接穗成本),培育管理中耗用的设备成本及肥料、农药、栽培容器的成本,栽培管理中支付的工人工资,以及其他管理费用等。

2. 大面积种植苗木成本核算

大面积种植苗木成本核算首先应明确成本核算的对象,即明确承担成本费用的苗木对象,其次是对产品生产过程消耗的各种费用进行认真划分,其费用按生产费用要素可分为:

(1)原材料费用 包括购买种子、种苗的费用,在生长期间所施用的肥料和农药等生产资料费用。

(2)燃料动力费用 包括苗木生产中进行的机械作业、排灌作业,遮阳、降温、加温供热所耗用的燃料费、燃油费和电费等。

(3)工资及附加费用　生产及管理人员的工资及附加费用。

(4)折旧费　在生产过程中使用的各种机具及栽培设备按一定折旧率提取的折旧费用。

(5)废品损失费用　苗木在生产过程中,未达到苗木质量要求的应由成苗分摊的费用。

(6)其他费用　差旅费、技术资料费、邮电通信费、利息支出等。

二、苗圃经营管理

由于苗木生产周期长,而且是具有生命的产品,因此苗圃的经营策略与措施要符合苗木自身规律,要适合苗木自身的特点。

(一)确定经营策略

经营策略是指园林苗圃在经营方针的指导下,为实现苗圃的经营目标而采取的各种对策,如市场营销策略、品种开发策略等。而经营方针是苗圃经营思想与经营环境结合的产物,它规定苗圃一定时期的经营方向,是苗圃用于指导苗木生产经营活动的方针,也是解决各种经营管理问题的依据。如在市场竞争中提出苗木的市场定位,提出以什么制胜,确定在生产结构中什么是优势等都属于经营方针的范畴。

苗木品种和质量是经营管理的重点,培育什么样的品种,如何培育优质的苗木,如何适应市场的需要等,是苗圃苗木经营管理最基本的经营方针。

(二)预测苗木市场

苗木市场预测是指导苗木生产经营活动的重要手段与信息,苗木生产单位对苗木市场的需求、变化和发展趋势应作出预计和推测。主要包括预测市场需求、预测市场占有率、预测科技发展状况和预测资源状况等。

(三)开发营销渠道

苗木的营销渠道是指苗圃把所生产的苗木转移到市场,实现销售的途径,是苗木生产发展的关键。当前苗木主要的一级营销渠道是绿化工程公司、苗木网站、苗圃、花卉苗木市场和个体苗木营销员等。

(四)举办促销活动

苗木促销是指运用各种方式和方法,向消费者传递苗木信息,实现苗木销售的活动过程。苗木促销首要正确分析市场环境,确定适当的促销形式。其次,应根据企业实力来确定促销形式。苗圃规模小,产量少,资金不足,应以人员推销为主,反之,则以广告为主,人员推销为辅。第三,还应根据苗木的性质来确定。如小苗生产周期短,销售时效性强,多选用人员推销的策略。对大苗、大树、盆景等商品,应通过广告宣传、媒体介绍来吸引客户。第四,根据产品的寿命周期确定产品的促销形式。此外,苗木的促销还可通过参加各种花卉苗木展览会、博览会来实现。

总之,苗木经营者应充分利用可以利用的资源,结合实际,采取合理的促销形式,扩大苗木经营领域,拓展销售渠道,促进苗木的销售。

相关知识

一、园林苗圃经营类型划分的意义及依据

不同经营目标的园林苗圃,培育的苗木种类、规格、规模等不相同,管理方式方法不同,市场定位也不同。因此,明确苗圃的经营类型是制定适宜的经营策略,使苗圃管理科学化、规范化的前提与基础。

我国传统的园林苗圃类型划分主要根据苗圃的规模或苗圃的使用年限。其目的主要是为生产及管理服务,但是实际作用不大。随着我国苗木产业的发展及市场经济的逐步完善,苗木市场的竞争日趋激烈,园林苗圃类型应转移到侧重从考察苗圃的市场适应性、市场竞争能力、可持续发展等角度进行划分。参照企业类型划分依据,应以经营产品(植物种、品种)、经营规格、经营方向、经营条件、经营方式和生产技术等为标志,结合苗木生产特点,以经营为核心划分园林苗圃经营类型更具有实际意义。以提高园林苗圃的经营管理水平,增强园林苗圃适应市场和地方经济的能力,实现可持续发展目标。

二、园林苗圃经营类型的划分

(一)单一园林苗木生产的苗圃经营类型

苗圃以苗木生产及销售为其唯一的经营内容,这种类型在我国各个地区十分普遍,尤其是以广大农户为基础的苗圃。按照苗圃经营的主要方式及其苗木培育种类又可以细分为以下几种类型:

1. 按苗木的规格分类

(1)经营大苗的苗圃 以大苗(大树)培育为主要经营产品,大苗(大树)主要是购进,苗圃实际起的作用是苗木的"假植",即养根系和养树冠。购进来源主要有两种渠道,一是本地或异地自然资源的采挖,二是其他苗圃培育数年后的实生苗或营养繁殖苗的再次转移。这种苗圃的特点是一般建在城市周边,如上海、杭州、南京、合肥、宁波、南昌、北京、广州、福州和厦门等城市城郊及县(市),交通方便,投资大,风险大,技术要求较高,回报率高。

(2)经营小苗的苗圃 以小苗培育为主要经营产品,以播种和扦插、嫁接为主的营养繁殖为主要繁殖方式。苗木繁殖系数高,数量大,苗木经营周期短,技术要求低,单株苗木价格低,经营成本及风险低。

(3)大小苗木综合经营的苗圃 该类型苗圃比较普遍,根据经营者的经济实力和条件,一部分苗圃以小苗为主,大苗为辅;一部分以大苗为主,小苗为辅。长短结合,充分利用苗圃地的空间,比较科学、合理地利用市场、交通、土壤等资源。

(4)经营地方特色苗木的苗圃 以本地区的特色、优势苗木品种为拳头产品,适度培育一些本地或外地引种的品种。苗圃苗木品种较多,苗木规格比较齐全。

2. 按苗木的种类分类

(1)单一植物种经营苗圃 整个苗圃仅培育某一个植物种,种植面积大,苗木数量多,规格齐全。经营者对植物种的生态学和生物学习性十分了解,苗圃栽培技术比较成熟,对生产管理经验比较丰富。苗木价格随市场波动大,经营风险较高。

(2)多植物种经营苗圃　一个苗圃培育、经营数个植物种,各植物种的种植面积大小不一,各植物种苗木规格参差不齐。苗圃通常以2~3个主要植物种(或品种)为主导产品。

3. 按苗木的培育方式分类

(1)大田育苗苗圃　根据环境的特点,不加人为的辅助设施,因地制宜地开展苗木培育方式的苗圃。各地区大田培育苗木面积最为广泛,是一种栽培方式最普遍的园林苗圃。

(2)容器育苗苗圃　容器育苗是利用各种容器培养基质进行苗木培育的一种方式。容器育苗节省种子,苗木产量高,苗木质量好,成活率高。容器苗木在园林绿化工程反季节(如夏季)施工中具有适应性强、成活率高等显著优势。

(3)保护地育苗苗圃　利用人工方法创造适宜的环境条件,保证植物能够继续正常生长和发育或度过不良气候条件的一种培育方式。如温室育苗、塑料大棚育苗等方式。各个地区花卉栽培苗圃普遍利用保护地栽培方式,木本植物苗圃运用较少。

(4)组织培养育苗苗圃　在无菌的条件下,利用植物的组织或部分器官,并给以适合其生长、发育的条件,使之分生出新植株的一种苗木培育方式。各地区拥有的组织培养育苗基地,多为花卉植物,木本植物较少。组织培养技术条件要求高,试验阶段成本高,育苗速率快,繁殖系数大,产量高,苗木科技含量高,适合珍贵苗木的繁殖与开发。

4. 按苗木的性质分类

(1)花卉苗圃(花圃)　以培育一年或多年生草本花卉植物为主体的花卉苗圃。目前,各个地区花卉苗圃在品种、数量、质量、规模等方面都显得相对滞后。与国外相比,存在较大差距。

(2)木本植物苗圃　以培育乔木、灌木、藤本植物为主体的苗圃。各个地区发展十分迅速,植物种、数量、面积等扩张很快。

(3)草坪植物苗圃　以专业培育草坪植物为主体的苗圃。各个地区发展不平衡,总体面积不大,品种较少,生产水平不高。

(二)以公司为依托的苗圃经营类型

以某种形式的公司为依托建立苗圃,公司与苗圃经营相得益彰的一种苗圃经营类型。

1. 工程公司加苗圃

通常以园林绿化工程公司、建筑工程公司、房地产公司、市政工程公司等为主体,建立一定规模的苗圃。一般选择在城市周边,苗圃植物种及规格较多。

2. 外贸公司加苗圃

一些沿海城市周边地区部分苗圃,以"订单"方式培育生产符合外贸出口需要的花卉及苗木。苗木品种、数量、规格、检疫等都有比较严格的标准要求。

(三)其他类型

其他类型包括以政府为依托的苗圃、以生态林带为依托的苗圃、以药用植物为依托的苗圃、以经济林为依托的苗圃、以生态旅游为依托的苗圃、以植物盆景为依托的苗圃等。

因此，苗圃经营者要根据苗圃周边的市场、环境、资金、技术、物种资源、交通及气候等特点，选择适合苗圃优势发挥的经营类型。

知识拓展

市场营销的基本任务和基本观点

一、市场营销的基本任务

1. 为企业经营决策提供信息依据

经营决策是企业确定目标并从两个以上的经营方案中选择一个合理方案的过程。经营决策要解决企业的发展方向，依据来自市场的信息，市场营销直接接触市场，有掌握市场信息的方便条件。

2. 占领和开辟市场

对企业来说，市场是企业生存和发展的空间，有市场的企业才有生命力。市场营销的实质内容是争夺市场。

3. 传播企业理念

一个长盛不衰的企业，必定有它坚定的信仰，将这种信仰概括成基本信条，作为指导企业各种行为的准则，这就是理念。理念演化为企业形象，良好的企业形象会为企业带来巨大的效益。营销活动最直接地塑造着企业的形象，传播企业的理念。

二、市场营销的基本观点

1. 市场观点

市场是企业生存的空间，对企业来讲，市场比金钱更重要。市场营销的根本是抓住市场。

2. 顾客观点

企业要把顾客作为企业经营的出发点，同时又把顾客作为经营的归宿。市场营销就要随着消费者需求的变化，不断地调整自我，发展自我。

3. 竞争观点

竞争是与市场经济相联系而存在的客观现象，只要企业存在着独立的经济利益，相互间的竞争就是不可避免的。营销中不要消极地去看待竞争，而把其看成动力、看成条件、看成机会，主动参与竞争，以取得"水涨船高"的效果。

4. 营利观点

营利即赚钱，是市场营销无须回避的问题。市场营销所实现的营利，应是一种合理的报酬，应是企业营利、顾客受益的双赢局面。

5. 信息观点

当今已进入信息时代，企业对"信息"的占有甚至比"物质"的占有更重要。掌握了信息，才能有市场、有资源、有效益。市场营销要注意收集、善于分析信息，为企业的重大决策提供依据。

6. 时间观点

在市场营销中强调时间观点,要把握好时机,抢先一步,创造第一。

7. 创造观点

人的消费是不断地由低向高、由物质向精神发展的。市场营销肩负引导消费、刺激需求、创造市场的任务,使潜在消费变成现实。

8. 发展观点

市场营销要着眼于未来去发现机会,还要敏锐地意识到未来可能出现的风险。不满足现在的成功,去把握明天的机会。

9. 综合观点

市场营销中要特别重视各个方面的相互联系,不苛求一时一事的成败,而要确保全局的成功。讲求合作,互惠互利,最大限度地发挥自有资源的效能。

10. 广开资源观点

在市场营销中可供运筹的资源越多,就越易在竞争中保持优势地位。既要看到硬性资源,又要看到软性资源;既要看到有形资源,又要看到无形资源;既要看到物质性资源,又要看到精神性资源。这些资源一旦在市场营销中被调动起来,不但能转化为现实的经济效益,而且能为企业的长远发展创造良好的条件。

实操案例

现代园林苗圃的经营管理

1. 我国苗圃业现阶段存在的问题

虽然国家经济的发展推动了苗圃业的快速壮大,但要认识到我国苗圃业还很年轻,在苗圃的管理、生产技术方面还存在很多不足之处,应不断改进和完善。目前,我国苗圃业存在的问题主要表现在以下几方面:

(1) 缺少管理和技术人员

在苗圃的经营管理过程中,一批高素质的技术和管理人员尤为重要。随着生活质量的不断提高,人们对绿化苗木的种类和质量要求越来越高。21世纪是知识经济时代,现代经济的发展,越来越依赖于科学技术和高水平的管理。然而,由于园林苗圃多建于郊区或比较偏远的地区,有很多园艺或园林专业的高校毕业生宁肯改行在城里找工作,也不愿意到苗圃里工作,尤其是到较偏僻的地区。同时,很多苗圃是家族式苗圃,有很多懂专业的毕业生得不到重用,最后还是选择离开,致使苗圃行业管理和技术人才短缺。

(2) 苗圃管理粗放

除极少数苗圃外,多数园林苗圃由于投入资金有限,或者管理技术跟不上,苗圃管理粗放,技术落后,苗木质量不佳,在株形、规格等方面不一致,还远远达不到城市绿化对苗木质量的要求,以致直接影响苗圃企业的经济利益。

(3)苗圃发展的无序性

苗圃发展的无序性主要表现在生产的无序性和竞争的无序性这两个方面,由于苗圃经营者对苗木市场了解不多,很多苗圃在苗圃的规模和苗木种类、数量等方面盲目发展,部分苗木种类生产过剩,导致苗木价格过低,造成企业间的无序竞争。而苗圃间的无序竞争直接带来苗木价格的下降,从而导致企业经济损失。

(4)园林植物物种的选用缺乏前瞻性

在选择种植植物的种类和品种时应有一定的前瞻性,也就是要种植那些能适应将来发展的品种。一般来说,应以本国的优良绿化观赏植物为主,以国外或外地引入的新优品种为辅,同时,在引种时应特别注意引入品种的生活习性和生态适应性,以防不必要的损失。由于引种失败而影响苗圃经营的例子在我国苗圃业已有很多,既浪费资金,又浪费时间。

2.园林苗圃经营管理的关键环节

(1)苗圃管理与领导艺术

企业的效益来自于管理,管理是企业经营活动中的中心环节。领导者具有人的主观能动性,是企业的灵魂,是决定企业发展的关键。园林苗圃受风雨旱涝等自然环境的影响较大,尤其在我国园林苗圃发展的初级阶段,管理、技术和设施还远远达不到现代化苗圃的生产管理要求。因此,它比一般的工业企业更难于管理,这就要求苗圃主要有细心周密的管理措施,职工有较高的责任心。要想成为一流的管理人才,要想使苗圃快速稳健地向前发展,就要有一个正确的经营管理战略。

(2)园林苗圃的经营管理战略

苗圃要在复杂多变的竞争环境中生存发展。就必须对自己的行为进行通盘谋划。首先,作为决策人,要跟上社会发展的步伐,生产的产品要能够满足社会的需要;同时要有全局性、长期性发展战略。其次,要有前瞻性,有一个精确的发展目标,根据不同的顾客群生产不同的园林植物,这样企业才有竞争力,才能在苗木市场上立于不败之地。其次,要有保证苗木质量和苗木售后服务的管理策略。这是获得顾客信任和与顾客联系的纽带。最后,一定要使企业的员工理解企业的管理决策,这样他们才会按照企业的发展目标坚定不移地努力,使企业的经营管理战略得以实现。

(3)园林苗圃的发展计划

如要实现苗圃的经营管理战略和发展目标。就要制订苗圃的发展计划,包括短期、中期和长期发展计划。在这些计划中,又包括生产计划、销售计划和促进计划,以保证短期计划、中期计划和长期计划得以顺利实现。在计划的执行过程中,要根据苗圃发展和市场变化随时调整和改进发展计划。

①要有一个良好的生产计划。生产计划工作关系到企业发展目标的实现。一般说来,生产计划要对苗圃生产品种进行预测,对人力和物质资源进行合理调配和使用,从而最有效地生产所需的园林产品,创造较高的生产效率和最大的利润。因此,在制订生产计

划时要重视产品的质量控制和成本控制,同时要根据市场的需要和前景分析,调整种植苗木的种类及数量。

②要有一个良好的市场营销计划。市场营销计划,确切一点说是市场营销策略,即如何进入市场、扩展市场、获得最高利润的策略。市场营销计划主要由以下几个过程组成:一是确定苗圃的经营方向,二是对苗圃可控制的和不可控制的营销因素进行测定和预测,三是制定各项需要完成的营销项目和确定完成的方法,四是将实施计划具体落实到人,五是制定营销人员执行计划的标准。

③要有一个良好的促进计划。苗圃发展的促进计划包括两个方面的内容:一是促进苗木生产和市场营销的计划,市场紧俏的苗木品种和高质量的苗木有利于销售。市场营销反馈回来的信息有利于生产部门及时调整生产计划,促进苗圃的健康发展,两者相辅相成,缺一不可;二是调动员工积极性的计划,通过目标管理和相应的奖惩制度提高员工生产和销售的积极性。制定的目标一定要适当,如果目标过高难以达到,反而会抑制职工的积极性。

(4)员工的素质与苗圃的制度

要想实现苗圃的发展计划。就需要有一批高素质的队伍,即具有高尚的品格、较高的管理和技术能力,具有团结协作、勇于进取精神的员工。同时也需要有高素质的领导者来发掘和利用员工的潜能。要采用积极的管理模式和促进措施激发员工的积极性、主动性和创造性,提高生产效率,降低成本,扩大产品市场。同时,苗圃的发展一定要制定相应的制度,高素质的员工也要有严格的制度来约束,才能保证苗圃经营管理的正常进行。对工人要实行岗位责任制,并对其进行定期技术培训和素质教育,尤其对专业工人的培训更为重要。这样才能保证生产上不出差错或少出差错。

(5)苗圃的物种资源

根据苗圃的发展计划有目的地进行园林植物的资源搜集,尤其是一些专类苗圃,园林植物种类的积累也可促进苗圃的发展。因此,在苗木种类的选择上首先要有特色。不能追求小而全。除非拥有一个很大的苗圃,否则每个苗圃都应有自己的特色,根据自身的特色或想要发展的方向或目标精心地搜集、培育特有园林植物。在园林植物引种搜集的同时,要注重选育新品种,培育出有自主知识产权的新品种。随着苗圃选育新品种的增多,苗圃的声誉也随之提高,必将更有利于苗圃的发展。

(6)苗木的专业化、规模化生产

进行苗木的专业化、规模化生产是现代化园林苗圃的需要。随着苗圃业的不断发展,竞争越来越激烈,苗圃的生产方式必定会向着专业化、规模化发展,如菏泽的牡丹、南京汤泉的雪松、浙江金华的佛手、河南鄢陵的腊梅,这些地区在专业化生产的同时,带动了苗木的规模化生产。在投资筹建苗圃时,就应确定苗圃的发展方向。若确定向专业化发展,要以少数几种苗木为主,切不可"小而全",否则难以形成规模,也难以快速进入市场。

学习自测

知识自测

1. 苗圃按经营类型是怎么划分的?
2. 如何计算苗木的生产成本?
3. 怎样选择适合本地区苗圃生产的苗木种类?
4. 假如你是苗圃负责人,你将如何组织生产?如何实现苗木销售?
5. 谈谈苗木市场营销的策略。

技能自测

以小组为单位,对当地某一大型苗圃经营状况进行调查,找出该苗圃的成功之处和需要改进的地方,并提出改进意见。

职场点心七　出圃经营的故事

故事1　遇到市场空缺,也不能破质量这个底线

严守产品质量关,不为利益所动,应该是每个花木企业经营者所遵循的标准。

2011年4月初的一天,我与北京双卉新华园艺有限公司董事长刘克信先生联系之后,就有这种感触,并且还在心里说:"克信,做得好,有你的!"

3月11日,日本东北部海岸附近发生里氏9级大地震,随之而来的是大海啸、核泄漏。

这场突如其来的大灾难,让日本这个岛国损失惨重,国民经济,民众的生活,都受到了重创。双卉新华园艺,好几年了,一直吃的是向日本出口菊花的饭,生意怎么样?真的让人担心。

"克信,你们公司出口日本的菊花受没受影响?"那天,是我先发的短信息。

"呵呵,谢谢关心。据初步情报,目前我们出口到日本的菊花比较幸运。"刘克信回复说。

什么意思?我很纳闷。日本受灾如此严重,他出口的菊花竟还比较幸运?

"克信,你说的话我有些不明白?为什么呀?"我忍不住,给刘克信打了电话。

他介绍到:"情况是这样的。日本这次地震去世了那么多人,活着的亲人、好友都会买白菊花悼念。这点钱,他们还是花得起的。还有,种白菊花的日本企业,多数集中在日本这次地震的地方,起码今年生产会受到很大的影响,产量会减少不少。3月23日,又是日本的清明节。这一段时间,日本方面老是跟我要花,订单增加了不少。十二三天,一家公司就要100万支,我不敢应啊。"

"为什么不敢应?"

"花头达不到标准。"

"那你们公司能生产多少支?"应该说能生产多少有质量保证的花。

看来他的质量意识非常强。质量第一,已经在他心里扎了根。

"呵呵。对,保证质量的花能有多少?"

"十二三天也就120万支。硬发,砸了,咱的信誉就有可能受影响了。所以,凡是花头达不到标准的,我是肯定不会出口的。"

遇到市场缺货也不能破质量这个底线,好!一个企业有很好的声誉,做到可持续发展,靠的就是这一点。

故事2 每一颗苗子都要挂上标签

王华明在给客户发送苗子前,有一个做法很关键。苗子在包装前,一定要考虑客户的需要,方便客户,给苗子都挂上标签,按品种进行分类,他说:"在这方面绝不能嫌麻烦,不然会造成鱼目混珠。"

我有个月季专家的朋友,在这方面就遇到过麻烦,给他的工作造成很大的被动。

那是前年,他帮助一个地方引种月季品种。按照计划,10月初定植,10月底完成。但真正实施时,进度缓慢,苗子定植完已是11月底,整整晚了1个月。

"这是为什么?什么原因啊?"他跟我聊天说到这一段时,我问他。

他说:"哎,别提了!苗子从外地装车前,不少苗子没有挂品种标签,运到了,稀里糊涂就卸了车。得,我只能一棵一棵鉴定,然后才能栽种。时间能不晚嘛!"

"帮助定植的,幸亏是月季专家,懂行的,要是经验稍微差点的,这活就算干瞎了!"

对客户敷衍了事,不负责任,就是对自己的销售工作不负责任。

否则,以后人家有一条路可走,也不会去您那儿买苗了。

读后感:读一读、想一想、品一品、论一论。

附录

附录一　常用园林绿化树种的繁殖方法

(一) 针叶树类

编号	树种	学名	繁殖方法
1	油松	*Pinus tabulae formis*	播种 播前水浸种或混沙催芽
2	白皮松	*Pinus bungeana*	播种 种子沙藏处理
3	黑松	*Pinus thunbergii*	播种 种子沙藏处理
4	乔松	*Pinus griffithii*	播种 嫩枝扦插 嫁接以华山松为砧木
5	华山松	*Pinus armandii*	播种 播前温水浸种或混沙催芽
6	五针松	*Pinus parviflora*	播种 嫁接以黑松为砧木
7	雪松	*Cedrus deodara*	播种 嫩枝扦插
8	侧柏	*Platycladus orientalis*	播种 播前温水浸种或催芽处理
9	金枝侧柏	*Platycladus orientalis* cv. Beverleyensis	播种 播后要株选 嫩枝扦插 嫁接以侧柏为砧木
10	日本花柏	*Chamaecyparis pisifera*	播种 嫩枝扦插 嫁接适用于线柏、绒柏、凤尾柏等变种，以花柏为砧木
11	桧柏	*Sabina chinensis*	播种 种子隔年发芽，必须沙藏处理
12	龙柏	*Sabina chinensis* cv. kaizuka	扦插以5月下旬至6月中旬最适 嫁接以桧柏式侧柏为砧木
13	笔柏(塔帕)	*Sabina chinensis* cv. aurea	扦插 其他桧柏的变种也多用扦插繁殖
14	金叶桧	*Sabina chinensis* cv. pyramidalis	扦插 以5月最适 嫁接 以桧柏为砧木
15	沙地柏	*Sabina vulgalis*	播种 种子沙藏处理、嫩枝扦插
16	翠柏	*Sabina squamata* cv. meyeri	扦插以5月下旬至6月中旬最适 嫁接以桧柏或侧柏为砧木
17	铺地柏	*Sabina procumbens*	扦插 嫁接以桧柏或侧柏为砧木
18	辽东冷杉	*Abies holophylla*	播种 温水浸种或混沙催芽
19	紫杉	*Taxus cuspidata*	扦插 以5~6月最适
20	矮紫杉	*Taxus cuspidate* cv. nana	扦插 以5~6月最适
21	杉木	*Cunninghamia lanceolata*	播种 适宜早春播 扦插用萌条最好
22	柳杉	*Cryptomeria forunei*	播种 扦插春夏季进行
23	水杉	*Metasequoia glytostroboides*	播种 扦插
24	池柏	*Taxodium ascendens*	播种 扦插
25	罗汉松	*Podocarpus macrophyllus*	播种 扦插

(二)常绿乔灌木

编号	树种	学名	繁殖方法
1	广玉兰	*Magnolia grandiflora*	播种 采后即播 嫁接以木笔、天目木兰等为砧木
2	含笑	*Mischelia figo*	分株 压条 扦插
3	樟	*Cinnameum camphora*	播种 采后即播为好
4	月桂	*Laurus nobilis*	扦插 春播为好
5	十大功劳	*Mahonia fortunei*	播种 扦插 分株
6	阔叶十大功劳	*Mahonia bealei*	播种 扦插 分株
7	南天竹	*Nandina domestica*	播种 扦插 分株
8	蚊母树	*Distylium domestica*	扦插 播种
9	山茶花	*Camellia japonica*	扦插 播种 压条 嫁接多用靠接法
10	厚皮香	*Ternstoemia gymnanthera*	播种 扦插
11	金丝桃	*Hypericum*	播种 扦插 分株
12	杜鹃	*Rhododendron simsii*	扦插 播种 压条 嫁接以野生杜鹃为砧木
13	海桐	*Pittosporum tobira*	播种 扦插
14	石楠	*Photinia serrulata*	播种为主 扦插 压条
15	火棘	*Pyracantha fortuneana*	播种 扦插
16	大叶黄杨	*Euonymus japonicus*	扦插为主 播种 压条
17	枸骨	*Ilex cornuta*	播种为主 扦插
18	小叶黄杨	*Buxus sinica*	播种为主 秋播为好 扦插
19	锦熟黄杨	*Buxus sempervirens*	播种为主 秋播为好 扦插
20	雀舌黄杨	*Buxus harlandii*	扦插为主 分株
21	八角金盘	*Fatsia japonica*	扦插为主
22	夹竹桃	*Nerium indicum*	扦插为主 压条
23	女贞	*Ligustrum lucidum*	播种为主
24	小叶女贞	*Ligustrum quihoui*	播种为主 扦插 分株
25	桂花	*Osmanthus frsgrans*	扦插和压条为主 播种 嫁接以小叶女贞为砧木
26	栀子花	*Gardenia jasminodes*	扦插为主 压条 分株 播种
27	珊瑚树	*Viburnum awabuki*	扦插为主 播种
28	棕榈	*Trachycarpus fortunei*	播种

（三）落叶乔灌木

编号	树种	学名	繁殖方法
1	银杏	*Ginkgo biloba*	播种为主 分蘖 扦插 嫁接以实生苗为砧木
2	紫玉兰	*Magnolia liliflora*	压条 分株
3	白玉兰	*Magnolia denudata*	嫁接以紫玉兰为砧木 压条 扦插 播种
4	腊梅	*Chimonanthus praecox*	嫁接以狗牙腊梅野生种或实生苗为砧木 分株
5	悬铃木	*Platanus acerifolia*	扦插为主 播种
6	毛白杨	*Populus tomentosa*	萌蘖条扦插 埋条
7	加杨	*Populus canadensis*	扦插为主 埋条
8	新疆杨	*Populus bolleana*	扦插 埋条
9	河北杨	*Populus hopeiensis*	萌蘖条扦插 埋条 分割萌生苗
10	旱柳	*Salix matsudana*	扦插
11	馒头柳	*Salix matsudana* cv. umbraculifera	扦插
12	垂柳	*Salix babylonica*	扦插
13	刺槐	*Robinia pseudoacacia*	播种
14	红花刺槐	*Robinia pseudoacacia* cv. decaisueana	播种 播后株选 嫁接以刺槐为砧木
15	球冠无刺槐	*Robinia pseudoacacia* Var. umbraculifera	嫁接 以刺槐为砧木
16	毛刺槐	*Robinia hispida*	多高接 以刺槐为砧木
17	国槐	*Sophora japonica*	播种
18	龙爪槐	*Sophora japonica* cv. pendula	高接 以国槐为砧木
19	蝴蝶槐（五叶槐）	*Sophora japonica* f. oligophylla	高接 以国槐为砧木
20	杜仲	*Eucommia ulmoides*	播种为主 1、2年生实生苗或萌蘖苗嫩枝扦插 根插
21	朴树	*Celtis sinensis*	播种
22	珊瑚朴	*Celtis julianae*	播种
23	白榆	*Ulmus pumila*	播种为主 分蘖
24	榔榆	*Ulmus parvifolia*	播种
25	桑树	*Morus alba*	播种 随采随播
26	龙桑	*Morus alba* cv. tortuosa	嫁接 以桑树为砧木
27	枫杨	*Pterocarya stenoptera*	播种
28	梧桐	*Firmiana simplex*	播种
29	臭椿	*Ailanthus altissima*	播种

(续表)

编号	树种	学名	繁殖方法
30	泡桐	Paulownia fortunei	播种为主 分根 埋根
31	毛泡桐	Paulownia tomentosa	播种为主 埋根
32	香椿	Toona sinensis	播种 分根 扦插
33	栾树	Koelreuteria paniculata	播种 种子隔年发芽要经沙藏处理
34	无患子	Sapindus mukorossi	播种
35	七叶树	Aesculus chinensis	播种 采下即播 扦插 高压
36	槭树类	Acer	播种 其各变种应嫁接
37	黄檗	Phellodendren amurense	播种为主 分蘖
38	楝树	Melia azedarach	播种
39	糠椴	Tilia mandshurica	播种 种子需沙藏处理
40	皂荚	Gleditsia sinensis	播种 种子催芽处理
41	榉树	Zelkova schneideriana	播种
42	拓树	Cudrania tricuspidata	分根 扦插
43	文冠果	Xanthoceras sorbifolia	播种
44	小叶白蜡	Fraxinus bungeana	播种
45	洋白蜡	Fraxinus pennsylvanica	播种
46	合欢	Albizzia julibrissin	播种
47	丝棉木	Euonymus bungeanus	播种
48	梓树	Catalpa ovata	播种
49	楸树	Catalpa bungei	播种
50	小果海棠	Malus micromalus	播种 种子沙藏处理
51	海棠花	Malus spectabilis	嫁接 以海棠、山荆子等为砧木
52	垂丝海棠	Malus halliana	嫁接 以海棠、西府海棠等为砧木
53	樱花	Prunus serrulata	重瓣种为嫁接繁殖
54	紫叶李（红叶李）	Prunus cerasifera cv. Atropurpurea	嫁接 以山桃、山杏为砧木
55	榆叶梅	Prunus triloba	嫁接 以山桃、榆叶梅为砧木
56	红碧桃	Prunus persica f. rubro-plena	嫁接 以山桃、毛桃为砧木 其他各栽培品种均嫁接繁殖
57	黄刺玫	Rosa xanthia	分株为主 扦插 压条
58	玫瑰	Rosa rugosa	分株 压条 扦插 埋根

（续表）

编号	树种	学名	繁殖方法
59	月季	*Rosa chinensis*	扦插 嫁接 压条 分株
60	现代月季	*Rosa hybrida*	扦插 嫁接
61	木香	*Rosa banksiae*	扦插 嫁接 压条
62	棣棠	*kerria japonica*	扦插 分株
63	鸡麻	*Rhodotypos scandens*	播种 扦插
64	梅	*Prunus mume*	播种 嫁接以实生苗或山桃、山杏为砧木 压条 扦插
65	重瓣郁李	*Prunus japonica* var. kerii	分株 扦插
66	白鹃梅	*Exochorda racemosa*	扦插 播种
67	绒毛绣线菊	*Spiraea dasyantha*	播种
68	珍珠梅	*Sorbaria kirilowii*	分株
69	贴梗海棠	*Chaenomeles speciosa*	播种 扦插 嫁接
70	日本贴梗海棠	*Chaenomeles japonica*	播种 扦插
71	木槿	*Hibiscus syriacus*	扦插
72	太平花	*Philadelphus pekinenis*	播种
73	锦带花	*Weigela Florida*	播种 扦插 分株
74	猬实	*Kolkwitzia amabilis*	播种 种子需沙藏处理
75	东陵八仙花	*Hydrangea bretschneideri*	播种 种子需催芽处理
76	连翘	*Forsythia suspense*	播种 扦插
77	紫丁香	*Syringa oblata*	播种为主 分株 压条 扦插
78	黄栌	*Cotinus coggygria*	播种 种子需沙藏处理
79	红瑞木	*Cornus alba*	扦插 压条 分根
80	金银木	*Lonicera maackii*	播种 分株 扦插
81	花椒	*Zanthoxylum bungeanum*	播种 种子混沙贮藏
82	枸杞	*Lycium chinense*	播种 扦插
83	紫薇	*Lagerstroemia indica*	播种
84	小紫珠	*Callicarpa dichotoma*	播种
85	紫荆	*Cercis chinensis*	播种
86	迎春	*Jasminum nudifolrum*	扦插 分株 压条

（四）藤本类

编号	树种	学名	繁殖方法
1	金银花	*Lonicera japonica*	扦插 压条
2	藤本蔷薇	*Rosa*	扦插
3	云实	*Caesalpinia sepiaria*	播种
4	紫藤	*Wisteria sinensis*	播种 分株 压条 扦插 根插 嫁接
5	地锦	*Parthenocisus tricuspidata*	扦插为主 播种
6	美国凌霄	*Campsis radicans*	扦插 压条 分株
7	中华常春藤	*Hedera nepalensis*	扦插 压条
8	络石	*Trachelospermum jasminoides*	压条为主 播种 扦插

（五）果树类

编号	树种	学名	繁殖方法
1	苹果	*Malus pumila*	嫁接 以海棠等为砧木
2	白梨	*Pyrus bretschmeideri*	嫁接 以秋梨、杜梨为砧木
3	山楂	*Crataegus pinnatifida*	播种 种子沙藏 嫁接以实生苗为砧木
4	桃	*Prunus persica*	嫁接 以山桃、毛桃为砧木
5	杏	*Prunus armeniaca*	嫁接 以山杏为砧木
6	李	*Cerasus salicins*	嫁接 以山杏为砧木
7	樱桃	*Cerasus pseudocerasus*	嫁接 以实生苗等为砧木
8	柿	*Diospyros kaki*	嫁接 以黑枣为砧木
9	核桃	*Juglans regia*	播种 种子需沙藏处理
10	美国山核桃	*Carya illinoensis*	播种 嫁接以核桃、核桃楸、枫杨为砧木
11	葡萄	*Vitis vinifera*	扦插
12	石榴	*Punica granatum*	扦插为主 播种 分株 压条 嫁接
13	枣	*Ziziphus jujuba*	分株为主 嫁接 播种 扦插
14	枇杷	*Eriobotrya japonica*	播种 嫁接以实生苗为砧木
15	杨梅	*Myrica rubra*	播种 嫁接以实生苗为砧木
16	无花果	*Ficus carica*	扦插为主 播种 压条 分蘖
17	香榧	*Torreya grandis* cv. merrillii	播种 嫁接 以实生苗或粗榧为砧木
18	柑橘	*Citrus reticulata*	嫁接为主 以枸杞、枳橙、酸橙等为砧木
19	油橄榄	*Olea europaea*	扦插为主 播种 嫁接

此表引自白涛,王鹏.园林苗圃.黄河水利出版社.2010

附录二 部分树种的种实成熟特征、种子调制和贮藏方法

树种	千粒重/g	种实成熟特征	采种期	种子调制和贮藏方法
桂花	260	果实紫黑色	4~5月	搓洗,阴干;沙藏
油松	37	球果黄褐色	10月	曝晒球果,翻动,种子脱出;干藏
落叶松	4.2	球果浅黄褐色	9~10月	曝晒球果,翻动,种子脱出;干藏
侧柏	21.6	球果黄褐色	10~11月	曝晒球果,敲打,种子脱出;干藏
马尾松	10.8	球果黄褐色	11月	堆沤后曝晒,翻动,种子脱出;干藏
杨树	0.45	蒴果变黄,部分裂出白絮	4~5月	阴干,揉搓过筛,种子脱出;密封干藏
白榆	7.7	果实浅黄色	4~5月	阴干,筛选;密封干藏
麻栎		壳斗黄褐色	10月	阴干,水选;沙藏或流水藏
国槐	119.0	果实暗绿色,皮紧缩发	11~12月	水浸搓洗,阴干后略晒;干藏
桉树	0.3	皱蒴果褐色	8~9月至翌年2~5月	阴干,翻动,种子脱出;密封干藏
木荷		蒴果黄褐色	10~11月	阴干,翻动,种子脱出;干藏
臭椿	19.7	翅果黄色	10~11月	日晒,筛选;干藏
刺槐	19.0	荚果褐色	9~11月	日晒,敲打,筛选;干藏
香椿	13.0	蒴果褐色	10月	阴干,揉搓去壳;干藏
苦楝		核果灰黄色	11~12月	水浸搓洗,阴干后略晒;沙藏
白蜡	30.0	翅果黄褐色	10~11月	日晒,筛选;干藏
枫杨		翅果褐色	9月	稍晒,筛选;沙藏
悬铃木	3.6	聚合果黄褐色	11~12月	日晒,轻敲脱粒;干藏
泡桐	0.125	蒴果黑褐色	9~10月	摊晒脱粒;干藏
紫穗槐	10.5	荚果红褐色	9~10月	日晒,风选或筛选;干藏
五角枫	130	翅果黄褐色	10~11月	阴干,轻敲脱粒;干藏日晒;干藏
乌桕		果实黑褐色	11月	阴干;干藏
杜仲	80	果壳褐色	10~11月	阴干脱粒;沙藏
棕榈	366	果实青黄色	9~10月	搓洗,阴干筛选;沙藏
女贞	36	果实紫黑色	11月	搓洗,阴干水选;沙藏
香樟	180	浆果紫黑色	11~12月	取果肉后洗净,稍晾;沙藏或即播
枇杷	800	果实黄色	5月	阴干,翻动,种子脱出;沙藏或即播
广玉兰	85	蒴果黄褐色	10月	阴干搓碎取种,筛选;干藏

(续表)

树种	千粒重/g	种实成熟特征	采种期	种子调制和贮藏方法
紫薇	0.35	蒴果黄褐色	11月	搓洗去果皮,阴干;沙藏
石楠	35	果实红褐色	11~12月	曝晒球果,翻动,种子脱出;干藏
雪松	125	球果浅褐色	9~10月	日晒,敲打,种子脱出,风选;干藏
合欢	40	荚果黄褐色	9~10月	日晒,敲打,种子脱出,风选;干藏
紫荆	21.5	荚果黄褐色	10月	除去果肉,洗净,水选,阴干;沙藏
海棠	17.9	果实黄色或红色	8~9月	搓洗去果皮,阴干;沙藏
无患子		果实黄褐色有皱纹	11~12月	阴干,风选;沙藏
青桐	152.0	果实黄色有皱纹	9~10月	日晒,敲打,种子脱出;干藏
金钱松	35.7	球果淡黄或棕褐色	10月中下旬	日晒,翻动,种子脱出;干藏

注:表中种子千粒重为参考值。

附录三 园林苗圃常见病虫草害及防治

序号	名称	危害树种及部位	发生时期	化学防治	综合防治
1	锈病	毛白杨、玫瑰的叶、茎、芽	4~6月	喷0.3~0.5波美度的石硫合剂或50%退菌特500倍液	及早剪除染病叶片,深埋或烧毁
2	白粉病	阔叶树的叶片、嫩梢、花、果实等	夏初和秋末发病较重	早春发芽前喷3~4波美度的石硫合剂或发病初期喷50%多菌灵可湿性粉剂800~1000倍液,或25%粉锈宁可湿性粉剂1000~1500倍液	①结合修剪,剪除病枝、病叶,集中深埋或烧毁 ②加强管理,增施磷、钾肥,控制氮肥,注意通风透光
3	立枯病	松、杉、香榧、臭椿、榆树、枫树、银杏、桑树、杨树、刺槐等幼苗	4~5月	①进行土壤消毒,每平方米用40%福尔马林50 mL,兑水8~12 L浇灌地面 ②幼苗出土后,用硫酸亚铁、波尔多液或甲基托布津喷洒或浇灌苗床	①及时拔除病株并烧毁 ②加强通风采光,严格控制浇水 ③选好圃地,实行轮作,精耕细作,选择适宜的播种量和播种期
4	根腐病	银杏、香榧、杜仲、鸡爪槭、马尾松、大叶黄杨、香樟、刺槐等茎基部	高温高湿季节发病严重	用50%多菌灵可湿性粉剂500倍液浇灌植株基部及周围的土壤	①加强管理,注意通风采光 ②及时拔除病株并对土壤进行消毒
5	褐斑病	松树叶片	高温高湿	发病初期喷50%多菌灵可湿性粉剂500倍液或0.5%~1%波尔多液	加强管理,注意通风透光

(续表)

序号	名称	危害树种及部位	发生时期	化学防治	综合防治
6	蚜虫（蜜虫、腻虫）	桃、梅、木槿、石榴等的叶、花蕾	春暖早、雨水均匀年份发生严重	使用内吸性强的低毒安全农药,如吡虫啉(10%可湿性粉)1500倍	可用人工迁移瓢虫、食蚜蝇等天敌进行防治
7	介壳虫	刺槐、白蜡、悬铃木、卫矛、国槐等的叶、树干	5月至10月	选用50%辛硫磷、45%灭蚧或20%蚧杀手等乳油1000倍液。在幼蚧初孵至盛孵期,即5月中旬至6月中旬前进行喷药	①加强肥水管理,增强树势;结合修剪,剪除虫枝、虫叶 ②保护与利用天敌
8	红蜘蛛	茉莉、月季、扶桑、海棠、金橘、杜鹃、茶花、桃、苹果、山楂等的茎叶	5月～8月	在早春或冬季,喷布3至5波美度的石硫合剂。在4月下旬至5月上旬,用40%氧化乐果乳油5至10倍液,根际涂抹或涂干。在红蜘蛛大发生期,可喷20%三氯杀螨醇乳油500至600倍等	①加强栽培管理措施 ②注意保护和利用瓢虫、草蛉等天敌
9	金龟子	丁香、桧柏、连翘、白蜡、月季、海棠、大多数果树	4月～8月	①4月中旬用50%辛硫磷乳油200倍液喷洒地面或用4.5%高效氯氰菊酯乳油100倍液拌菠菜叶,撒于树冠下。危害盛期,用10%吡虫啉可湿性粉剂1500倍液于花前、花后树上喷药 ②用50%辛硫磷乳油200倍液浸泡杨树叶条诱杀异地迁入的成虫	①利用假死习性,傍晚进行人工捕杀 ②利用黑光灯捕杀 ③糖醋罐诱杀 ④不施未腐熟的农家肥料
10	天牛	侧柏、桧柏、龙柏、罗汉松等针叶树,梅花、花桃、海棠、枇杷、核桃等花木	3月～8月	①3～4月利用柏木油或其枝干作诱饵,诱杀成虫。也可喷一次1000倍氧化乐果乳油等灭杀成虫和初孵幼虫 ②幼虫危害期可根施呋喃丹,或利用高压注射机注射药剂防治害虫	①调运苗木时严格检疫 ②危害严重时,清除被害木,进行熏蒸,消灭虫源 ③加强水肥管理,提高树势,减少受害 ④挂鸟巢,招引啄木鸟等益鸟防治害虫
11	温室白粉虱	大丽花、扶桑、倒挂金钟、牡丹等园林植物	整个生长季	危害期采用烟参1500碱倍乳液或扑虱灵2000倍液防治。温室内将门窗关严,在密闭条件下采用80%的敌敌畏熏蒸。用药量为1～2 mL/m²熏蒸24小时	①利用成虫趋黄性,进行黄板诱杀 ②保护和利用天敌,如中华草蛉、丽蚜小蜂等
12	草害		整个生长季	化学防除。使用除草剂如2,4-D、2,4,5-T、敌草隆、草甘膦、精稳杀得、果尔、农达等	①机械防除 ②种植措施(如合理密植、清除圃边杂草、地膜覆盖等)

此表引自王庆菊,孙新政.园林苗木繁育技术.中国农业大学出版社.2007

附录四 北方园林苗圃全年管理工作历

时间	物候期	主要作业项目
12月~翌年2月	休眠期	1.覆土、盖草、搭暖棚,苗木越冬防寒 2.小拱棚及塑料温室大棚管理。包括光照、温度、水分及苗木生长管理等 3.冬季苗木整形、修剪 4.清理圃地,积肥,消灭各种越冬病虫害 5.育苗前各种物资准备(种条、工具、农药、肥料、激素等)及机械维修 6.湿藏种子及保存情况检查 7.整理各种记载表格,统计各项开支,核算育苗成本,总结全年育苗工作 8.鉴定种子发芽率,确定所需种子数 9.整修渠路,开展积肥、运肥工作 10.制订下年度育苗计划
3月~4月上旬	树液流动期	1.以常绿树种及根系含水量高的苗木为主的出圃工作,包括起苗、分级统计、包装、外运、假植等 2.圃地整理,包括平整、施肥、翻耕、土壤处理(灭菌、杀虫)、除草剂应用、耙地、作床、作垄等 3.采条(根)剪截、浸水、激素处理、扦插(埋根)灌水管理等 4.砧苗地灌水,接穗采集、处理(浸水、激素处理),嫁接(枝接、嵌芽接) 5.压条、分株、留根育苗 6.小拱棚、大棚温室苗木相继出棚,露地移植 7.苗木移植(按发芽迟早安排移植顺序) 8.留床苗管理(灌水、松土、前期生长型苗木开始追肥),撤除防寒设施 9.对干形不好、低矮、弯曲,达不到培育高度的苗木平茬 10.种子精选、消毒、催芽、播种、覆盖及保墒
4月中旬~5月中旬	出苗或成活期	1.扦插苗、埋根苗、留根苗、嫁接苗、压条苗、分株苗成活期管理,灌溉、松土等,检查生根、成活情况,对生根慢的扦插苗适当遮阴,枝接苗、嫁接苗、芽接苗抹芽、除蘖及剪砧 2.小拱棚、温室大棚管理(温度、光照、水分及苗木生长管理等) 3.播种苗出苗期管理:注意保持土壤水分,防止土壤板结、松土、拔草,提高出苗率 4.防治病虫害
5月下旬~6月中旬	生长初期	1.常绿扦插苗遮阴、喷水 2.怕强光实生幼苗逐渐撤除覆盖物,搭棚遮阴 3.播种苗松土、除草,控制灌溉"蹲苗",促使根系生长 4.播种苗开始间苗、补苗 5.嫁接苗松土、除草、追肥、灌水及除蘖、剪砧、扶植 6.埋根苗、平茬苗松土、除草、追肥、灌水及除蘖、扶植 7.压条苗培土、保湿 8.留床苗管理:松土、除草、追肥、灌水,根据干高要求抹芽 9.防治病虫害(猝倒病、食叶害虫)
6月中旬~9月上旬	速生期	1.灌水、松土、除草,雨季排水 2.追肥3~5次,后期停止施氮肥 3.抹芽、除蘖、修枝、整形 4.嫁接苗解绑、除蘖、防风折 5.喜阴、怕直射光苗木遮阴 6.雨季嫩枝扦插、喷水,遮阴 7.常绿小苗雨季移栽 8.防治病虫害 9.后期逐渐撤除荫棚
9月中旬~11月下旬	生长后期	1.停止水肥管理,追施钾肥 2.圃地排水 3.松土、除草 4.抹芽、除蘖、截根

此表参考莫翼翔等.130种园林苗木繁育技术.中国农业出版社 农村读物出版社.2008

附录五　城市绿化和园林绿地用植物材料——木本苗

中华人民共和国行业标准 CJ/T 24－1999
中华人民共和国建设部
发布日期:1996－06－04
实施日期:1996－06－04

1. 主题内容与适用范围

本标准规定了用于城市绿化和园林绿地的露地栽植苗木产品的规格、质量、检验和验收等技术要求及标志、掘苗、包装、运输、假植或贮存等基本要求。

本标准适用于苗圃露地培育的出圃苗木。

2. 引用标准

GB 6000 主要造林树种苗木质量分级
CJ/T 23 城市园林苗圃育苗技术规程

3. 名词术语

3.1　苗木类型:按培育苗木树种的自然形态分为常绿针叶乔木、落叶针叶乔木、常绿阔叶乔木、落叶阔叶乔木、常绿针叶灌木、常绿阔叶灌木、落叶阔叶灌木、常绿藤木、落叶藤木、竹类、棕榈等种类;丛生型、匍匐型、蔓生型、单干型等类型。

3.2　丛生型苗木:指自然生长的树形呈丛生状的苗木。

3.3　匍匐型苗木:指自然生长的树形呈匍匐状的苗木。

3.4　蔓生型苗木:指自然生长枝条呈蔓生状的苗木。

3.5　单干型苗木:指经过人工整形后具主干的苗木。

3.6　小乔木:指树种自然生长成龄树高在 3～8 m 的乔木。

3.7　中乔木:指树种自然生长成龄树高在 8～15 m 的乔木。

3.9　干径:指苗木主干离地表面 130 cm 的直径,适用于大乔木和中乔木。

3.10　基径:指苗木主干离地表面 10 cm 处基部直径。适用于小乔木和单干型灌木。

3.11　冠径:指乔木树冠垂直投影面的直径。

3.12　蓬径:指灌木灌丛垂直投影面的直径。

3.13　树高:指乔木从地表面至树木正常生长顶端的垂直高度。

3.14　分枝点高:指乔木从树冠的最下分枝点到地表面的垂直高度。

3.15　灌高:指灌木从地表面至灌丛正常生长顶端的垂直高度。

3.16　移植次数:指苗木在苗圃培育的全过程中经过移栽的次数。

4. 技术要求

4.1　苗木出圃前的基本要求

4.1.1　将准备出圃苗木的种类、规格、数量和质量分别调查统计制表。

4.1.2　核对出圃苗木的树种或栽培变种(品种)的中文植物名称与拉丁学名,做到名实相符。

4.1.3 出圃苗木应具备生长健壮、枝叶繁茂、冠形完整、色泽正常、根系发达、无病虫害、无机械损伤、无冻害等基本质量要求。参照 CJ/T 23 有关规定进行。凡不符合上述要求的苗木不得出圃。

4.1.4 苗木出圃前应经过移植培育。五年生以下的移植培育至少一次；五年生以上（含五年生）的移植培育两次以上。

4.1.5 野生苗和异地引种驯化苗定植前应经苗圃养护培育一至数年后，适应当地环境，生长发育正常后才能出圃。

4.1.6 出圃苗木应经过植物检疫。省、自治区、直辖市之间苗木产品出入境应经法定植物检疫主管部门检验，签发检疫合格证书后，方可出圃。具体检疫要求按国家有关规定执行。

4.2 各类型苗木产品规格质量标准

4.2.1 乔木类常用苗木产品主要规格质量标准见附录五—附表4。

4.2.1.1 乔木类苗木产品主要质量要求：具主轴的应有主干枝，主枝应分布均匀，干径在 3.0 cm 以上。

4.2.1.2 阔叶乔木类苗木产品质量以干径、树高、苗龄、分枝点高、冠径和移植次数为规定指标；针叶乔木类苗木产品质量规定标准以树高、苗龄、冠径和移植次数为规定指标。

4.2.1.3 行道树用乔木类苗木产品主要质量规定指标为：阔叶乔木类应具主枝 3～5 支，干径不小于 4.0 cm，分枝点高不小于 2.5 m；针叶乔木应具主轴，主轴有主梢。（分枝点高等具体要求，应根据树种的不同特点和街道车辆交通量，各地另行规定）

4.2.2 灌木类常用苗木产品主要规格质量标准见附录五—附表5。

4.2.2.1 灌木类苗木产品主要质量标准以苗龄、蓬径、主枝数、灌高或主条长为规定指标。

4.2.2.2 丛生型灌木类苗木产品主要质量要求：灌丛丰富，主侧枝分布均匀，主枝数不少于 5 支，灌高应有 3 支以上的主枝达到规定的标准要求。

4.2.2.3 匍匐型灌木类苗木产品主要质量要求：应有 3 支以上主枝达到规定标准的长度。

4.2.2.4 蔓生型灌木苗木产品主要质量要求：分枝均匀，主条数在 5 支以上，主条径在 1.0 cm 以上。

4.2.2.5 单干型灌木苗木产品主要质量要求：具主干，分枝均匀，基径在 2.0 cm 以上。

4.2.2.6 绿篱用灌木类苗木产品主要质量要求：灌丛丰满，分枝均匀，干下部枝叶无光秃，干径同级，树龄二年生以上。

4.2.3 藤本类常用苗木产品主要规格质量标准附表略。

4.2.3.1 藤本类常用苗木产品主要质量标准以苗龄、分枝数、主蔓径和移植次数为规定指标。

4.2.3.2 小藤本类苗木产品主要质量要求：分枝数不少于 2 支，主蔓径应在 0.3 cm 以上。

4.2.3.3　小藤本类苗木产品主要质量要求:分枝数不少于3支,主蔓径在1.0 cm以上。

4.2.4　竹类常用苗木产品主要规格质量标准附表略。

4.2.4.1　竹类苗木产品主要质量标准以苗龄、竹叶盘数、竹鞭芽眼数2个以上,竹竿截干保留3~5个盘叶。

4.2.4.2　母竹为二至四年生苗龄,竹鞭芽眼两个以上,竹竿截干保留3~5个盘叶以上。

4.2.4.3　无性繁殖竹苗应具2~3年生苗龄;播种竹苗应具3年以上苗龄。

4.2.4.4　散生竹类苗木产品主要质量要求:大中型竹苗具有竹竿1~2支;小型竹苗具有竹竿3支以上。

4.2.4.5　丛生竹类苗木产品主要质量要求:每丛竹具有竹竿3支以上。

4.2.4.6　混生竹类苗木产品主要质量要求:每丛竹具有竹竿2支以上。

4.2.5　棕榈类等特种苗木产品主要质量标准附表略。

棕榈类特种苗木产品主要质量标准以树高、干径、冠径和移植次数为规定指标。

5.检测方法

5.1　测量苗木产品干径、基径等直径时用游标卡尺,读数精确到0.1 cm。测量苗木产品树高、灌高、分枝点高或着叶点高、冠径和蓬径等长度时用钢卷尺、皮尺或木制直尺,读数精确到1.0 cm。

5.2　测量苗木产品干径当主干断面畸形时,测取最大值和最小值直径的平均值。测量苗木产品基径当基部膨胀或变形时,从其基部近上方正常处测取。

5.3　乔木树高是从基部地表面到正常枝最上端顶芽之间的垂直高度。不计徒长枝。对棕榈类等特种苗木的树高从最高着叶点处测量其主干高度。

5.4　测量冠高时,应取每丛3支以上主枝高度的平均值。

5.5　测量冠径和蓬径,应取树冠(灌蓬)垂直投影面上最大值和最小值直径的平均值,最大值和最小值的比值应小于1.5。

5.6　检验苗木苗龄和移植次数,应以出圃前苗木档案记录为准。

5.7　4.1.3内容用感官检测。

6.检验规则

6.1　苗木产品检验地点限在苗木出圃地进行,供需双方同时履行检验手续,供方应对需方提供苗木产品的树种、苗龄、移植次数等历史档案记录。

6.2　珍贵苗木、大规格苗木和有特殊规格质量要求的苗木要逐株进行检验。

6.3　成批(捆)的苗木按批(捆)量的10%随机抽样进行质量检验。

6.4　同一批出圃苗木应统一进行一次性检验。

6.5　同一批苗木产品的质量检验的允许误差范围为2%;成批出圃苗木产品数量检验的允许误差值为±0.5%。参照GB 6000的有关规定执行。详见附录五—附表1、附录五—附表2。

附录五　附表1　　　　　　　质量检验允许不合格值测定

同批量数/株	允许值/株
1000	20
500	10
100	2
50	1
2	0

附录五　附表2　　　　　　　数量检验允许误差值测定

同批量数/株	允许值/株
5000	±25
1000	±5
400	±2
200	±1
100	0

6.6　根据检验结果判定出圃苗木合格与不合格,当检验工作有误或其他地方不符合有关标准规定必须进行复检时,以复检结果为准。

6.7　涉及出圃苗木产品进出国境时,应事先与国家口岸植物检疫主管部门和其他有关主管部门联系,按照有关技术规定;履行植物进出境检验手续。

6.8　苗木产品出圃应附《苗木检验合格证书》,一式3份,其格式见附录五－附表3。

附录五　附表3　　　　　　　苗木检验合格证书

编号		发苗单位			
树种名称		拉丁学名			
繁殖方式		苗龄		规格	
批号		种苗来源		数量	
起苗时间		包装日期		发苗日期	
假植或贮藏日期		植物检疫证号			
发证单位		备注			

7. 标志、掘苗、包装、运输、假植或贮存

7.1　标志

7.1.1　苗木产品出圃应带有明显标志(注:标志的形式和颜色可由各地自行规定)。

7.1.2　标志牌上印注内容:苗木名称、拉丁学名、起苗日期、批号、数量、植物检验证号和发苗单位。

7.1.3　标志牌挂设按苗木产品品种和包装件数为单位。

7.2　掘苗

7.2.1　常绿苗木、落叶珍贵苗木、特大苗木和不易成活的苗木以及有其他特殊质量要求的苗木等产品,应带土球起掘。

7.2.2　苗木的适宜掘苗时期,按不同树种的适宜移植物候期进行。

7.2.3　起掘苗木时,当土壤过于干旱,应在起苗前3~5 d浇足水。

7.2.4　裸根苗木产品掘苗的根系幅度应为其基径的6~8倍。

7.2.5 带土球苗木产品掘苗的土球直径应为其基径的 6～8 倍,土球厚度应为土球直径的 2/3 以上。

7.2.6 苗木起掘后应立即修剪根系。根茎达 2.0 cm 以上应进行药物处理。同时适度修剪地上部分枝叶。

7.2.7 裸根苗木产品掘取后,应防止日晒,进行保湿处理。

7.3 包装

7.3.1 裸根苗木产品起运前,应适度修剪枝叶、绑扎树冠,并用保湿材料覆盖和包装。

7.3.2 带土球苗木产品,掘取后应立即包装,应做到土壤湿润,土球规范,包装结实、不裂不散。(注:包装材料、规格和方法可由各地自行规定)

7.4 运输

7.4.1 苗木产品需及时运输。在运输途中应专人养护,保证苗木产品处于适宜的温度和湿度,防止苗木曝晒、雨淋和二次机械损伤。

7.4.2 苗木产品在装卸过程中应轻拿轻放。保持苗木完好无损、无污染,装卸机具要有安全、卫生的技术措施。

7.4.3 苗木产品的体量过大和土球直径超过 70 cm 以上,

7.5 假植或贮存

7.5.1 苗木产品运到栽植地应及时进行定植。可使用吊车等机械装卸。

7.5.2 苗木产品掘起后,当不能及时外运或运送到目的地,不能及时定植时,应进行临时性假植或贮存处理。

7.5.3 当苗木产品秋季起苗待翌春后栽植时,应进行越冬性假植或贮存处理。

7.5.4 假植和贮存的具体要求,可由各地自行规定。

附录五 附表 4 乔木类常用苗木主要规格质量标准

类别	树种	树高/m	干径/cm	苗龄/年	冠径/m	分枝点高/m	移植次数/次
常绿针叶乔木	南洋杉	2.5～3		6～7	1.0		2
	冷杉	1.5～2		7	0.8		2
	雪松	2.5～3		6～7	1.5		2
	柳杉	1.5～2		5～6	1.5		2
	云杉	2.5～3		7	0.8		2
	侧柏	2～2.5		5～7	1.0		2
	罗汉松	2～2.5		6～7	1.0		2
	油松	1.5～2		8	1.0		2
	白皮松	1.5～2		6～10	1.0		2
	湿地松	2～2.5		3～4	1.5		2
	马尾松	2～2.5		4～5	1.5		2
	黑松	2～2.5		6	1.5		2
	华山松	1.5～2		7～8	1.5		2
	国柏	2.5～3		7	1.5		3
	龙柏	2～2.5		5～8	0.8		2
	铅笔柏	2.5～3		6～10	0.6		3
	榧树	1.5～2		5～8	0.6		2

(续表)

类别	树种	树高/m	干径/cm	苗龄/年	冠径/m	分枝点高/m	移植次数/次
落叶针叶乔木	水松	3.0~3.5		4~5	1.0		2
	水杉	3.0~3.5		4~5	1.0		2
	金钱松	3.0~3.5		6~8	1.2		2
	池杉	3.0~3.5		4~5	1.0		2
	落羽杉	3.0~3.5		4~5	1.0		2
常绿阔叶乔木	羊蹄甲	2.5~3	3~4	4~5	1.0		2
	榕树	2.5~3	4~6	5~6	1.0		2
	女贞	2~2.5	3~4	4~5	1.2		1
	广玉兰	3.0	3~4	4~5	1.5		2
	白兰花	3~3.5	5~6	5~7	1.0		2
	杧果	3~3.5	5~6	5	1.5		2
	香樟	2.5~3	3~4	4~5	1.2		2
	蚊母树	2	3~4	5	0.5		3
	桂花	1.5~2	3~4	5	0.5		3
	山茶花	1.5~2	3~4	5~6	1.5		2
	石楠	1.5~2	3~4	5	1.0		2
	枇杷	2~2.5	3~4	3~4	5~6		2
	银杏	2.5~3	2	15~20	1.5	3.0	3
	绒毛白蜡	4~6	4~5	6~7	0.8	5.0	2
	悬铃木	2~2.5	5~7	4~5	1.5	3.0	2
	毛白杨	6	4~5	4	0.8	2.5	1
	臭椿	2~2.5	3~4	3~4	0.8	2.5	1
	三角枫	2.5	2.5	8	0.8	2.0	2
	元宝枫	2.5	3	5	0.8	2.0	2
	刺槐	6	3~4	6	0.8	2.0	2
	合欢	5	3~4	6	0.8	2.5	2
	栾树	4	5	6	0.8	2.5	2
	七叶树	4	3.5~4	4~5	0.8	2.5	3
	槐树	4	5~6	8	0.8	2.5	2
	无患子	3~3.5	3~4	5~6	1.0	3.0	1
	泡桐	2~2.5	3~4	2~3	0.8	2.5	1
	枫杨	2~2.5	3~4	3~4	0.8	2.5	1
	梧桐	2~2.5	3~4	4~5	0.8	2.5	1
	鹅掌楸	3~4	3~1	4~6	0.8	2.5	2
	木棉	3.5	5~8	5	0.8	2.5	2
	垂柳	2.5~3	4~5	2~3	0.8	2.5	2
	枫香	3~3.5	3~4	4~5	0.8	2.5	2
	榆树	3~4	3~4	3~4	1.5	2	2
	榔榆	3~4	3~4	6	1.5	2	3
	朴树	3~4	3~4	5~6	1.5	2	2
	乌桕	3~4	3~4	6	2	2	2
	杜仲	4~5	3~4	6~8	2	2	2
	麻栎	3~4	3~4	5~6	2	2	2
	榉树	3~4	3~4	8~1	2	2	2
	重阳木	3~4	3~4	5~6	2	2	2

(续表)

类别	树种	树高/m	干径/cm	苗龄/年	冠径/m	分枝点高/m	移植次数/次
落叶阔叶乔木	梓树	3~4	3~4	5~6	2	2	2
	白玉兰	2~2.5	2~3	4~5	0.8	0.8	1
	紫叶李	1.5~2	1~2	3~4	0.8	0.4	2
	樱花	2~2.5	1~2	3~4	1	0.8	2
	鸡爪槭	1.5	1~2	4	0.8	1.5	2
	西府海棠	3	1~2	4	1.0	0.4	2
	大花紫薇	1.5~2	1~2	3~4	1.0	1.0	1
	石榴	1.5~2	1~2	3~4	0.8	0.4~0.5	2
	碧桃	1.5~2	1~2	3~4	1.0	0.4~0.5	1
	丝棉木	2.5	2	4	1.5	0.8~1	1
	垂枝榆	2.5	4	7	1.5	2.5~3	3
	龙爪槐	2.5	4	10	1.5	2.5~3	3
	毛刺槐	2.5	4	3	1.5	1.5~2	

附录五　附表5　灌木类常用苗木产品主要规格质量标准

类型		树种	树高/m	苗龄/年	蓬径/m	主枝数/个	移植次数/次	主条长/m	基径/cm
常绿针叶灌木	匍匐型	爬地柏		4	0.6	3	2	1~1.5	1.5~2
		沙地柏		4	0.6	3	2	1~1.5	1.5~2
	丛生型	千头柏	0.8~1.0	5~6	0.5		1		
		线柏	0.6~0.8	4~5	0.5		1		
常绿阔叶灌木	丛生型	月桂	1~1.2	4~5	0.8	3	1~2		
		海桐	0.8~1.0	4~5	0.5	3~5	1~2		
		夹竹桃	1~1.5	2~3	0.5	3~5	1~2		
		含笑	0.6~0.8	4~5	0.6	3~5	2		
		米仔兰	0.6~0.8	5~6	0.6	3	2		
		高大大叶黄杨	0.6~0.8	4~5	0.3	3	2		
		锦熟黄杨	0.6~0.8	3~4	0.3	3	1		
		云锦杜鹃	0.3~0.5	3~4	0.3	5~8	1~2		
		十大功劳	0.3~0.5	3	0.6	3~5	1		
		栀子花	0.3~0.5	2~3	0.3	3~5	1		
		黄蝉	0.6~0.8	3~4	0.6	3~5	1		
		南天竹	0.3~0.5	3~4	0.3	3	1		
		九里香	0.6~0.8	4	0.3	3~5	1~2		
		八角金盘	0.5~0.6	3~4	0.6	3	2		
		枸骨	0.6~0.8	5	0.6	3~5	2		
		丝兰	0.3~0.4	3~4	0.5				
	单干型	大叶黄杨	2		3	3	2		

(续表)

类型		树种	树高/m	苗龄/年	蓬径/m	主枝数/个	移植次数/次	主条长/m	基径/cm
落叶阔叶灌木	丛生型	榆叶梅	1.5	3~5	0.8	5	2		
		珍珠梅	1.5	5	0.8	6	1		
		黄刺玫	1.5~2.0	4~5	0.8~1.0	6~8			3~4
		玫瑰	0.8~1.0	4~5	0.5~0.6	5	1		
		贴梗海棠	0.8~1.0	4~5	0.8~1.0	5	1		
		木槿	1~1.5	2~3	0.5~0.6	5	1		
		红叶小檗	0.8~1.0	3~5	0.5	6	1		
		太平花	1.2~1.5	2~3	0.5~0.8	6	1		
		棣棠	1~1.5	6	0.8	6	1		
		紫荆	1~1.2	6~8	0.8~1.0	5	1		
		锦带花	1.2~1.5	2~3	3.5~0.8	6	1		
		腊梅	1.5~2.0	5~6	1~1.5	8	1		
		溲疏	1.2	3~5	0.6	5	1		
		金银木	1.5	3~5	0.8~1.0	5	1		
		紫薇	1~1.5	3~5	0.8~1.0	5	1		
		紫丁香	1.2~1.5	3	0.6	5	1		
		木本绣球	0.8~1.0	4	0.6	5	1		
		麻叶绣线菊	0.8~1.0	4	0.8~1.0	5	1		
		猬实	0.8~1.0	3	0.8~1.0	7	1		
	单干型	红花紫薇	1.5~2.0	3~5	0.8	5	1	3~4	
		榆叶梅	1~1.5	5	0.8	5	1		3~4
		白丁香	1.5~2	3~5	0.8	5	1		3~4
		碧桃	1.5~2	4	0.8	5	1		3~4
	蔓生型	连翘	0.5~1	1~3	0.8	5		10~15	
		迎春	0.4~1	1~2	0.5	5		0.6~0.8	

附录六 林木种苗工国家职业资格标准

附录六 附表1　　林木种苗工标准对初级技能的工作要求

（引自中华人民共和国劳动与社会保障部　中华人民共和国国家林业局 国家职业标准《林木种苗工》）

适用人员	职业功能	工作内容	能力要求	相关知识
种子生产人员	种子基地建设与管理	基地营建	1.能够实施种子生产基地、采穗圃的清理、整地、定植等作业 2.能够按设计要求进行采种林疏伐	1.种子生产基地、采穗圃的清理、整地、定植等方法 2.苗木采伐方法与安全常识
		基地经营管理	1.能够进行种子基地的松土、除草等抚育管理工作 2.能够按要求对种子基地进行灌溉 3.能够按要求进行种子基地施肥	1.种子基地松土、除草方法 2.灌溉方法 3.施肥方法
	种实（穗条）采集与调制	种实采集	1.能够按设计方案进行种实（穗条）采集 2.能够选择采种工具进行采种（穗条）	1.苗木种实采集的方法 2.采种（穗条）工具的使用方法
		种实调制	1.能够对种实进行干燥处理 2.能够采用风选、手选、筛选等方法进行净种	1.种子干燥方法 2.种子净种常识
	种子（穗条）贮藏	种子贮藏管理	1.能够称量种子并进行出、入库登记 2.能够对贮藏场地实施灭虫、灭鼠、灭菌操作	1.仪器使用方法 2.种子摆放要求 3.灭虫、灭鼠、灭菌方法和注意事项
		穗条贮藏管理	1.能够对穗条进行计数并登记 2.能够按要求分树种、分级进行贮藏	穗条贮藏方法
苗木生产人员	苗木培育	整地、作床、土壤改良	1.能够按要求完成土壤改良 2.能够根据设计要求进行整地 3.能够根据种植要求进行作床	1.整地知识 2.育苗作业方式
		施肥、土壤消毒	1.能够根据要求施基肥 2.能够使用消毒药剂进行土壤消毒	1.基肥施用方法 2.消毒药剂的使用方法
		播种繁殖	能够根据要求进行播种	种子播种方法
		扦插繁殖	能够按要求采集穗条和制作插穗并进行扦插	穗条采集和扦插方法
		组织培养	能够对培养器皿进行清洗、消毒	清洗、消毒方法
		容器育苗	能够进行容器基质的装填及播种	基质装填和播种方法
		苗木移植	能够按要求移植苗木	移栽方法
		苗期管理	1.能够按要求进行除草、松土 2.能够按要求进行苗木的灌溉、施肥	苗期管理方法
	苗木出圃	起苗、分级	能够按照要求进行起苗、分级	
		包装、贮藏	1.能够将分级过的苗木进行包装 2.能按要求假植苗木、贮藏苗木	1.苗木包装要求 2.假植、贮藏要求
种子、苗木生产人员	病虫害防治	病虫害调查	能够识别种实、苗木害虫的几大类群	常见林业害虫的常识
		病虫害防治	1.能够按要求喷施农药 2.能够按要求进行生物方法等防治病虫害	1.农药喷施方法 2.生物方法等其他方法

附录六　附表2　　林木种苗工标准对中级技能的工作要求

（引自中华人民共和国劳动与社会保障部　中华人民共和国国家林业局　国家职业标准《林木种苗工》）

适用人员	职业功能	工作内容	能力要求	相关知识
种子生产人员	种子基地建设与管理	基地营建	1.能够进行嫁接穗条的采集与保鲜 2.能够实施嫁接等无性繁殖技术操作 3.能够根据母树林设计对需要疏伐植株进行标号 4.能够按要求进行采穗圃的定植	1.穗条采集与保鲜方法 2.嫁接方法 3.母树林疏伐技术要求
		基地经营管理	1.能够承担嫁接植株的日常管护 2.能够实施种子园的去劣疏伐	1.嫁接植株管护要求 2.种子园去劣疏伐技术要点
	种实（穗条）采集与调制	种实（穗条）采集	1.能够按要求选择采种林分 2.能够进行优树、家系种子采集 3.能够填写采种登记表	1.采种林分的选择方法 2.单系种子的采集方法 3.登记表格的填写方法
		种实调制	1.能够对干燥、精选设备进行简单维修与保养 2.能够正确填写产地标签	1.种子干燥、精选设备的使用和保养方法 2.产地标签填写要求
种子（穗条）贮藏		种实贮藏管理	1.能够完成种子出、入库的验收工作 2.能够进行种子库的日常维护	1.仓库出、入库货物验收方法 2.种子库日常维护要求
		穗条贮藏管理	能够监测穗条贮藏的温度、湿度等环境条件并提出调整意见	温度、湿度监测方法
苗木生产人员	育苗地准备	种子（种条）的处理	能够按要求进行常规的催芽（催根）处理	种子（种条）发芽（生根）原理
		整地、作床	能够完成整地、作床作业设计	1.整地知识 2.育苗作业方式
	苗木培育	播种繁殖	1.能够根据种子特点确定播种的深浅 2.能够选择覆盖材料并确定覆盖厚度	1.树木的生物学特性 2.育苗技术规程
		扦插繁殖	1.能够应用有关扦插设备和设施进行扦插育苗 2.能够使用生根剂处理插条	1.扦插育苗 2.生根剂使用
		嫁接育苗	1.能够根据树种的生物特性定植砧木 2.能够采集接穗	1.定砧要求 2.采穗要求
		容器育苗	能够对容器进行日常的管理	容器苗肥水管理要求
		组织培养	1.能够按要求进行培养基配制 2.能够按要求进行接种 3.能够根据要求进行培养室管理	1.培养基配制 2.接种要求 3.培养室管理
	苗木出圃	起苗、分级	1.能够分树种确定起苗度 2.能够测量苗木地径和苗高及根系，能按标准确定苗木等级	苗木分级要求
		包装、贮藏	能采取简便的方法，保持苗木根部湿润不失水	保鲜技术要求
种子苗木生产人员	病虫害防治	病虫害调查	1.能够识别本地区主要树种常发性害虫的为害虫态和病害的症状 2.能够调查病虫鼠害的为害程度	林木、种实、苗木病虫害症状类型和诊断方法
		病虫害防治	1.能够按要求配制农药 2.使用保养常用药械，防治病虫害	1.常用农药剂型、性能 2.农药和稀释常识 3.常用药械保养
	档案管理	档案收集	能够按要求记录文字技术资料	技术资料记录方法

附录六　附表3　　　　林木种苗工标准对高级技能的工作要求
（引自中华人民共和国劳动与社会保障部 中华人民共和国国家林业局 国家职业标准《林木种苗工》）

适用人员	职业功能	工作内容	能力要求	相关知识
种子生产人员	种子基地建设与管理	基地营建	1.能够识别无性系或家系配置图 2.能够按配置图实地进行无性系或家系配置	1.无性系配置方法 2.性系、家系图例识别知识
		基地经营管理	1.根据母树生长情况提出施肥种类和数量 2.够实施人工辅助授粉 3.够进行母树的整形和修剪	1.母树林施肥要求 2.人工辅助授粉方法 3.母树整形、修剪要求
		繁殖材料选择	1.能够按优树标准进行优树的初选 2.能够组织进行优树的复选 3.能够正确填写优树卡片	1.优树标准和选优方法 2.优树卡片填写方法
	种实（穗条）采集与调制	基种实（穗条）采集	能够判别种子的成熟度	种子成熟知识
		种实调制	1.能够确定不同类型的种实调制方法 2.能够划分种批 3.对种子进行分级	1.不同类型的种实调制方法 2.种子等级划分方法 3.种批划分方法
	种子（穗条）贮藏	种子贮藏管理	1.能够判别贮藏种子的质量状况 2.能够根据库存种子质量状况提出调整建议	判别种子质量方法
		穗条贮藏管理	能够分树种确定穗条的贮藏方法	穗条贮藏方法与要求
苗木生产人员	育苗地准备	种子消毒	1.能够对贮藏前种子进行药物消毒处理 2.能够对带有病虫害的种子进行熏蒸处理	1.药物处理基本方法 2.种子熏蒸处理的基本要求
		种子（种条）的催芽（催根）处理	能够完成对浅休眠种子（种条）的催芽处理	浅休眠种子（种条）生理特点
		施肥、土壤消毒	1.能够确定基肥的种类和用量 2.能够完成土壤消毒剂的配制	1.基肥用量要求 2.消毒剂配制方法
	苗木培育	播种繁殖	能够根据树种的生物学特性和气候特点确定播种时间和方法、播种量	1.育苗新技术的应用 2.《育苗技术规程》
		扦插繁殖	1.据树种的生物学特性和气候特点确定扦插时间和方法 2.插育苗技术管理	扦插原理
		嫁接育苗	1.确定各树种的嫁接方法，并能进行苗木嫁接 2.进行嫁接后管理	1.嫁接方法 2.嫁接苗管理
		苗木移植	能够确定苗木移植方法	苗木移植方法
		组织培养	能够选择外植体	外植体选择要求
		苗期管理	能够确定主要树种苗木生长期管理的时间、数量、种类	苗期管理要求
	苗木出圃	起苗、分级	能够进行苗木调查，确定起苗时间	苗木调查方法
		包装、贮藏	能够确定苗木贮藏方法，保证苗木运输苗木不失水	1.苗木贮藏方法 2.保水剂的使用方法
种子苗木生产人员	病虫害防治	病虫害调查	1.能够识别本地区种苗生产基地中主要病虫鼠害种类 2.用常规检验法检测林木种实病虫害	林木种苗病鼠害检验方法
		病虫害防治	能选择常见病虫鼠害防治方法	常见病虫鼠害防治方法
	档案管理	档案收集	1.能够收集需要存档技术资料 2.能够对档案资料进行分类	1.技术资料的收集方法 2.技术档案资料归类方法

附录六　附表4　林木种苗工标准对初、中、高级、技师和高级技师理论知识的比重要求

（引自中华人民共和国劳动与社会保障部 中华人民共和国国家林业局 国家职业标准《林木种苗工》）

	项目	初级(%)	中级(%)	高级(%)	技师(%)	高级技师(%)
基本要求	职业道德	5	5	5	5	5
	基础知识	25	25	20	20	15
	小计	30	30	30	30	30
种子相关知识	林木种子基地建设与管理	30	30	30	30	35
	种实采集与调制	20	20	20	15	15
	种子贮藏	10	10	10	10	10
	种实病虫害防治	10	10	10	10	10
	档案管理	—	—	5	5	—
	培训指导	—	—	—	5	10
	小计	70	70	70	70	70
苗木相关知识	育苗准备	20	15	20	25	30
	苗木培育	30	30	30	30	15
	苗木出圃	10	10	10	10	10
	病虫害防治	10	10	10	10	5
	档案管理	—	5	5	—	—
	培训指导	—	—	—	10	10
	小计	70	70	70	70	70

注：(1)种子生产人员理论知识合计为100分(基本要求＋种子相关知识)

(2)苗木生产人员理论知识合计100分(基本要求＋种子相关知识)

附录六　附表5　林木种苗工标准对初、中、高、技师和高级技师技能操作的比重要求

（引自中华人民共和国劳动与社会保障部 中华人民共和国国家林业局 国家职业标准《林木种苗工》）

	项目	初级(%)	中级(%)	高级(%)	技师(%)	高级技师(%)
种子技能要求	林木种子基地建设与管理	40	40	40	40	40
	种实采集与调制	30	30	25	25	25
	种子贮藏	20	20	20	15	15
	种实病虫害防治	10	10	10	10	10
	档案管理	—	—	5	5	—
	培训指导	—	—	—	5	10
	小计	100	100	100	100	100
苗木技能要求	育苗准备	30	30	30	30	30
	苗木培育	40	40	40	50	55
	苗木出圃	20	15	15	—	—
	病虫害防治	10	10	10	10	5
	档案管理	—	5	5	—	—
	培训指导	—	—	—	10	10
	小计	100	100	100	100	100

附录七 园林绿化与育苗工职业资格鉴定模拟试题

模拟测试卷 A（初级）

题号	一	二	三	四	总分
满分	16	30	24	30	100
得分					
阅卷人				核准人	

注意事项：
1. 答题前先将各页试卷密封线以上内容填写清楚，不要遗漏。
2. 一律使用蓝黑笔或圆珠笔，不得使用红水笔或铅笔。
3. 试卷共四种题型，满分100分，考试时间90分钟。

一、填空题（每空1分，16空共16分）

1. 植物的根依来源和发生部位可分为_____、_____和_____。
2. 土壤由_____、_____、_____3种物质组成。
3. 按照树木对水分的要求可分为_____、_____、_____。
4. 害虫危害园林植物的方式主要是吃_____、_____和咬根。
5. 北京国庆节常用的花坛用花有_____、_____。
6. 北京地区播种时期一般分为春播、秋播、_____。
7. 园林绿地的形式为规则式、_____、_____。

二、选择题（四选一，将答案题号填入空格内，每题2分，15题共30分）

1. 雪松、银杏叶序属于_____。
   A. 对生　　　　B. 互生　　　　C. 轮生　　　　D. 簇生

2. 按元素分，硫铵属_____肥。
   A. 磷　　　　　B. 钾　　　　　C. 氮　　　　　D. 微量元素

3. 裸根移植应是_____状态的落叶乔木。
   A. 生长　　　　B. 半活动　　　C. 休眠　　　　D. 半休眠

4. 银杏修剪原则是_____。
   A. 短截为主　　B. 疏枝为主　　C. 疏枝短截并重　D. 重短截

5. 常见的刺吸害虫有_____。
   A. 蚜虫、木蠹蛾、红蜘蛛　　　B. 刺蛾、草鞋介壳虫
   C. 松蚜、地老虎、粉虱　　　　D. 草鞋介壳虫、松蚜

6. 常用的杀螨剂有_____。
   A. 灭幼脲　　　　　　　　　　B. 氧化乐果
   C. 10%速效浏阳霉素　　　　　 D. 敌敌畏

7. 掘落叶乔木时,根系规格要求通常是胸径的_____。
   A. 6~8 倍　　　　B. 8~10 倍　　　　C. 10~15 倍　　　　D. 16~18 倍
8. 北京地区常用播种繁殖的花卉有_____。
   A. 美人蕉　　　　B. 北京小菊　　　　C. 大花萱草　　　　D. 串红
9. 北京的市树是_____。
   A. 柳树、槐树　　B. 槐树、侧柏　　C. 槐树、银杏　　D. 槐树、桧柏
10. 既观花又观果的树种是_____。
    A. 金银木　　　　B. 珍珠梅　　　　C. 榆叶梅　　　　D. 紫薇
11. 属于小乔木类落叶树的是_____。
    A. 紫叶李　　　　B. 合欢　　　　　C. 榆叶梅　　　　D. 栾树
12. 夏季休眠、春秋冷凉季节生长旺盛的冷季型草是_____。
    A. 早熟禾　　　　B. 结缕草　　　　C. 狗牙根　　　　D. 野牛草
13. 移植苗木时,树干弯曲的应朝的方向是_____。
    A. 东北　　　　　B. 东南　　　　　C. 西北　　　　　D. 西南
14. 繁殖千头椿的常用方法是_____。
    A. 播种　　　　　B. 枝插　　　　　C. 根插　　　　　D. 埋条
15. 园林树木养护质量标准,一级标准要求其缺株率不超过_____。
    A. 2%　　　　　　B. 4%　　　　　　C. 6%　　　　　　D. 10%

三、判断题(每题 1 分,24 题共 24 分,正确的画√,错误的画×)
1. 矿化作用要靠非绿色植物(如细菌、真菌)完成。　　　　　　　　　　　　(　　)
2. 植物体都是由细胞组成的。　　　　　　　　　　　　　　　　　　　　　　(　　)
3. 通常种子发芽需要适宜的温度、水分、光照。　　　　　　　　　　　　　　(　　)
4. 侧芽又叫腋芽,一个叶腋里只有一个腋芽。　　　　　　　　　　　　　　　(　　)
5. 不同植物要求不同的温度,但植物生长最适温度是一致的。　　　　　　　　(　　)
6. 植物激素都具有促进植物生长作用的。　　　　　　　　　　　　　　　　　(　　)
7. 磷酸二氢钾属于钾肥。　　　　　　　　　　　　　　　　　　　　　　　　(　　)
8. pH 是表示土壤酸碱度,数值大于 7 时为碱性。　　　　　　　　　　　　　 (　　)
9. 有机肥一般用做基肥。　　　　　　　　　　　　　　　　　　　　　　　　(　　)
10. 化肥多数为速效肥。　　　　　　　　　　　　　　　　　　　　　　　　 (　　)
11. 喷药如遇 3 级以下风时,工作人员应站在上风口。　　　　　　　　　　　(　　)
12. 榆叶梅遇虫害可施用氧化乐果。　　　　　　　　　　　　　　　　　　　(　　)
13. 桧柏树受蚜虫危害严重。　　　　　　　　　　　　　　　　　　　　　　(　　)
14. 幼虫破卵壳而出叫羽化。　　　　　　　　　　　　　　　　　　　　　　(　　)
15. 观黄色花的灌木有棣棠、连翘、榆叶梅。　　　　　　　　　　　　　　　(　　)
16. 银杏是观秋季黄叶的小乔木。　　　　　　　　　　　　　　　　　　　　(　　)
17. 臭椿、白蜡耐水湿。　　　　　　　　　　　　　　　　　　　　　　　　(　　)
18. 柿树春季移植在芽萌动时进行最好。　　　　　　　　　　　　　　　　　(　　)
19. 刨树坑要求坑上口大下口小。　　　　　　　　　　　　　　　　　　　　(　　)

20. 运输裸根苗,卸车时要按顺序拿取,不能整车推下。　　　　　　(　)
21. 繁殖馒头柳主要采用软材扦插。　　　　　　　　　　　　　　(　)
22. 野牛草 3～4 月返青。　　　　　　　　　　　　　　　　　　(　)
23. 早熟禾在北京地区四季常绿。　　　　　　　　　　　　　　　(　)
24. 白三叶是禾本科草坪草。　　　　　　　　　　　　　　　　　(　)

四、简答题(每题 5 分,6 题共 30 分)

1. 简要叙述掘土球苗的操作方法。
2. 臭椿和香椿的主要区别有哪些?
3. 简述园林苗圃在城市绿化中的作用。
4. 简述土壤肥力的概念。
5. 槐树常发生的病虫害有哪几种?危害情况如何?
6. 疏枝和短截有什么不同?

模拟测试卷 A 答案(初级)

一、填空题

1. 主根、侧根、不定根
2. 固相、液相、气相
3. 旱生性树木、湿生性树木、中生性树木
4. 蛀食、刺吸
5. 鸡冠花、串红
6. 随采随播
7. 自然式、混合式

二、选择题

1. D　2. C　3. C　4. A　5. D　6. C　7. B　8. D　9. B　10. A　11. C　12. A　13. A　14. C　15. A

三、判断题

1. √　2. √　3. ×　4. ×　5. ×　6. ×　7. ×　8. √　9. √　10. √　11. √　12. ×　13. ×　14. ×　15. ×　16. ×　17. ×　18. √　19. ×　20. ×　21. √　22. ×　23. ×　24. ×

四、简答题

1. 答:

支撑:掘苗前用竹竿在树木分点上将树木支撑牢固。

画线:以树干为中心,按要求尺寸在地上画圆。

掘苗:在线外垂直下挖,沟宽应能容纳一人操作,沟深挖到规定要求,挖掘过程中遇到树根要用剪刀或手锯截断。

修坨:将土球修成苹果状,同样在遇到树根时要剪去。

收底:土球下部要逐步缩小,土球底部的直径不超过土球中部直径的 1/3。

打包:用蒲包片、草绳等将土球纵向每隔 8 cm 一道整个捆好。根据土球大小和要求

可用单股或双股。纵向草绳捆好后,按土球大小要在土球中部横围若干道草绳,要捆紧。

封底:打包完后,轻轻将树推倒,用蒲包将土球底部堵严包紧。至此土球苗掘好待用。

2.答:

香椿树干皮呈不规则状纵裂;叶偶数羽状复叶,稀奇数,有特别香味;果为蒴果。

臭椿树干皮平滑或浅纵裂;叶奇数羽状复叶,有臭味;果为翅果。

3.答:

首先要选择土质好,杂草少的草源地。

第二步:掘草块。人工用平锹或拖拉机带圆盘刀将草源地切成 30 cm×25 cm 的长块状,切口 10 cm 深,然后用平锹起草块即成。草块带土厚度 5~6 cm,切口要上下垂直。

第三步:运输及存放。草块挖好后放特制的木板上,每块木板上放草块 2~3 层。装车时抬着木板,码放靠紧、整齐。卸车时也要抬木板,运至现场后将草块单层放置,注意遮阴,应及时铺栽。

第四步:铺草块。铺草前要检查场地是否平整,合乎地面标高。最好采用钉桩挂线的方法,每隔 10 m 钉一个桩,用仪器测好标高,做好标记,在木桩上挂牢小线。铺草时,草块的上面应与小线平齐,草块落时应垫平,草块太厚则应适当削落一些。草块边要修整齐,草块间填满细土,铺平,最后用 500 kg 的碾子碾压,并及时喷水养护。

4.答:土壤有不断地供给植物生长发育所需要的水分、养分、空气和热量的能力。

5.答:槐尺蛾:幼虫吃叶;小木蠹蛾:幼虫蛀食枝干;槐蚜:刺吸汁液。

6.答:疏枝是将枝条从基部剪去,不留桩。短截是剪去当年生枝条的一部分,根据剪去枝条多少又分轻短截、中短截、重短截和极重短截。

模拟测试卷 B(初级)

题号	一	二	三	四	总分
满分	16	30	24	30	100
得分					
阅卷人				核准人	

注意事项：
1. 答题前先将各页试卷密封线以上内容填写清楚,不要遗漏。
2. 一律使用蓝黑笔或圆珠笔,不得使用红水笔或铅笔。
3. 试卷共四种题型,满分100分,考试时间90分钟。

一、填空题(每空1分,16空,共16分)

1. 按植物茎的质地不同,茎可分为_____、_____和_____。
2. 土壤养分的三要素是_____、_____、_____。
3. 树木按对光照强度需求分为_____、_____、_____。
4. 昆虫的变态主要有两种：一是_____,二是_____。
5. 苗圃常规出圃苗木的时期是春季、_____、_____。
6. 栽植修剪,大乔木于栽_____修剪,小苗与花灌木可栽_____修剪。
7. "N"在图纸上常用来表示方向,指的是_____。

二、选择题(四选一,将答案题号填入空格内,每题2分,15题共30分)

1. 下列果实中,全部属于肉果的是_____。
   A. 浆果、梨果、荚果、瓠果　　　　B. 浆果、梨果、核果、橘果
   C. 橘果、核果、蒴果、梨果　　　　D. 核果、橘果、瓠果、翅果
2. 硫酸亚铁应称之为_____肥。
   A. 氮肥　　　　B. 磷肥　　　　C. 钾肥　　　　D. 微肥
3. 栽植坑形状应是_____。
   A. 花盆状　　　B. 筒状上下一致　　C. 上大下小　　D. 方形
4. 灌木冬季修剪时以疏枝为主,不短截的树种是_____。
   A. 连翘　　　　B. 月季　　　　C. 丁香　　　　D. 木槿
5. 常见的蛀干害虫有_____。
   A. 蛴螬、蝼蛄　　　　　　　　　　B. 槐尺蛾、刺蛾
   C. 木蠹蛾、光肩星天牛　　　　　　D. 草鞋介壳虫、松蚜
6. 常用的细菌性微生物农药是_____。
   A. 灭幼脲　　　B. Bt乳剂　　　C. 灭扫利　　　D. DDV乳油
7. 土球直径小于40 cm,打包时采取是_____。
   A. 单股单轴　　B. 单股双轴　　C. 双股单轴　　D. 双股双轴
8. 下列花卉常用扦插方法繁殖的是_____。
   A. 早小菊　　　B. 萱草　　　　C. 鸡冠花　　　D. 大丽花

9. 苗圃目前繁殖重瓣榆叶梅的主要方法是_____。
   A. 播种　　　　　B. 扦插　　　　　C. 嫁接　　　　　D. 分根
10. 既观花又观树干的树种是_____。
    A. 棣棠　　　　　B. 碧桃　　　　　C. 月季　　　　　D. 龙爪槐
11. 下列树木中属于典型落叶大乔木的树种是_____。
    A. 紫叶李　　　　B. 北京丁香　　　C. 刺槐　　　　　D. 西府海棠
12. 龙爪槐是园林绿化中用的最多的_____类树种。
    A. 观干　　　　　B. 观树形　　　　C. 观叶　　　　　D. 观花
13. 10月开始枯黄的草是_____。
    A. 多年生黑麦草　B. 野牛草　　　　C. 早熟禾　　　　D. 麦冬
14. 栽植槐树时保留一定干高,将以上部分全部去掉,习惯称为_____。
    A. 疏枝　　　　　B. 重短截　　　　C. 抹头　　　　　D. 轻短截
15. 雪松冬季防寒的方法是_____。
    A. 涂干　　　　　B. 培土　　　　　C. 架风障　　　　D. 喷水

三、判断题(每题1分,24题共24分,正确的画√,错误的画×)
1. 温度、水分、养分、光照充足,植物就能开花。　　　　　　　　　　　(　　)
2. 着生在枝条顶端的芽叫单芽。　　　　　　　　　　　　　　　　　　(　　)
3. 枝条每个节上两片叶成对而生叫互生。　　　　　　　　　　　　　　(　　)
4. 植物进化系统分类,其基本单位是品种。　　　　　　　　　　　　　(　　)
5. 温带植物生长最适温为20～30℃。　　　　　　　　　　　　　　　　(　　)
6. 气温0℃以下,植物体内发生冰冻称为寒害。　　　　　　　　　　　(　　)
7. 硫酸钾是常用的钾肥。　　　　　　　　　　　　　　　　　　　　　(　　)
8. pH表示土壤溶液酸碱度,数值小于7时属于酸性。　　　　　　　　　(　　)
9. 无机化肥常用做基肥。　　　　　　　　　　　　　　　　　　　　　(　　)
10. 腐殖质、黏粒、钙离子是团粒结构的胶结剂。　　　　　　　　　　(　　)
11. 所有昆虫都有3对足2对翅。　　　　　　　　　　　　　　　　　　(　　)
12. 哺乳期妇女不能喷药,高血压者可参加此项工作。　　　　　　　　(　　)
13. 线虫是有害动物,不是病原菌。　　　　　　　　　　　　　　　　(　　)
14. 喷药一般应将药喷在叶的正面为好。　　　　　　　　　　　　　　(　　)
15. 观红色花的灌木有玫瑰、榆叶梅、棣棠。　　　　　　　　　　　　(　　)
16. 掘裸根苗应从规定范围内下铲。　　　　　　　　　　　　　　　　(　　)
17. 油松、白皮松、毛白杨在低洼盐碱土能正常生长。　　　　　　　　(　　)
18. 北京地区的毛白杨都飞絮。　　　　　　　　　　　　　　　　　　(　　)
19. 6～8月全光雾插丰花月季属软材扦插。　　　　　　　　　　　　　(　　)
20. 刨树坑表土底土分开,先填底土,后填表土。　　　　　　　　　　(　　)
21. 灌冻水在霜降以后小雪之前。　　　　　　　　　　　　　　　　　(　　)
22. 卸土球苗应双手抱土球轻拿轻放。　　　　　　　　　　　　　　　(　　)
23. 装运乔木苗应根朝前,按顺序排码。　　　　　　　　　　　　　　(　　)

24.野牛草一般用播种方法建草坪。 （ ）

四、简答题(每题5分,6题共30分)

1.园林树木修剪程序是什么?

2.白皮松与华山松的主要区别是什么?

3.简述根、茎、叶的主要功能。

4.什么是土壤溶液?土壤溶液浓度一般是多少?

5.侧柏树上常发生的主要病虫害有哪3种?如何危害?

6.株行距25 cm×40 cm,现计划繁殖50000株丰花月季,需用地多少平方米?

模拟测试卷B答案(初级)

一、填空题

1.木本茎、草本茎、草木本茎 2.氮、磷、钾 3.喜光树木、耐阴树木、中性树木 4.完全变态、不完全变态 5.雨季、秋季 6.前、后 7.北

二、选择题

1.B 2.D 3.B 4.C 5.C 6.B 7.A 8.A 9.C 10.A 11.C 12.B 13.B 14.C 15.C

三、判断题

1.× 2.× 3.× 4.× 5.√ 6.× 7.√ 8.√ 9.× 10.√ 11.× 12.× 13.√ 14.× 15.× 16.× 17.× 18.× 19.√ 20.× 21.√ 22.√ 23.√ 24.×

四、简答题

1.答:一知二看三剪四拿五处理六保护。

2.答:

白皮松:针叶为3针一束,大树成不规则的鳞状薄片脱落,内皮粉白色,外皮灰褐色,枝条无规则斜向上生长。

华山松:针叶为5针一束,大树树皮呈灰色,纵裂成厚块片固着在树干上,树干上枝条轮生,平展。

3.答:

根:吸收、固定、合成、繁殖、贮藏。

茎:支持、输导、繁殖、贮藏。

叶:光合作用、蒸腾作用、气体交换等。

4.答:土壤中的可溶性物质溶于水中,成为土壤溶液。土壤溶液的浓度一般为200～1000 $\mu L/L$。

5.答:柏毒蛾:幼虫吃叶;双条杉天牛:幼虫蛀食枝干;柏树蚜虫:刺吸汁液。

6.答:一株苗占地面积为:0.25m×0.4m=0.1 m^2。繁殖50000株苗需用地为:0.1 m^2×50000=5000 m^2。

模拟测试卷 A(中级)

题号	一	二	三	四	总分	
满分	16	30	24	30	100	
得分						
阅卷人					核准人	

注意事项:
1. 答题前先将各页试卷密封线以上内容填写清楚,不要遗漏。
2. 一律使用蓝黑笔或圆珠笔,不得使用红水笔或铅笔。
3. 试卷共四种题型,满分100分,考试时间90分钟。

一、填空题(每空1分,14空共14分)

1. 依营养方式的不同,植物可分为两类:一是_____植物,二是_____植物。
2. 土壤微生物一般分为真菌、_____、_____。
3. 园林树木美化作用其观赏性主要有观花、_____、_____、观树形、观枝干。
4. 触角是昆虫的感觉器官,具有_____、_____作用。
5. 北京地区常用的耐阴花卉有_____、_____。
6. 蜡封接穗时,蜡温通常要求_____,接穗长_____cm。
7. 修剪的基本方法有_____、_____两种。

二、选择题(每题1.5分,20题共30分)

1. 下列花序中属有限花序的是_____。
   A. 总状花序　　　　B. 伞形花序　　　　C. 伞房花序　　　　D. 单歧聚伞花序
2. 河泥是在_____作用下形成的。
   A. 厌氧细菌　　　　B. 好氧细菌　　　　C. 真菌　　　　　　D. 放线菌
3. 行道树分枝点应不低于_____。
   A. 1.5 m　　　　　B. 2.5 m　　　　　C. 2.8 m　　　　　D. 3 m
4. 下列树种中,属于长期砂藏的是_____。
   A. 丁香 白皮松　　B. 海棠 油松　　　C. 桧柏 玉兰　　　D. 黑枣 连翘
5. 苹果—桧柏锈病冬季越冬寄主地方是在_____。
   A. 苹果树小枝上　　B. 海棠落叶里　　　C. 桧柏树小枝上　　D. 桧柏树落叶里
6. 成虫、幼虫均危害同一植物叶片的害虫是_____。
   A. 天幕毛虫　　　　B. 光肩星天牛　　　C. 榆绿叶甲　　　　D. 铜绿金龟子
7. 乔木修剪以疏枝为主,短截为辅的树种有_____。
   A. 银杏　　　　　　B. 栗树　　　　　　C. 槐树　　　　　　D. 臭椿
8. 下列几种花卉,属典型的1年生花卉是_____。
   A. 一串红　　　　　B. 雏菊　　　　　　C. 鸡冠花　　　　　D. 萱草
9. 松类树种的叶形主要为_____。
   A. 鳞叶　　　　　　B. 针叶　　　　　　C. 条形叶　　　　　D. 刺叶

10. 下列树种中,在北京地区因病害严重不适合作为行道树的是_____。
   A. 栾树　　　　　　B. 合欢　　　　　　C. 银杏　　　　　　D. 悬铃木
11. 对二氧化硫有害气体抗性较强的树种是_____。
   A. 西府海棠　　　　B. 黄刺玫　　　　　C. 油松　　　　　　D. 臭椿
12. 下列常绿树种中较耐阴的是_____。
   A. 桧柏　　　　　　B. 白皮松　　　　　C. 华山松　　　　　D. 云杉
13. 下列草坪草,常用分栽法建植的是_____。
   A. 早熟禾　　　　　B. 野牛草　　　　　C. 高羊茅　　　　　D. 多年生黑麦草
14. 苗木根外追肥适宜浓度为_____。
   A. 1%～5%　　　　 B. 0.1%～0.5%　　　C. 0.01%～0.05%　　D. 0.5%以上
15. 苗圃移植大规格苗时,要求坑的直径应比根冠直径大_____cm。
   A. 10～15　　　　　B. 15～20　　　　　C. 20～30　　　　　D. 50
16. 下列鞘翅目昆虫中属于益虫的是_____。
   A. 28星瓢虫　　　　B. 步行虫　　　　　C. 金龟子　　　　　D. 天牛
17. 凌霄攀援生长是借助于_____。
   A. 吸盘　　　　　　B. 缠绕茎　　　　　C. 气生根　　　　　D. 卷须
18. 苗圃对植株较矮小的移植苗(如侧柏)采取的防寒措施是_____。
   A. 罩塑料小棚　　　B. 春灌　　　　　　C. 扣筐扣盆　　　　D. 埋土
19. 下列肥料中属于复合肥料的是_____。
   A. 硫酸亚铁　　　　B. 尿素　　　　　　C. 硫酸钾　　　　　D. 硝酸钾
20. 下列花卉中属于短日照的花卉是_____。
   A. 月季　　　　　　B. 蜀葵　　　　　　C. 大花萱草　　　　D. 菊花

三、判断题(每题1分,20题共20分;正确的画√,错误的画×)
1. 丁香属假二叉分枝式。　　　　　　　　　　　　　　　　　　　　　　　　　（　　）
2. 地锦属缠绕茎。　　　　　　　　　　　　　　　　　　　　　　　　　　　　（　　）
3. 海棠是先长叶后开花的树木。　　　　　　　　　　　　　　　　　　　　　　（　　）
4. 植物的吸水主要是蒸腾吸水。　　　　　　　　　　　　　　　　　　　　　　（　　）
5. 光合强度随气温升高而加强,越高越好。　　　　　　　　　　　　　　　　　（　　）
6. 温度高、湿度大,使呼吸作用加强不利于种子贮藏。　　　　　　　　　　　　（　　）
7. 北方土壤不缺钾元素。　　　　　　　　　　　　　　　　　　　　　　　　　（　　）
8. 磷肥应和有机肥混施,可避免养分固定。　　　　　　　　　　　　　　　　　（　　）
9. 黏质土保水保肥是最适合耕作的土壤。　　　　　　　　　　　　　　　　　　（　　）
10. 昆虫成虫的主要特征是体分头胸腹,有四翅。　　　　　　　　　　　　　　　（　　）
11. 昆虫个体在一年内的发育史叫世代。　　　　　　　　　　　　　　　　　　　（　　）
12. 常用农药剂型有乳油、可湿性粉剂和颗粒剂等。　　　　　　　　　　　　　　（　　）
13. 白皮松叶为2针一束。　　　　　　　　　　　　　　　　　　　　　　　　　（　　）
14. 刺槐、绒毛白蜡都是深根性树种。　　　　　　　　　　　　　　　　　　　　（　　）
15. 桧柏的叶子全为刺叶,侧柏则全为鳞叶。　　　　　　　　　　　　　　　　　（　　）

16.假植分临时假植和越冬入沟防寒假植。   (   )
17.掘土球苗土球直径大小是苗木胸径的8～10倍。   (   )
18.播种苗间苗原则是"早间苗晚定苗"。   (   )
19.塑料小棚适用于硬材扦插,不适宜软材扦插。   (   )
20.光照对扦插生根无关紧要。   (   )

四、简答题(每题4分,5题共20分)
1.修剪园林树木的程序是什么?举出修剪安全措施中的五条。
2.简述大叶黄杨主要习性及用途。
3.什么叫蒸腾作用?影响蒸腾作用的环境因子主要有哪些?
4.配制培养土的原则是什么?
5.如何进行毛白杨埋条?

五、综述题(每题6分,2题共12分)
1.大树带土球移植施工的全过程是有哪些?
2.种植设计的基本原则是什么?

六、计算题(每题4分,1题共4分)
2吨的打药车,使用500倍Bt乳剂防治槐尺蛾,需用多少千克药剂?

模拟测试卷A答案(中级)

一、填空题
1.自养,异养
2.细菌、放线菌
3.观果、观叶
4.触觉、嗅觉
5.玉簪、二月兰
6.90～95 ℃,9～11月
7.短截、疏枝

二、选择题
1.D 2.A 3.B 4.C 5.C 6.C 7.A 8.C 9.B 10.B 11.D 12.D 13.B
14.B 15.C 16.B 17.C 18.D 19.D 20.D

三、判断题
1.√ 2.× 3.× 4.√ 5.× 6.√ 7.√ 8.√ 9.√ 10.× 11.× 12.√
13.× 14.× 15.× 16.√ 17.√ 18.√ 19.× 20.×

四、简答题
1.答:一知二看三剪四拿五处理六保护。安全措施14条,其中5条如下:
(1)操作时思想集中,上树前不许饮酒;
(2)戴好安全帽,系好安全绳和安全带;
(3)每个作业组要设安全质量检查员;
(4)五级风不能上树;

(5)在高压线附近作业,需要与供电部门配合好等。

2.答:常绿,耐寒性较差,喜光亦较耐阴,喜湿润也较耐干旱,对土壤要求不严,耐修剪;主要作绿篱、色块、组球等。

3.答:植物体以水蒸气状态,通过植物体表向外界大气中失散水分的过程,称做植物的蒸腾作用。

影响蒸腾作用的因素有:光照、空气的相对湿度、温度、风、土壤条件等。

4.答:有良好的物理化学性质,重量轻便于搬运,就地取材成本低,不含病虫有害物,不同花木用不同培养土。

5.答:(1)做埋条床:床宽1.4 m,行距70 cm,长度20~25 m。(2)埋条时间:北京地区3月下旬~4月上旬。(3)埋条:在苗木床内按行距开2~25 cm浅沟,力求平直,将从假植沟取出的母条依一定方向散好,并用花铲将条从基部方向开始埋,第一根条要将基部插入床头20 cm,然后向前埋,每根条的尖部与下一根条的基部重合,整体看等于双条。埋后及时浇水,并经常检查所埋条子是否淤埋过厚或被水冲出裸露,要及时埋土。出苗后及时进行培土等养护管理。

五、综述题

1.答:首先要选苗、号苗。第二步要挖掘树穴。第三步是挖掘土球苗,手工挖掘后要打包。第四步是土球苗的装车、运输、卸车。若不能1~2天内完成,应假植。第五步进行散苗、栽苗。第六步进行栽植后的养护管理工作。

2.答:

(1)符合园林绿地的性质和功能要求;

(2)符合园林艺术需要;

(3)满足植物生态要求;

(4)考虑适当的种植密度和搭配。

六、计算题

1.答:药剂用量=容器中的水量/使用倍数=2×1000÷500＝4 kg。

模拟测试卷 B(中级)

题号	一	二	三	四	总分	
满分	16	30	24	30	100	
得分						
阅卷人					核准人	

注意事项：
1. 答题前先将各页试卷密封线以上内容填写清楚,不要遗漏。
2. 一律使用蓝黑笔或圆珠笔,不得使用红水笔或铅笔。
3. 试卷共四种题型,满分100分,考试时间90分钟。

一、填空题(每空1分,14空共14分)

1. 成熟的植物细胞由_____、_____和细胞壁三部分构成。
2. 园林绿化中常用于地被种植的树种有_____、_____等。
3. 能被植物吸收的是_____态氮和_____态氮。
4. 螨和昆虫的主要区别是_____,成螨有_____,五翅,个体小等。
5. 北京地区常用的宿根花卉有_____、_____。
6. 园林中种植设计的比例为_____和_____。
7. 采集分根苗的主要时期在_____和_____。

二、选择题(每题1.5分,20题共30分)

1. 裸子植物的主要特征_____。
   A. 雌雄同株　　　B. 两性花　　　C. 有"球果"　　　D. 胚珠裸露
2. 土壤中可供植物吸收利用的主要水分是_____。
   A. 毛管水　　　B. 吸湿水　　　C. 重力水　　　D. 地下水
3. 考虑交通安全,一般交叉路口各边至少_____内不栽树。
   A. 8 m　　　B. 15 m　　　C. 30 m　　　D. 50 m
4. 树木移植后,通常要在_____天之内连续浇三遍。
   A. 3 天　　　B. 6 天　　　C. 10 天　　　D. 20
5. 月季白粉病发病盛期的月份有_____。
   A. 2～3 月　　　B. 3～4 月　　　C. 5～6 月　　　D. 7～8 月
6. 用于防治槐尺蛾的属于昆虫生长调节类农药是_____。
   A. 菊杀乳油　　　B. 灭幼脲一号　　　C. 铁灭克　　　D. 10%浏阳霉素
7. 栽植乔木时,通常埋土深度应比原土球深_____。
   A. 3～25 cm　　　B. 5～10 cm　　　C. 15～20 cm　　　D. 30 cm 左右
8. 下列花卉中可以宿根生长多年的是_____。
   A. 二月兰　　　B. 鸡冠花　　　C. 三色堇　　　D. 早小菊
9. 杉类常绿树的叶子主要为_____。
   A. 鳞叶　　　B. 针叶　　　C. 条形叶　　　D. 刺叶

10. 下列树种中因对北京气候不适应,不适宜作行道树的是_____。
   A. 栾树   B. 槐树   C. 银杏   D. 悬铃木
11. 对二氧化硫气体抗性弱的树种是_____。
   A. 臭椿   B. 黄刺玫   C. 构树   D. 槐树
12. 下列树种中属于浅根性树种的是_____。
   A. 桧柏   B. 云杉   C. 槐树   D. 绒毛白蜡
13. 建植冷季型草坪的最好时期是_____。
   A. 3～4月   B. 5～6月   C. 7～8月   D. 8～9月
14. 土壤基质缓冲性最强的应是_____。
   A. 壤土   B. 黏土   C. 腐殖土   D. 蛭石
15. 下列落叶乔木中每年都要进行修剪的树种是_____。
   A. 槐树   B. 刺槐   C. 龙爪槐   D. 蝴蝶槐
16. 播种山桃、山杏常采用_____。
   A. 低床   B. 平床   C. 高低床   D. 高垄
17. 红瑞木果实的颜色为_____。
   A. 红色   B. 黄色   C. 白色   D. 黑色
18. 花卉在扦插繁殖时,生根的最适宜温度一般应为_____℃。
   A. 15～20   B. 20～25   C. 22～28   D. 25～30
19. 下列园林造景素材中属于园林建筑小品的是_____。
   A. 护栏   B. 片林   C. 园路   D. 亭子
20. 重修剪时,应剪去枝条的_____。
   A. 1/2～1/3   B. 2/3～3/4   C. 1/4～1/5   D. 只留隐芽

三、判断题(每题1分,20题共20分;正确的画√,错误的画×)

1. 养护管理就是灌水、施肥、除虫。   （   ）
2. 根压是被动吸水的动力。   （   ）
3. 气温越高,植物的蒸腾作用越强。   （   ）
4. 种子植物在有氧情况下才能进行正常的呼吸作用。   （   ）
5. 菊花的花冠属整齐花冠。   （   ）
6. 干果在果实成熟时都能自动裂开。   （   ）
7. 铁元素在土壤中含量极为丰富,植物很容易利用。   （   ）
8. 沙质土通气透水是肥力最好的土壤。   （   ）
9. 插穗的生根能力随母株树龄的增长而提高。   （   ）
10. 银杏树常受小木蠹蛾和双条杉天牛蛀食危害。   （   ）
11. 辛硫磷和西维因以触杀和内吸作用防治害虫。   （   ）
12. 常用农药有乳油、粉剂和颗粒剂,使用方法一样。   （   ）
13. 鳞翅目幼虫的足是胸足3对,腹足4对。   （   ）
14. 华山松为5针一束。   （   ）
15. 风力达四级以上时应停止土球苗掘底作业。   （   ）

16.装乔木时应按根朝前梢朝后的顺序排列。   (   )
17.装运土球苗长度大于60 cm时只准排一层。   (   )
18.塑料小棚防寒时不能盖草帘,因遮光对苗不好。   (   )
19.土球底部直径是上口的1/5。   (   )
20.二年生花卉常用做国庆用花。   (   )

四、简答题(每题4分,5题共20分)

1.北京地区绿化养护全年分几个阶段?一年中的养护任务主要有哪些?
2.无性繁殖苗木的方法有哪些?
3.怎样区别单子叶植物与双子叶植物?
4.合理施肥的原则是什么?
5.平面图纸上,常看见许多大大小小的圆圈,在圆圈中还有大小不同的黑点,试问它们各表示什么内容?

五、综述题(每题6分,2题共12分)

1.如何扦插红花紫薇?
2.木箱移植的安全措施有多少条?写出其中10条。

六、计算题(每题4分,1题共4分)

现有50%辛硫磷乳剂加水稀释成0.05%浓度,问此药被稀释多少倍?

模拟测试卷B答案(中级)

一、填空题

1.原生质体、液泡及细胞内含物 2.爬地柏、沙地柏 3.铵、硝 4.体分节不明显,无头胸腹之分;足4对 5.大花萱草、蜀葵 6.1∶200、1∶500 7.秋季落叶后、春季树木发芽前

二、选择题

1.D 2.A 3.C 4.C 5.C 6.B 7.B 8.D 9.C 10.D 11.B 12.B 13.D 14.C 15.C 16.D 17.C 18.A 19.D 20.B

三、判断题

1.× 2.× 3.× 4.√ 5.× 6.× 7.× 8.× 9.× 10.× 11.× 12.× 13.× 14.√ 15.√ 16.× 17.√ 18.× 19.× 20.×

四、简答题

1.答:养护分为5个阶段:(1)冬季阶段:12月及翌年1、2月;(2)春季阶段:3、4月;(3)初夏阶段:5、6月;(4)盛夏阶段:7、8、9月;(5)秋季阶段:10、11月。一年中主要任务有灌水、排水、施肥、防治病虫、防寒防暑、中耕除草、修剪、补植、维护管理等。
2.答:主要有:扦插、嫁接、分株、埋条、压条、组织培养等。
3.答:单子叶植物:一枚子叶;叶脉为平行脉;根茎内无形成层,不能增粗;根为须根系;花各部通常为3基数。双子叶植物:二枚子叶;叶脉一般为网状脉;根茎内有形成层,能增粗;根为直根系;花各部常为4或5的基数。
4.答:有机肥与无机肥配合施用;不同花木施不同肥;不同生长期施不同肥;看天

施肥。

5.答:圆圈用来表示树木冠幅的形状和大小;黑点用来表示树种的位置和树干的粗细。

五、综述题

1.答:繁殖红花紫薇的方法主要是扦插法。可春季扦插,也可秋季阳畦扦插,目前主要采用夏季软材扦插。夏季扦插主要有2种方法:一是全光照自动间歇喷雾扦插,二是荫棚下小拱棚扦插。现重点介绍荫棚下小拱棚扦插:

(1)扦插时间:6月上旬~8月。

(2)插床准备:床宽1 m,长5~10 m。地整平后,上垫5~6 cm厚干净河沙或蛭石等基质,插好小拱棚的弓子并备好塑料布等,即备好小拱棚,棚高60~80 cm。

(3)扦插:采当年生嫩枝,剪断成长12 cm左右插穗,随采随插。插入深度3~4 cm。每平方米可插600~800根。插后及时喷透水,罩好塑料布并将四周压实。以后每天上午9:00~10:00 愈合生根时可适当减少喷水次数,生根后适当浇水,转入正常养护。成活后的苗子最好原地保护越冬,来年移植成活率高。也可将插条插在小容器内。容器放在小拱棚内,管理相同。

2.答:木箱移植的安全规定共23条。举其中10条如下:

(1)施工前必须对现场环境、运输线路及周边情况调查了解,并制定安全措施。

(2)挖树前将树木支撑稳固。

(3)掏底前,箱板四周应先支撑固定。

(4)操作时,人的头和身体不能进入土台下。

(5)4级风应停止掏底工作。

(6)掏底时,地面人员不得到土台上走动或放笨重物体等。

(7)挖掘、吊装等工具等由专人负责检查,保证安全完好。

(8)操作人员戴安全帽。

(9)吊、装、卸树木前要重新检查钢丝绳等各部位是否完好,要符合安全规定。

(10)装、卸车时,吊杆下或木箱下严禁站人等。

六、计算题

答:稀释倍数=原药剂浓度/稀释液浓度=50%÷0.05%=1000倍。

模拟测试卷 A（高级）

题号	一	二	三	四	总分	
满分	16	30	24	30	100	
得分						
阅卷人					核准人	

注意事项：
1. 答题前先将各页试卷密封线以上内容填写清楚，不要遗漏。
2. 一律使用蓝黑笔或圆珠笔，不得使用红水笔或铅笔。
3. 试卷共四种题型，满分100分，考试时间90分钟。

一、填空题（每空1分，14空共14分）

1. 重被花是指一朵花内_____、_____同时存在。
2. 一般绿篱高度为_____cm，矮绿篱高度小于_____cm。
3. 石英风化后成为土壤中_____粒。磷灰石是矿质_____素的主要来源。
4. 夏季识别树种主要从三方面鉴别，即_____、_____、_____。
5. 适应生长在 pH 为_____是酸性土植物；土壤 pH 为_____是碱性植物。
6. 杨树腐烂病由_____侵染所致，杨树根癌病由_____侵染所致。
7. 常用的耐阴花卉有_____、_____。

二、选择题（每题1分，24题共24分）

1. 下列果实属于聚合果的是_____。
   A. 草莓　　　　　B. 核桃　　　　　C. 菠萝　　　　　D. 桃
2. 害虫的天敌昆虫是_____。
   A. 啄木鸟　　　　B. 螳螂　　　　　C. 青蛙　　　　　D. 线虫
3. 除红蜘蛛外，造成槐树落叶的害虫是_____。
   A. 潜叶蛾　　　　B. 叶柄小蛾　　　C. 天社蛾　　　　D. 尺蛾
4. 植物必需的大量元素有_____。
   A. 硫 铁 氮　　　B. 锌 铜 磷　　　C. 硫 磷 钾　　　D. 铜 镁 锌
5. 下列树种在北京一般条件下露地栽植不能正常越夏的树种是_____。
   A. 雪松　　　　　B. 云杉　　　　　C. 雪柳　　　　　D. 七叶树
6. 下列树种属浅根性树种的是_____。
   A. 毛白杨　　　　B. 刺槐　　　　　C. 臭椿　　　　　D. 白蜡
7. 下列树种中对空气污染抗性最强的树种是_____。
   A. 臭椿　　　　　B. 白蜡　　　　　C. 地锦　　　　　D. 垂柳
8. 苗圃常以10 m² 计算用种量，其中桧柏的用量通常是_____克。
   A. 150～200　　　B. 250～300　　　C. 600　　　　　D. 750
9. 冬季修剪，要求对全树枝条进行适当修剪的落叶乔木是_____。
   A. 槐树　　　　　B. 毛白杨　　　　C. 龙爪槐　　　　D. 紫叶李

10. 部分皮壳较厚的种子,可采用速烫法消毒,其温度为_____℃。
A. 30～40　　　　　B. 40～50　　　　　C. 60～80　　　　　D. 90～100

11. 用速蘸法使用生长调节剂的浓度一般为_____μg/g。
A. 20～100　　　　B. 20～200　　　　C. 500～1000　　　D. 2000～5000

12. 苗圃土地壤有机质含量通常要求不低于_____。
A. 1　　　　　　　B. 3　　　　　　　C. 6　　　　　　　D. 7

13. 用于观叶草本花卉有_____。
A. 小丽花　　　　　B. 非洲菊　　　　　C. 矮牵牛花　　　　D. 雁来红

14. 抗热、不耐冷凉,秋冬季休眠的暖季型草是_____。
A. 多年生黑麦　　　B. 结缕草　　　　　C. 高羊茅　　　　　D. 早熟禾

15. 北京地区晚霜最迟可延迟到_____。
A. 2月25日　　　　B. 3月15日　　　　C. 4月15日　　　　D. 3月25日

16. 下列树种中较耐水湿的树种是_____。
A. 枫杨　　　　　　B. 七叶树　　　　　C. 玉兰　　　　　　D. 兰考泡桐

17. 天目琼花的果实为_____。
A. 黄色　　　　　　B. 蓝色　　　　　　C. 红色　　　　　　D. 黑色

18. 杨树腐烂病发病盛期在_____。
A. 2～3月　　　　　B. 3～4月　　　　　C. 5～6月　　　　　D. 7～8月

19. 尿素是无机氮肥,它是_____形态的氮。
A. 铵态氮　　　　　B. 酰胺态氮　　　　C. 硝态氮　　　　　D. 铵态和硝态

20. 下列树种中,在冬季修剪时不仅要疏枝,还要重短截的树种是_____。
A. 毛白杨　　　　　B. 碧桃　　　　　　C. 栾树　　　　　　D. 龙爪槐

21. 出苗圃木质量要求主要有_____条。
A. 1　　　　　　　B. 3　　　　　　　C. 4　　　　　　　D. 5

22. 北京地区繁殖毛白杨雄株的主要方法是_____。
A. 扦插　　　　　　B. 嫁接　　　　　　C. 埋条　　　　　　D. 压条

23. 温度的周期变化对植物生长发育的影响,叫_____。
A. 年周期现象　　　B. 温周期现象　　　C. 光周期现象　　　D. 日周期现象

24. 阿维菌素是_____药剂。
A. 化学杀虫剂　　　B. 生物杀菌剂　　　C. 化学杀螨剂　　　D. 抗生素杀螨剂

三、判断题(每题1分,25题共25分;正确的画√,错误的画×)

1. 植物可以接受春化的部位是成熟的叶片。　　　　　　　　　　　　　　　　　(　　)
2. 园艺植物的果实都属于有性结实。　　　　　　　　　　　　　　　　　　　　(　　)
3. 植物进行细胞分裂的主要是薄壁组织。　　　　　　　　　　　　　　　　　　(　　)
4. 蜡封条可在10 ℃常温下长期存放。　　　　　　　　　　　　　　　　　　　(　　)
5. 植物任一部分在适宜条件下可形成一个完整植株称为植物的再生现象。　　　　(　　)
6. 温带植物生长的最适温度范围是20～30 ℃。　　　　　　　　　　　　　　　(　　)
7. 柏毒蛾以幼龄幼虫越冬。　　　　　　　　　　　　　　　　　　　　　　　　(　　)
8. 小木蠹蛾危害树木时粪屑不排出树体外。　　　　　　　　　　　　　　　　　(　　)
9. 杀虫剂的杀虫范围越广泛越好,这样可以降低防治费用。　　　　　　　　　　(　　)

10. 光肩星天牛成虫羽化后就交尾产卵。（　　）
11. 磷肥施在北京地区土壤中常常难发挥肥效。（　　）
12. 土壤溶液浓度小于0.02％会造成植物死亡。（　　）
13. 过磷酸钙为难溶性磷素。（　　）
14. 尿素易溶于水，在土壤中7～10 d分解后发挥肥效。（　　）
15. 槐树、悬铃木、碧桃、火炬树都是深根性树种。（　　）
16. 悬铃木属雌雄异株。（　　）
17. 1株竹子随着生长期的延长不断长高长粗。（　　）
18. 基点温度是个常数。（　　）
19. 屯苗假植时，为保土球潮湿需每天灌水。（　　）
20. 原产热带地区的植物其基点温度比原产温带地区植物的高。（　　）
21. 灌冻水在霜降以后小雪之前。（　　）
22. 连翘为早春开花，属隔年枝条开花灌木。（　　）
23. 北京常见的园林地被植物有白三叶、垂盆草。（　　）
24. 早熟禾播种应在6月进行。（　　）
25. 麦冬草适宜阳光充足环境下栽植。（　　）

四、简答题（每题4分，5题共20分）

1. 如何提高苗木非移植季节移植成活率？
2. 举例说明防治园林害虫的6种诱杀方法。
3. 制造堆肥要掌握哪些条件？
4. 有哪些因素造成部分古树生长衰弱？
5. 为了使菊花提前至国庆节开花，需要采取什么措施？

五、综述题（每题6分，2题共12分）

1. 编制施工组织设计主要有哪些内容？
2. 将下列树种按要求进行归纳：

银杏、栾树、樱花、迎春、紫薇、桧柏、侧柏、枸橘、平枝栒子、金塔柏、紫叶小檗、海州常山、绒毛白蜡、锦熟黄杨、珍珠梅、龙柏。

(1) 在北京市宜作行道树应用的树种：
(2) 6～8月间开花的观赏树种：
(3) 宜作绿篱应用的树种：
(4) 观果的树种：
(5) 属"种"以下分类单位的树种：

六、计算题（每题5分，1题共5分）

12 kg的背式打药桶加五瓶盖的菌克毒克水剂（每瓶盖10 g），防治立枯病，问加满水后的稀释药液为多少倍浓度？

模拟测试卷 A 答案（高级）

一、填空题

1. 花萼、花冠
2. 50～120、50
3. 砂、磷
4. 叶、花、果
5. 小于 7；大于 7
6. 真菌，细菌
7. 玉簪、二月兰

二、选择题

1. A 2. B 3. B 4. C 5. D 6. B 7. A 8. B 9. C 10. D 11. C 12. B 13. D 14. B 15. C 16. A 17. C 18. C 19. B 20. D 21. D 22. C 23. B 24. D

三、判断题

1. × 2. × 3. × 4. × 5. √ 6. √ 7. √ 8. × 9. × 10. × 11. √ 12. × 13. × 14. √ 15. × 16. × 17. × 18. × 19. × 20. √ 21. √ 22. √ 23. √ 24. × 25. √

四、简答题

1. 答：非移植季节移植苗木与正常季节移植苗木相比较有很多不利条件。因此，移植工作要求做得更加细致、周到。工作要有预见性，时间计划要周密，技术措施制定要严密，不能做无准备的移植工作。

   移植的苗木种类不同，具体技术措施不同。但提高移植成活率的总体技术思想是一致的。(1)带土球保护好根系。(2)施工时要尽量缩短施工期限，做到随掘、随运、随栽、随灌水，环环扣紧。(3)合理修剪。(4)尽可能减少苗木蒸腾，如阴天移植，适当遮阴，适量喷水，或喷抗蒸腾剂等。

2. 答：天牛类、小蠹类、木蠹蛾类、吉丁虫类、沟眶象类和透翅蛾类。

3. 答：堆肥是利用树叶杂草等废弃物为主要原料，加入人粪尿或马粪等堆积而成。堆积过程以好气性微生物分解为主，发酵时产生高温。微生物越活跃，堆肥腐熟的越快越好。微生物活动需要水分、空气、温度、堆积材料的碳氮比以及微生物所处环境的酸碱度等。

4. 答：土壤密实度过高、树木周围铺装面积过大、根部营养不良、人为的损害、管理不科学、自然灾害。

5. 答：菊花为短日性植物，其正常花期为秋冬季节，此时昼夜中自然光照时间较短。如果要国庆节盛开，则提前进行短日照处理，即每天给予 8～9 h 的光照，其他时间则进行遮光处理，使植株处在黑暗环境。菊花早花品种提前 50～60 d 即可开花。

   在遮光处理是要注意以下几点：遮光必须严密，如有漏光则达不到预期效果；遮光必须连续进行，如有间断则前期处理失去作用；遮光处理时温度不可高于 30 ℃，否则开花不整齐；遮光处理时应按照正常栽培管理给予适当的水肥；菊花如果处理过早，则待花蕾透色后要停止处理。

五、综述题

1.答：编制施工组织设计的内容有：(1)确定施工组织。(2)确定施工程序。(3)安排劳动计划。(5)安排材料。(5)机械运输计划。(6)制定技术措施和要求。(7)绘制平面图。(8)制定施工预算。(9)技术培训。

2.答：(1)银杏、栗树、绒毛白蜡；(2)紫薇、海州常山、珍珠梅；(3)圆柏、侧柏、锦熟黄杨；(4)银杏、枸橘、平枝栒子、紫叶小檗、海州常山；(5)金塔柏、紫叶小檗、龙柏。

六、计算题

答：稀释倍数＝水的用量/农药用量＝12×1000÷(5×10)＝240倍。

模拟测试卷 B(高级)

题号	一	二	三	四	总分
满分	16	30	24	30	100
得分					
阅卷人				核准人	

注意事项：
1. 答题前先将各页试卷密封线以上内容填写清楚，不要遗漏。
2. 一律使用蓝黑笔或圆珠笔，不得使用红水笔或铅笔。
3. 试卷共四种题型，满分100分，考试时间90分钟。

一、填空题(每空1分，14空共14分)

1. 当年生枝开花灌木有_____、_____。
2. 单位面积上所接受可见光的能量叫_____，简称_____。
3. 膜翅目中的害虫很多，如_____等，益虫也很多，如_____。
4. 铵态氮最大不足是_____，硝态氮最大的不足是_____。
5. 北京园林树种中，枝髓呈片状分隔的树种有_____、_____。
6. 常见的水生花卉有_____、_____。
7. 常用的枝接的方法有_____、_____。

二、选择题(每题1分，24题共24分)

1. 植物细胞内的生理活性物质是_____。
   A. 蛋白质酶淀粉　　B. 激素蛋白质　　C. 激素酶维生素　　D. 脂肪淀粉酶
2. 引起月季发生根结线虫病的病原属_____。
   A. 细菌　　B. 病原菌　　C. 真菌　　D. 病原
3. 下列四组昆虫属于鳞翅目的是_____。
   A. 潜叶蛾 蚜虫　　B. 叶柄小蛾 天牛　　C. 松蚜 蝗虫　　D. 槐尺蛾 刺蛾
4. 植物必需的微量元素是_____。
   A. 硫 镁 铜　　B. 铁 锌 硼　　C. 硼 钙 锰　　D. 铜 钾 氮
5. 垂直绿化用的紫藤属于_____类藤本。
   A. 缠绕类　　B. 吸附类　　C. 钩攀类　　D. 卷须类
6. 用做观曲枝、枝形的树种有_____。
   A. 龙桑　　B. 垂枝榆　　C. 垂枝桃　　D. 龙爪槐
7. 白碧桃的花期在_____。
   A. 4月　　B. 5月　　C. 6月　　D. 7月
8. 月季如国庆节期间开花，进行修剪的时间应在_____。
   A. 6月15日　　B. 7月15日　　C. 8月15日　　D. 9月15日
9. 生长调节剂稀释液浸泡法应用的范围是_____。
   A. 20～100　　B. 20～200　　C. 200～400　　D. 500～100
10. 修剪不限于1年生枝，也可剪截到多年生枝处，此法称_____。

A. 重短截 B. 极重短截 C. 回缩 D. 中短截
11. 大量进行芽接碧桃时间通常在_____。
A. 4~5月 B. 5~6月 C. 6~7月 D. 7~8月
12. 采集调制出的种子需立即沙藏的树种是_____。
A. 合欢 B. 刺槐 C. 泡桐 D. 玉兰
13. 下列花卉中,能够栽种在树下或林缘的是_____。
A. 月季 B. 鸡冠花 C. 半支莲 D. 玉簪
14. 夏季给草坪灌水最忌选择在_____。
A. 早晨 B. 中午 C. 下午 D. 傍晚
15. 苗圃常用的防寒措施有_____。
A. 3项 B. 6项 C. 11项 D. 15项
16. 适宜秋播的树种有_____。
A. 槐树 刺槐 B. 臭椿 海棠 C. 核桃 山桃 D. 栗树 泡桐
17. 高等植物主要包括_____。
A. 蕨类 藻类 菌类 B. 苔藓 蕨类 地衣
C. 苔藓 蕨类 藻类 D. 苔藓 蕨类 种子植物
18. 危害槐树、银杏的小木蠹蛾在北京_____年发生一代。
A. 1 B. 2 C. 3 D. 4
19. 杜邦福星乳油为广谱性药剂,但对_____防治效果更好。
A. 真菌病害 B. 病毒病害 C. 线虫病害 D. 生理病害
20. 包土球的草绳间距应为_____。
A. 3 cm B. 5 cm C. 8 cm D. 12 cm
21. 短截修剪时剪口芽上方留出_____。
A. 0.1 cm B. 0.3~0.5 cm C. 1 cm D. 紧贴芽尖
22. 疏枝修剪应该做到_____。
A. 留1~2 cm木桩 B. 留桩越长越好 C. 不留桩 D. 随意修剪
23. 地表径流排水坡度为_____。
A. 0.1%~0.3% B. 0.3%~0.5% C. 0.8%~1% D. 越大越好
24. 播种覆土厚度通常是种子直径的_____。
A. 1~2倍 B. 2~3倍 C. 3~4倍 D. 随意

三、判断题(每题1分,25题共25分;正确的画√,错误的画×)
1. 雄蕊由花丝、花药和花柱三部分组成。 ( )
2. 裸子植物输导水分的组织是筛管。 ( )
3. 单子叶植物维管束内无形成层。 ( )
4. 同一种植物叶子的叶形是一样的。 ( )
5. 根的变态有多种类型,但它们都属于不定根。 ( )
6. 同一种植物的花冠形状只属一种花冠。 ( )
7. 叶螨的发育过程为卵、幼螨、若螨、成螨四个时期。 ( )
8. 病原菌主要通过风雨、昆虫、人为活动等传播扩散。 ( )

9. 园林害虫的卵是产在叶片上的。( )
10. 鳞翅目中的害虫都是食叶害虫。( )
11. 土壤密度指单位体积自然状态土壤的重量。( )
12. 土壤溶液浓度小于0.02%会造成植物死亡。( )
13. 杜仲、水杉均为中国特产树种。( )
14. 树木在夏季的降温效果远远不如冬季的增温效果显著。( )
15. 白蜡属于雌雄异株树种。( )
16. 紫薇是花期最长的春夏两季观花树种。( )
17. 根插繁殖苗不能缺水,应多浇勤浇。( )
18. 栽种土球苗,埋土深度比土球深5～10 cm。( )
19. 移植乔木立支柱,下部埋入土中不少于30 cm。( )
20. 木箱移植树木时,如有大根必须随时用铁锹切断。( )
21. 雨季到来之前,对易倒伏的树木采取修剪、培土、支撑等。( )
22. 草坪修剪留茬高度4～5 cm为宜。( )
23. 栽植后越冬前需要防寒树种有桧柏、龙柏、侧柏、刺柏。( )
24. 掌握采种最佳时间应是每个树种种子的成熟盛期。( )
25. 北京地区可做垂直绿化树种有地锦、凌霄、爬蔓月季。( )

四、简答题(每题4分,5题共20分)

1. 什么叫光合作用?影响光合作用的外界因素有哪些?
2. 怎样理解昆虫天敌和天敌昆虫?各举4例。
3. 简述土壤有机质对提高土壤肥力的作用。
4. 北京城市小气候有哪些特点?举3种楼前区可以适生的阔叶常绿树。
5. 种子发芽的常用方法有哪些?

五、综述题(每题6分,2题共12分)

1. 谈谈地下设施覆土绿化的措施。
2. 养护树木分哪几个阶段?每阶段有什么特点?提高养护水平需要做好哪些工作?

六、计算题(每题5分,1题共5分)

某地有杨树5000株,每株每次需喷25%三唑酮乳剂1500倍稀释液8 kg,问防治杨树锈病3次,共需要多少药剂?

模拟测试卷B答案(高级)

一、填空题
1. 木槿、紫薇 2. 光照强度、照度 3. 玫瑰茎蜂、赤眼蜂 4. 易挥发、易流失 5. 核桃、枫杨 6. 荷花、睡莲 7. 皮下插接、腹接

二、选择题
1. C 2. D 3. D 4. B 5. A 6. A 7. A 8. C 9. B 10. D 11. D 12. D 13. D 14. D 15. C 16. C 17. D 18. B 19. A 20. C 21. B 22. C 23. A 24. A

三、判断题
1. × 2. × 3. √ 4. × 5. × 6. × 7. √ 8. √ 9. × 10. × 11. × 12. ×

13.√ 14.× 15.√ 16.× 17.× 18.× 19.√ 20.× 21.√ 22.√ 23.× 24.√ 25.√

四、简答题

1.答：光合作用是绿色植物的叶绿体，吸收太阳光能，将二氧化碳和水合成有机物质，放出氧气，同时把光能转变成化学能贮藏在有机物里的过程。

影响光合作用的外界因素有光照强度、二氧化碳浓度、温度、水分和矿物质等。

2.答：昆虫天敌指的是害虫的天敌，范围很广，如螳螂、青蛙、益鸟、白僵菌等。天敌昆虫是指天敌只属于昆虫类，如螳螂、草蛉、瓢虫、寄生蜂等。

3.答：有机质是植物养分的重要来源；有机质有利于形成团粒结构；提高土壤保水保肥能力；刺激植物生长等。

4.答：气温高，地温高（冻层浅）；风速小；局部热辐射严重；蔽荫严重。如大叶女贞、蚊母、广玉兰、石楠、枸骨等可以适生。

5.答：主要有机械创作法、药物法、水浸法、沙藏法、喷水保温等。

五、综述题

1.答：

(1)栽植土壤层应符合各类植物对栽植厚度的要求。

(2)为了改善植物生长条件，在植物根系主要分布层，可使用人工配比基质。

(3)以选择生长特性和观赏价值相对稳定的乡土植物为主。

(4)灌溉应选择喷灌和滴灌系统。

(5)对大乔木，应采用人工固定树木根系的方法固定处理。

(6)其中园路，铺装采用素土夯实做基础，断面呈梯形结构，以保证园路、铺装的稳定性。其垫层应采用组配沙石、无机料，一般不宜用三七灰土。

(7)其绿化养护管理除按照地面绿化标准执行外，还应定期观察，测定土壤含水量，根据墒情补充水分，测定土壤肥力，有针对性地进行追肥，定期检查排水系统，保持土壤状况良好。

2.答：养护分为五个阶段，其特点如下：

(1)冬季阶段：12月及翌年1、2月，冰封大地，树木休眠。

(2)春季阶段：3、4月，树木陆续发芽、展叶，开始生长。

(3)初夏阶段：5、6月，气温上升，树木大量生长。

(4)盛夏阶段：7、8、9月，高温多雨，树木生长时期。

(5)秋季阶段：10、11月，气温低，树木陆续休眠。

提高养护水平需要做好：

(1)绿化发展很快，养护任务繁重，养护需要加强。

(2)养护投入少，要求高，难以维持，需增加投入。

(3)技术力量弱，工人水平更弱，尽使用，不培训，要广泛进行培训。

(4)只在重点地区、重点部分抓得紧，缺乏全面养护的提高，需做好整体养护工作。

六、计算题

答：药剂用量＝水的用量/稀释倍数＝5000×8×3÷1500＝80 kg。

参 考 文 献

1. 方栋龙.苗木生产技术.北京:高等教育出版社,2005
2. 王庆菊等.园林苗木繁育技术.北京:中国农业大学出版社,2007
3. 白涛等.园林苗圃.郑州:黄河水利出版社,2010
4. 喻方圆等.林木种苗质量检验技术.北京:中国林业出版社,2008
5. 张钢等.林木育苗百问百答.北京:中国农业出版社,2005
6. 莫翼翔等.130种园林苗木繁育技术.北京:中国农业出版社,2008
7. 孙时轩.林木育苗技术.北京:金盾出版社,2002
8. 张廷华等.园林育苗工培训教材.北京:金盾出版社,2008
9. 张东林等.园林苗圃育苗手册.北京:中国农业出版社,2003
10. 宋清洲等.园林大苗培育教材.北京:金盾出版社,2005
11. 郝建华,陈耀华.园林苗圃育苗技术.北京:化学工业出版社,2003
12. 江胜德,包志毅.园林苗木生产.北京:中国林业出版社,2004
13. 刘晓东.园林苗圃.北京:高等教育出版社,2006
14. 唐祥宁等.园林植物环境.重庆:重庆大学出版社,2006
15. 马奇祥,赵永谦.农田杂草识别与防除原色图谱.北京:金盾出版社,2004
16. 徐公天.园林植物病虫害防治原色图谱.北京:中国农业出版社,2003
17. 徐志华.园林苗圃病虫害诊治图说.北京:中国林业出版社,2004
18. 王振龙.无土栽培教程.北京:中国农业大学出版社,2008
19. 王振龙.植物组织培养.北京:中国农业大学出版社,2006
20. 苏付保.园林苗圃学.沈阳:白山出版社,2003
21. 罗锚.花卉生产技术.北京:高等教育出版社,2005
22. 苏付保.园林苗木生产技术.北京:中国林业出版社,2004
23. 中华人民共和国劳动与社会保障部,中华人民共和国国家林业局.国家职业标准《林木种苗工》.北京:中国林业出版社,2005
24. 中华人民共和国国家标准《林木种子检验规程》GB 2772—1999.国家质量技术监督局发布
25. 丁彦芬,田如男.园林苗圃学.南京:东南大学出版社,2003
26. 张开春.果树育苗手册.北京:中国农业出版社,2004
27. 高新一,王玉英.植物无性繁殖实用技术.北京:金盾出版社,2003
28. 郑宴义.园林植物繁殖栽培新技术.北京:中国农业出版社,2006
29. 张东林.高级园林绿化与育苗工培育考试教程.北京:中国林业出版社,2006
30. 张东林.中级园林绿化与育苗工培训考试教程.北京:中国林业出版社,2006
31. 宋小兵等.园林树木养护问答240例.北京:中国林业出版社,2002
32. 刘宏涛等.园林花木繁育技术.沈阳:辽宁科学技术出版社,2005
33. 张养中等.园林树木与栽培养护.北京:化学工业出版社,2006
34. 魏岩.园林植物栽培与养护.北京:中国科学技术出版社,2003
35. 俞禄生.园林苗圃学.北京:中国农业出版社,2002

36. 吴少华.园林苗圃学.上海:上海交通大学出版社,2004
37. 苏金乐.园林苗圃学.北京:中国农业出版社,2003
38. 陈有民.园林树木学.北京:中国林业出版社,1990
39. 李二波等.林木工厂化育苗技术.北京:中国林业出版社,2003
40. 梁一池,董建文.绿化苗木培育新技术.福州:福建科学技术出版社,2003
41. 肖尊安.植物生物技术.北京:化学工业出版社,2005
42. 巩振辉.花卉脱毒与快繁新技术.杨凌:西北农林科技大学出版社,2005
43. 张耀钢等.观赏苗木育苗关键技术.南京:江苏科技出版社,2003
44. 赵忠.现代林业育苗技术.杨凌:西北农林科技大学出版社,2003
45. 施振周,刘祖祺.园林花木栽培新技术.北京:中国农业出版社,1999
46. 中华人民共和国城镇建设行业标准 CJ/T 24－1999 中华人民共和国建设部发布
47. 王国东.园林苗木生产.北京:中国农业大学出版社,2010
48. 王国东,张力飞.园林苗圃.大连:大连理工大学出版社,2012
49. 方成.花木经营妙招.北京:中国林业出版社,2012
50. 孙丽娟,吴森,曹绪峰.南京陶吴生态观光苗圃规划设计.金陵科技学院学报.2009,6(2)
51. 宋自力,饶晓辉.浅谈四唑染色法在林木种子检验中的应用.湖南林业科技.2007(4)
52. 陆斐,初艳.大叶山杨优良无性系组培育苗技术.林业科技.2006,31(6)
53. 瞿辉等.观赏苗木穴盘育苗技术.江苏林业科技.2003,30(6)
54. 张曦等.论现代园林苗圃的经营管理.现代农业科技.2006,16(2)
55. 侯娥.油松容器育苗技术.安徽农学通报.2010,16(08)
56. 詹红梅.白杆大苗木移植技术.山西林业科技.2011(1)
57. 邱建宁.马尾松采种和种实调制技术.林业科技开发.2004,18(3)
58. 孟宪吉,王桂娟,幺忠民等.刺槐播种育苗技术.吉林林业科技.2009,3(2)
59. 柴志茹,李平,于震等.金枝国槐硬枝嫁接育苗技术.内蒙古农业科技.2009(3)
60. 岳玲,迟东明,宋伟等.北方地区月季全光雾扦插育苗技术.北方园艺.2010(6)
61. 李如意,徐天明.绿篱整形修剪技术.山西林业.2002(2)
62. 王慧君,文彦.碧桃整形修剪技术.内蒙古农业科技.2007(2)
63. 王有和,陈志生,杨东升.北方苗木越冬防寒技术.防护林科技.2000(4)
64. 曾传智,曾传圣.榕树的引种驯化及栽培.现代园艺.2011(3)
65. 雍瑞星.中华金叶榆的引种与推广.农村科技.2010(8)
66. 马常耕.世界容器苗研究、生产现状和我国发展对策.世界林业研究.1994(5)
67. 陈风英等.我国容器育苗现状及其技术发展趋势.林业科技开发.1989(2)
68. 邓爆,刘志峰.温室容器育苗基质及苗木生长规律的研究.林业科学.2000,9(5)
69. 李继承,李哗男等.北方林区大棚工厂化容器育苗配套技术.林业科技.2001,11(6)